中国高原湖泊
综合地理国情研究

董 春 赵 荣 梁双陆 周峻松 王 苑 著

U0304371

科学出版社

北 京

内 容 简 介

　　本书在系统地诠释水体、高原湖泊等基本概念基础上，基于地理国情监测数据成果，分析了我国陆地水体以及三大高原湖区湖泊数量及其分布特征。通过空间统计与分析，反映了我国高原湖区最新的地形地貌、地表覆盖、地表资源的分布状况，以及典型高原湖泊周边地理国情要素分布的现状，重点分析了抚仙湖、青海湖的变迁演变过程。从经济价值、生态价值、社会价值三个方面，构建了高原湖泊生态系统服务价值评估指标和方法，对高原湖泊服务价值评估进行了探索。

　　本书对从事湖泊科学、地理信息科学、自然资源的科研人员，从事地理国情监测的技术人员，从事自然资源管理的工作者以及高等院校相关专业的师生均具有参考作用。

审图号：GS(2021)1066 号

图书在版编目(CIP)数据

中国高原湖泊综合地理国情研究/董春等著. —北京：科学出版社，2021.3
　ISBN 978-7-03-068401-1

　Ⅰ．①中⋯　Ⅱ．①董⋯　Ⅲ．①高原–湖泊–地理–国情–研究–中国
Ⅳ．①P941.78

中国版本图书馆 CIP 数据核字(2021)第 048999 号

责任编辑：彭胜潮　李　静／责任校对：何艳萍
责任印制：吴兆东／封面设计：图阅社

科学出版社 出版
北京东黄城根北街 16 号
邮政编码：100717
http://www.sciencep.com
北京建宏印刷有限公司 印刷
科学出版社发行　各地新华书店经销
*
2021 年 3 月第 一 版　开本：787×1092　1/16
2021 年 3 月第一次印刷　印张：14 3/4
字数：348 000

定价：168.00 元
(如有印装质量问题，我社负责调换)

前　　言

　　湖泊是地球表面可被人类直接利用的重要的淡水资源存储库，是全球陆地水资源的重要组成部分，对保护人类的生存环境和水资源的可持续利用十分重要。全球湖泊水体约占全球大陆面积的 1.8%。青藏高原区、云贵高原区及蒙新高原区是我国湖泊水体分布最为广泛的地区，其中青藏高原更是有着"亚洲水塔"之称，三大高原湖泊面积占我国湖泊总面积的 71%。因此，以地理国情监测成果为主要数据源，开展高原湖泊综合地理国情研究，从而了解我国高原湖区的自然地理环境条件、地表覆盖状况、资源分布状况和湖泊的生态系统结构与社会经济价值，这既是国家对地理国情监测工作的必然要求，也是实现国家对自然资源环境综合管控的现实需要，将为高原湖泊的湖泊岸带生态恢复、湖滨带生态系统结构优化、水环境整治、湖泊流域面源污染防治等提供依据。同时，利用地理国情监测的手段和方法来研究湖泊问题，也将不断促使湖泊研究的技术和理论方法不断地创新和深化。

　　《中国高原湖泊综合地理国情研究》是基于地理国情监测成果开展的综合统计分析的成果之一。在测绘地信事业正式融入国家自然资源工作大格局的新形势下，以最新的常态化地理国情监测数据成果为基础，编写中国高原湖泊地理国情研究报告，及时从整体综合视角和宏观尺度分析、反映我国高原湖区最新的地形地貌、地表覆盖状况、地表资源的分布，以及丰歉程度，青海湖、抚仙湖 2 个我国重要高原湖泊的变迁演变过程，63 个典型湖泊周围地表资源开发利用状况，构建高原湖泊生态系统服务功能价值评估指标，有助于正确理解把握"山水林田湖草"生命共同体思想，能够为高原湖泊的保护、开发、治理等提供基本的地理国情信息支持。

　　本书由中国测绘科学研究院的董春、赵荣、李晨斯，云南省基础地理信息中心的周峻松、李石华，云南大学的梁双陆、陈沫锡、吕娜娜、李晓晓，青海省地理空间和自然资源大数据中心的王苑、边雪清，青海省自然资源综合调查监测院的熊增连，云南师范大学的角媛梅、刘澄静、冯志娟等相关研究人员共同完成。中国测绘科学研究院刘纪平研究员对本书的修改提出了宝贵意见与建议，中国测绘科学研究院康风光、张玉、钱兴隆、刘新飞参与了本书统计指标的计算，在此表示衷心的感谢。

　　本书共分 7 章，分别是绪论、水体、高原湖泊、中国高原湖区的地形地貌、中国高原湖区的地表覆盖与资源禀赋、中国主要高原湖泊周边地理国情和高原湖泊生态系统服务功能价值评估，系统反映高原湖泊综合地理国情研究的成果。

　　受编写人员水平和数据资料的限制，书中难免存在不妥之处，敬请读者批评指正。

目　　录

第1章 绪 论

1.1 研究背景

　　水是一种具有多种形态和功能，不可替代的自然资源，已成为国家关键性、基础性的战略资源(余新晓，2007)。特别是 21 世纪以来，人口的爆发式增长和社会经济的快速腾飞，在一定程度上都依赖于充足水资源的保障，水问题的出现势必会引起一系列社会、生态和环境问题的产生。加之受全球气候变化的影响，未来区域或者流域的水资源演变的不确定性增加，这使得区域水生态及水环境的脆弱性在不断加剧(余新晓，2007；刘昌明，2014)。这一系列与水和水过程相关的问题，目前已成为全球关注的重点。

　　目前水资源短缺的情况已成为制约我国各区域可持续发展的关键因素。特别是在全球变化的大背景下，随着全球极端天气事件频发，社会生产规模进一步扩大，我国对水资源利用变得越来越集约，这对我国的淡水生态系统及其所支持的人类社会的可持续发展形成巨大的压力(王浩和王建华，2013；秦大庸等，2014)。目前，我国水资源利用以地表水为主，地表水供水量占到全国用水的 81%左右，这其中包括湖泊和库塘在内的蓄水工程的供水量占到了 31.6%(中华人民共和国水利部，2019)。湖泊为我国地表覆盖的主要组成部分和水资源利用的重要渠道，在水资源支持工农业发展和社会休憩等方面具有十分重要的作用。

　　在我国的湖泊分布方面，青藏高原区、云贵高原区及蒙新高原区是我国湖泊水体分布最为广泛的地区，其中青藏高原更是有着"亚洲水塔"之称。这三大高原湖区的面积达 $648.7×10^4 km^2$，占到我国国土面积的 67%以上；湖泊面积达 $7.01×10^4 km^2$，占我国湖泊总面积的 71%(地理国情监测数据)。在自然资源方面，这些湖泊是我国人民生产生活和社会发展所需淡水的主要来源；在自然环境方面，湖泊具有调节河川径流、繁衍水生生物、沟通航运、改善区域生态环境的作用；在社会经济发展方面，湖泊及其流域是人类赖以生存的重要场所，大量的人类活动都在湖滨带上发生。高原湖泊作为我国湖泊分布的重要类型，因其地理环境的特殊性，相较于平原湖泊，其价值和功能也各有不同。例如，青藏高原区湖泊，蓄积了大量的淡水资源，但是由于环境的封闭性，水资源利用的价值并不高，但是作为我国乃至亚洲大江大河的发源地，其水源涵养和环境调节功能则十分重要；云贵高原区湖泊，由于湖盆区存在大量平坦利于耕作的土地，相对于陡峻的山地，这里一直是人类活动最为集中的地区，大量人类活动都在湖滨带布局，其对人类活动的承载作用十分重要，同时由于云贵高原垂直分异明显，湖泊及周边地区有着十分复杂的生态系统结构，其生态系统支持功能也十分重要；蒙新高原区湖泊，由于气候干旱，湖泊是区内农业、畜牧业及工矿业发展的重要水源，也是区域鸟类等生物的重要水源，其水资源价值和生态环境价值均十分重要，其矛盾也十分突出。因此，利用地理国情信息开展我国高原湖泊的研究显得十分重要。

1.2　常态化地理国情监测

地理国情是指地表自然和人文地理要素的空间分布、特征及其相互关系，是基本国情的重要组成部分，是制订和实施国家发展战略与规划，优化国土空间开发格局的重要依据；是推进自然生态系统和环境保护、合理配置各类资源、实现绿色发展的重要支撑。

2013~2015 年，国务院部署开展了第一次全国地理国情普查，全面查清了我国陆地国土（不含香港特别行政区、澳门特别行政区和台湾省）各类地理国情要素的现状和空间分布，掌握了我国地理国情"家底"。第一次全国地理国情普查成果已在国家重大战略实施、生态文明建设、城乡规划与建设、精准扶贫等方面发挥了重要作用。我国经济发展进入新常态，更加注重资源、环境和生态的协调，更加重视国家战略发展空间的拓展，管理决策需要更加全面和及时地掌握国情变化信息。为了更好地满足管理决策对不断变化的国情信息复杂多样的应用要求，全面提升测绘地理信息保障能力，自 2016 年以来地理国情监测工作转入常态化地理国情监测阶段：一是全面开展基础性地理国情监测，对普查获得的地理国情监测成果进行年度更新，形成现势性强、高精度、全覆盖的地理国情"一张图"；二是围绕国家重大战略及相关部门业务管理需求，按需开展跨区域、多地联动的专题性地理国情监测，精准地为相关部门提供服务。

基础性地理国情监测以第一次全国地理国情普查成果为本底数据，结合高分辨率航空航天影像，采用变化发现、信息提取、实地核查、内业编辑等手段对全国范围内各种自然、人文地理要素进行经常性、规律性监测（一般一年更新一次），实现地理国情变化信息的快速、准确获取，并按照多种地理统计单元进行地理国情变化信息的统计与分析，形成基础性地理国情监测成果。基础性地理国情监测对象为地表自然和人文地理要素，包括地形地貌、植被覆盖、水域、荒漠与裸露地表、交通网络、居民地与设施和地理单元等的分布及其变化。截至目前，基础性地理国情监测已经建成了 2016 年、2017 年、2018 年度的地理国情数据库，结合 2015 年度的地理国情普查本底数据库，形成了时态序列的地理国情数据库，为开展地理国情综合分析奠定了坚实的数据基础。

专题性地理国情监测面向社会发展和生态文明建设等，紧密围绕国家重大战略和重大工程建设、资源环境及生态管理、国土空间开发利用、城乡规划与实施、重大自然灾害防治等方面需求，充分利用地理国情普查及基础性地理国情监测成果，结合已有基础地理信息成果和航空航天遥感影像数据，对国土空间开发、生态环境保护、资源节约利用、城镇化发展、国家重大战略和区域总体发展规划等内容，开展精细化、抽样化、快速化、差异化的专题性监测，为经济社会发展、生态文明建设提供地理国情信息服务。

以地理国情监测成果为主要数据源，以地球系统科学理论为指导，传统湖泊研究过程中的自下而上途径，与以土地利用变化/土地覆被遥感数据为基础的自上而下的研究途径有机结合,开展高原湖泊综合地理国情研究,从而了解国家湖泊分布区的自然地理环境条件、地表覆盖状况、资源分布状况和湖泊的生态系统结构与社会经济价值。这既是党和国家对地理国情监测工作的必然要求,也是实现国家对自然资源综合管控的现实需要,同时也是我国生态建设的重要数据支持。

1.3　数据源与统计分析单元

本书采用 2018 年基础性地理国情监测成果作为主要数据源,同时收集 2017 年全球 30 m 地表覆盖数据、青海湖与抚仙湖专题性地理国情监测成果,以及民政、国土、环保、建设、交通、水利、农业、统计、林业等领域的专题资料作为辅助数据。

作为地理国情监测最基本内容,基础性地理国情监测数据包含了地表形态、地表覆盖、地理国情要素等数据类别。其中,地表形态反映了地表的地形及地势特征,包括高程、坡度、坡向和地貌类型;地表覆盖反映了地表自然营造物和人工建造物的空间分布及其属性,包括种植土地、林草覆盖、房屋建筑(区)、铁路与道路、构筑物、人工堆掘地、荒漠与裸露地、水域等类型;地理国情要素是具有较为稳定的空间范围或边界、具有或可以明确标识、有独立监测和统计分析意义的重要地物,包括城市、道路、设施和管理区域等人文要素实体,湖泊、河流、沼泽、沙漠等自然要素实体,以及高程带、平原、盆地等自然地理单元。

2017 年全球 30 m 地表覆盖数据由清华大学宫鹏教授团队加工生产,该数据集包括农田、森林、草地、灌丛、湿地、水体、苔原、不透水层、裸地、冰雪 10 个类别,是全球资源调查、土地覆盖研究、地表监测及陆地模式等的重要基础数据。2017 年全球 30 m 地表覆盖数据作为本书全球陆地水体统计分析的基础数据。

本书的分析单元包括自然地理单元、社会经济区域单元、规则地理格网单元等 3 类。

1. 自然地理单元

自然地理单元涉及高原湖区、高程带和坡度带。

中国高原湖区划分为蒙新高原湖区、云贵高原湖区和青藏高原湖区。其中,蒙新高原湖区包括内蒙古、新疆、甘肃、陕西、宁夏 5 个省(区);云贵高原湖区包括云南、贵州、四川、重庆 4 个省(市);青藏高原湖区包括西藏、青海 2 个省(区)(图 1-1)。

高程分级按照<50 m、[50 m, 100 m)、[100 m, 200 m)、[200 m, 500 m)、[500 m, 800 m)、[800 m, 1000 m)、[1000 m, 1200 m)、[1200 m, 1500 m)、[1500 m, 2000 m)、[2000 m, 2500 m)、[2500 m, 3000 m)、[3000 m, 3500 m)、[3500 m, 5000 m)、≥5 000 m 进行高程带划分,共分为 14 级,并在此基础上综合形成宏观的低、中、高、极高海拔 4 个级别。

坡度分级按照[0°, 2°)、[2°, 3°)、[3°, 5°)、[5°, 6°)、[6°, 8°)、[8°, 10°)、[10°, 15°)、[15°, 25°)、[25°, 35°)、≥35°进行坡度带划分,共分为 10 级,并在此基础上形成宏观的平坡、较平坡、缓坡、较缓坡、陡坡、极陡坡共 6 个级别。

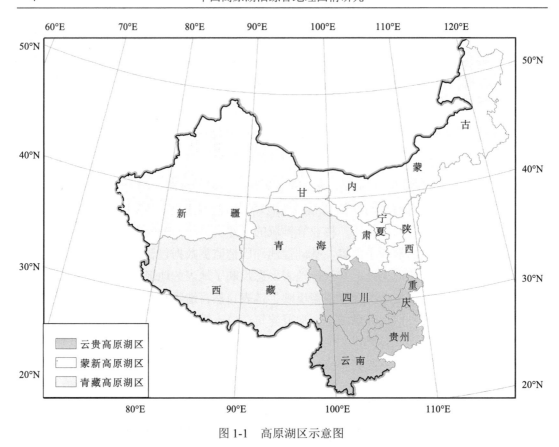

图 1-1　高原湖区示意图

2. 社会经济区域单元

本书使用了五大洲社会经济区域单元。五大洲是指亚洲、非洲、欧洲、美洲和大洋洲。

3. 规则地理格网单元

为体现高原湖区自然和人文要素的空间分布特征，采用规则地理格网作为统计单元，从地理视角展示地理国情信息统计分析指标。规则地理格网按照 3 km×3 km 格网进行划分。

参 考 文 献

刘昌明. 2014. 中国农业水问题：若干研究重点与讨论. 中国生态农业学报, 22(8)：875-879.

秦大庸, 陆垂裕, 刘家宏, 等. 2014. 流域"自然-社会"二元水循环理论框架. 科学通报, 59(Z1)：419-427.

王浩, 王建华. 2013. 中国水资源与可持续发展. 中国科学院院刊, 27(3)：352-358, 331.

余新晓. 2007. 水文与水资源学. 北京：中国林业出版社.

中华人民共和国水利部. 2019. 2018 年中国水资源公报. http: //www. gov. cn/ xinwen/201907/13/content_ 5408959. htm. 2019-12-31.

第2章 水 体

　　水是地球上最常见的物质之一，也是生物体最重要的组成部分，人的生产生活离不开水。人类作为地理环境中重要的参与者，部分人类大规模的活动对水圈中水的运动过程有一定的影响。大规模的砍伐森林、大面积的荒山植林、大流域的调水、大面积的排干沼泽、大量抽用地下水等，都会促使水的运动和交换过程发生相应变化，从而影响地球上水分循环的过程和水量平衡的组成。人类的经济繁荣和生产发展也都依赖于水，如水力发电、灌溉、航运、渔业、工业和城市的发展，无不与水息息相关。可以说，水体是承载人类活动的关键。

2.1　全　球　水　体

2.1.1　水体的定义与范畴

　　目前认为，水体是指以一定形态存在于自然地理环境中的水的总称。《中国大百科全书》认为，水体是江、河、湖、海、地下水、冰川等的总称，是被水覆盖地段的自然综合体。这些观点都认为水体并不是一个单一的概念，它是以水为中心的一切环境及其本身的综合体，即水体是水与水环境的综合。因此，水体不仅包括水，还包括水中溶解物质、悬浮物、底泥、水生生物(陈英旭，2001)等。这些各种各样的水体是地球水圈的重要组成部分，也是以相对稳定的陆地为边界的天然水域，包括江、河、湖、海、冰川、积雪、水库、池塘等中的水，也包括地下水和大气中的水汽，以及生物体中的水。

　　因此，按水体及其所处环境，可在宏观上将其分为地面水水体、地下水水体和海洋等三类，不同水体之间可以相互转化。在太阳能、地球表面热能的作用下，通过水的三态变化，地表水、地下水和生物有机体内的水，不断蒸发和蒸腾，化为水汽，上升至空中，冷却凝结成水滴或冰晶，在一定条件下，以降水的形式降落到地球表面。降落到地表的水又重新产生蒸发、凝结、降水和径流等变化。这其中，地面水体与人们的生活和生产活动密切相关，地面水可按不同用途对其进行分类，如农田灌溉水、渔业用水和饮用水等。根据对水质的不同要求，制定了相应的水质标准，作为控制水质的依据。

2.1.2　水体的意义

　　水是生命之源，是维持生命和组成环境的必要条件，水资源是人类社会赖以生存和发展的最必要和最宝贵的自然资源，在人类日常的生产生活中的用途十分广泛。随着人口的不断增长，人民的生活水平不断提高，工农业和经济社会的快速发展势必会需要更多的水资源，故而水的作用举足轻重，水资源问题也日益成为世界普遍重视的自然和社会性问题。

1. 水与自然生态环境

水是生命有机体的重要组成部分，能保证生命体中营养物质输送，也是优秀的溶剂，能够使生物所需要的营养物质溶解，在生物体内进行输送、吸收和排泄。生物体的很多生物化学反应也是以水为介质的，水也是供生命体分解消化食物和合成更新有机体的组分，能够维持细胞和各种生命组织的形态，保证其功能的正常发挥。水也能够保持生物体内的温度平衡，吸收生命体代谢活动中排放的能量，保持温度平衡。水也是自然界很多水生生物、浮游动植物的生存生活场所，河流、湖泊和海洋等水体中生物依赖于水生存，才能构成完整的水生生态系统。

水是大气的重要组成部分，水体能够在平面上大面积代替陆地，如河流、湖泊、水库和海洋等，大面积的水域能够对区域气温产生一定的影响，能够在小尺度范围内调节区域气候，影响区域水循环的水量和速率，帮助调节全球能量和水量平衡。总的来看，大面积水域对气温的影响起到缓冲和调节作用，能够通过升高最低气温和降低最高气温，在一定程度上减少气温的日温差、年内差和年际差，从而使气温保持在一个相对稳定平衡、适宜人类生活和居住的状态。由于水的面积增大，会增大局部地区的蒸散发，提高空气湿度，增加空气中的水分含量，从而在一定程度上增加降水量，调节区域水平衡。

水体能够塑造地表形态，不断流动的水能够开创和推动各种地表地貌的形成，重新排列地表景观，以及形成三角洲等，水也是形成土壤的关键性因素，在岩石和地壳的风化中有着重要作用。河流、湖泊和海洋等水体也有着物质运输的功能，水可以把污染物输送、扩散到更远的地方，从某种程度上能够起到稀释和净化污染物的作用，但若相反，也会扩大污染物的范围反而加大了水体污染的影响范围。

自然环境包括水环境对污染物质具有一定的承受能力，即环境容量。水体能够在其环境容量的范围内，经过水体的物理、化学和生物作用，使排入的污染物的浓度和性质随着时间的推移在向下游流动的过程中自然降低，即水体的自净能力(陈英旭，2001)。但水体的自净能力有限，当污染物进入河流、湖泊、海洋或地下水等自然水体中后，污染物数量超过了水体自身的自净能力时，水质和底质的物理化学性质就会发生改变，生物群落的组成也会相应地受到影响，从而会降低水的使用价值和功能，不能恢复到正常水平和原来平衡稳定的水生态环境，就会危及水的使用和破坏水生生态系统，阻碍陆地水循环，形成无法恢复的水污染问题，甚至威胁到人类的生命健康。

在湖泊、海岸的河口、水库或港湾等水流较缓的区域，很容易发生由磷和氮的化合物过多排入水体后引起的二次污染即水体富营养化问题。水体富营养化主要表现为水体中营养物质过剩，引起藻类的大量繁殖，水底有机物的消耗速度超过其生长速度，处于腐化污染状态，并且逐渐向上扩展，腐化区范围逐渐扩大，严重影响水质和水生生物生长和繁殖。云南九大高原湖泊除抚仙湖和泸沽湖两个深水湖外，其他7个湖泊的营养盐水平都相对较高，且呈现不断上升的趋势，同时滇池流域处于亚热带地区，光照充足、热量丰富，水温也较高，都是藻类迅速大量繁殖的有利条件(杨柳燕等，2013)。

2. 水体在水循环中的作用

水循环过程中的降水、地表产流、下渗和地下水等环节受诸多因素影响，它们之间的相互作用关系十分复杂，每一个环节之间又有着复杂的物质流、信息流和能量流的交换与传输，所以一旦水体出现了问题，很容易引起水循环中其他环节发生相应影响，引发水环境问题甚至是生态问题。在现代，人类面临着空前的水危机和众多的水问题，这促使着水文学及其相关学科的研究和理论方法不断深化(刘昌明，2014)。特别是 21 世纪以来，人口的爆发式增加和社会经济的快速腾飞，在一定程度上都依赖于充足水资源的保障，水问题的出现势必会引起一系列社会、生态和环境问题的产生。加之受全球气候变化的影响，未来区域或者流域的水资源演变的不确定性增加，这使得区域水生态及水环境的脆弱性在不断加剧(顾慰祖等，2011；余新晓，2007；尚敏和吕伟，2016)。

地球上的水体一直在不断地进行着蒸发、输送、凝结和降落的往复运动，也就是水循环运动(图 2-1)。海洋蒸发的水汽进入大气圈，经气流输送到大陆、凝结后降落到地面，部分被生物吸收，部分下渗为地下水，部分成为地表径流。地表径流和地下径流大部分回归海洋。水在循环过程中不断释放或吸收热能，调节着地球上各层圈的能量，还不断地塑造着地表的形态。水圈中的地表水大部分在河流、湖泊和土壤中进行重新分配，除了回归于海洋的部分外，有一部分比较长久地存储于内陆湖泊和形成冰川。这部分水量交换极其缓慢，周期要几十年甚至千年以上。从这些水体的增减变化，可以估计出海陆间水热交换的强弱。大气圈中的水分参与水圈的循环，交换速度较快，周期仅几天。由于水分循环，使地球上发生复杂的天气变化。海洋和大气的水量交换，导致热量与能量频繁交换，交换过程对各地天气变化影响极大。生物圈中的生物受洪、涝、干旱影响很大，生物的种群分布和聚落形成也与水的时空分布有着极密切的关系。生物群落随水的丰缺而不断交替、繁殖和死亡。大量植物的蒸腾作用也促进了水分的循环。水在大气圈、生物圈和岩石圈之间相互置换，关系极其密切，它们组成了地球上各种形式的物质交换系统，形成复杂多样的自然地理环境。

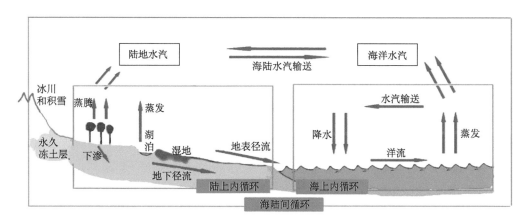

图 2-1　全球水循环模式图(包括海陆间循环、陆上内循环和海上内循环三个模式)

3. 水体的社会经济价值

在人类社会的发展过程中，水资源的必要性和重要性都不可忽视，水体不但为人类提供生命必需的物质，也为日常生产生活和经济发展提供必要的介质，工农业发展也离不开水。目前日渐兴起的旅游业也有很多以河流、湖泊和海洋等为载体的自然景观旅游，如瀑布景观、梯田景观、湖泊旅游等，自然风景旅游业越来越成为当今人们出行旅游的主要选择。同时，由于降水和径流的时空分布不均匀，经常出现洪涝、干旱等自然灾害，水资源开发利用不当，也会引起人为灾害，如大坝垮塌、土地次生盐碱化、水质污染和环境污染等(刘南威，2007)，从而使水在维持和造福人类社会的同时，又可能对人类经济发展造成损失。

工业用水是指在工业生产过程中使用的生产用水，以及厂区内职工生活用水的总称。生产用水主要用途有：作为原料或者原料的一部分参与工业生产；产品处理用水；工业锅炉用水和冷却用水等(侯晓红和张聪璐，2015)。冷却用水在工业用水中所占的比例一般较大。工业用水虽然耗水量大，但实际消耗量并不高，且大部分可以重复回收利用，利用率较高，但地区间、行业间、企业间的差距较大，部分小城镇或小企业设备老化，技术水平落后，水的利用率差距很大。工业用水对于原始水质的要求并不高，普通的地表水、地下水、自来水都可以成为工业用水的供水方式，天然水体成为工业用水不需要很多烦琐的步骤。由于工业用水相对比较集中，主要用于纺织、石油化工、造纸和冶金等行业，所以很多工厂布局都很靠近天然水源如大江大河、湖泊、海湾或地下水丰富的地方，工业企业比较集中，水体分布成为工业布局选择的重要因素。随着科学技术水平的不断提高，常规水资源的缺乏和需水量的不断增长，有数据显示，过去 60 年全球需水量增长了 1/4，但水资源供给不稳定将使得未来区域性的水资源短缺危机难以避免(王凤婷等，2018；雷玉桃和黎锐锋，2014)，因此一些工业和地区开始开发使用非常规水资源如海水、苦咸水和污水处理重复利用等，如将城市污水经处理后的再生水或中水再次用到工业生产的某些部门(常明旺等，2011)，这不仅减少对天然水体的利用，降低了湖泊河流等的开发使用压力，还有助于其水生生态环境的修复和平衡。

水是农作物对营养物质吸收和传输的溶剂，农作物一般不能直接吸收固态物质，化肥或人工有机肥只有溶于或混入土壤水分中才能够被农作物的根系吸收转化为营养物质，供农作物生长。水在农作物生长的土壤中也起着至关重要的作用，如水稻田晒田中的水若少，水稻根系吸收肥料也少，才能抑制水稻的无效分节(王征，1997)。若水太少，水稻生长期内就无法生长，随着近年来的全球气候变化，气温不断上升，干旱问题不断影响着水稻产业，很多地区出现水稻田弃耕现象。水分过少，会产生旱灾，农业减产；水分过多，会出现涝渍灾害，土壤通气不良，农作物的呼吸作用受到限制，有机质分解过慢，甚至出现无机质还原，产生有毒物质损害农作物的根系，造成肥料流失利用率降低。水在农业生产中的重要用途还有灌溉用水、牲畜饮水和水产品养殖等。目前的农业灌溉方式有地面灌溉、普通喷灌及微灌等，传统的地面灌溉耗水量大，且水的利用率较低；喷灌的方式使用较为普遍，但水的利用率也不是很高；微灌、滴灌和渗灌等现代农业灌溉技术的节水性能好，水的利用率也较高。不断提高的农业灌溉方式在当今水资源严重匮乏的现状下，能够节约用水，缓解区域水资源压力，在一定程度上能够减轻湖泊河流等天然水体的供水压力。水产品养殖是指人为控制繁殖、培育和收获水生动植物的生产活动，如人工养殖鱼、虾、龙虾、黄鳝和泥鳅等淡水水产品，有池塘、水库、网箱和围栏养殖等，也有利用梯田生态系统进行水稻、鱼、虾在一个水域里养殖，随着生态环境保护的重要性不断提高，湖泊水产品养殖逐渐减少。鱼虾养殖既节约养殖时间和空间，也能够为农民补充农业副产品，增加农业收入；鱼虾等的存在能够减少稻田里的虫害现象，保证作物能够健康生长；鱼虾生长所产生的粪便等可以作为水稻等农作物的天然肥料，补充生长所需养分，减少农药化肥等的使用对土壤造成化学伤害。另外，稻田养鱼虾等能够增加土壤空隙，使田里水和土中的氧气含量增加，有利于动植物生长。

随着人类和社会的不断发展，工业和生活污水排放量不断增长，大多数污水未经处理就直接排放到自然水体中，化肥和农药需求的日益增长和不合理使用，使农业的地表径流污染发展成为一个比较严重的问题，也成为湖泊等地表水体富营养化的重要来源。目前水体污染问题越发严重，全球气候变化和过度开发使用水资源，湖泊水体日渐成为人类可利用水体的重要部分。另外，水体本身的时空分布不均匀的问题所带来的淡水资源时空分布不均和局部地区稀缺的问题也严重制约着人类社会的发展。我国东南部水量丰富，西北则水资源缺乏，加上人类的不合理利用，许多地区仍面临着水资源缺乏的问题。

2.1.3　全球水体的类型与分布

在人类所生活的地球表面约有 70% 以上的面积为水所覆盖，其余约占地球表面 30% 的陆地也有水的存在（王健，2009）。在地球表面的岩石圈、土壤圈、大气圈和生物体内都存在有各种形态的水，包括海洋水、冰川水、湖泊水、沼泽水、河流水、地下水、土壤水、大气水和生物水，这些水体在全球形成了一个完整的水系统，这就是水圈。全球水体分为海水、陆地水和大气水三大类型，其中陆地水又可分为地表水和地下水。据估计，地球上总水量为 $1.386×10^{18}m^3$，其中海洋储量 $1.34×10^{18}m^3$，占全球水体总储量的 97.4%，湖泊、河流、冰川、地下水等陆地总水量约为 $3.59778×10^{10}m^3$，约占地球总水量的 2.6%（左玉辉，2010）。这其中有 68.7% 又被固定在两极冰盖和高山冰川中，有 30.9% 蓄存在地下含水层和永久冻土层中，而湖泊、河流、土壤中所容纳的淡水只占 0.32%（伍光和等，2008）。在人类赖以生存的陆地上，淡水水体在全球水体中仅占很小的比例。

2.2　中国陆地水体与湖泊

2.2.1　中国陆地水体类型与分布

整体上看，我国的淡水资源总量约为 $2.8×10^{12}\,m^3$，水体总面积约为 $26.21×10^4\,km^2$，居世界第六位，人均淡水占有量 $2\,220\,m^3$，人均淡水是世界平均水平的 1/4，美国的 1/5，加拿大的 1/48。目前我国有 400 多个城市缺水，110 个城市严重缺水。在空间分布上，我国水体分布呈现出西多东少、南多北少的分布特征(图 2-2)，其中，长江中下游平原地区的长江流域和淮河流域是我国水体分布最为集中的地区，而西北内陆则是我国水体分布最为稀少的地区，此外，在我国的几个高原区也是水体分布较为密集的区域。根据 2013 年中国水资源公报(中华人民共和国水利部，2019)的统计结果可知，在我国北方 6 区(松花江、辽河、海河、黄河、淮河和西北诸河 6 个水资源一级区)水资源总量 6 508.0×$10^8\,m^3$，占全国的 23.3%；南方 4 区(长江、珠江、东南诸河和西南诸河 4 个水资源一级区)水资源总量为 21 449.9×$10^8\,m^3$，占全国的 76.7%；东部地区(东部 11 个省级行政区)水资源总量 6 130.3×$10^8\,m^3$，占全国的 21.9%；中部地区(中部 8 个省级行政区)水资源

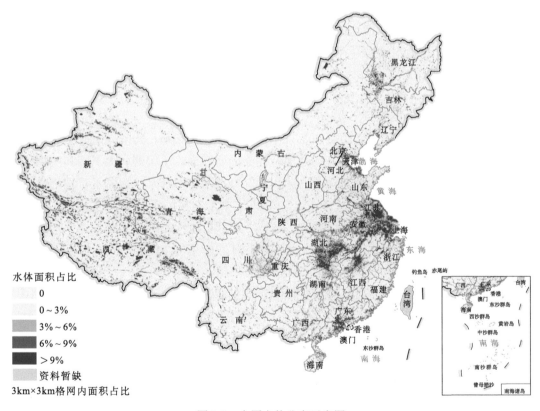

图 2-2　中国水体分布示意图

总量 6 748.3×10⁸ m³，占全国的 24.2%；西部地区(西部 12 个省级行政区)水资源总量 15 079.3×10⁸ m³，占全国的 53.9%。整体上，全国水资源利用以地表水为主，地表水供水量占到全国用水的 81%左右，而地下水仅占 18.2%，其他水源占 0.8%。而在地表水中，对包括湖泊和库塘在内的蓄水工程的用水占到了 31.6%。

在我国诸多的地表水体类型中，湖泊是重要的地表水体类型，其具有调节河川径流、发展灌溉、提供工业和饮用的水源、繁衍水生生物、沟通航运、减轻洪涝灾害、改善区域生态环境，以及开发矿产等多种功能，在国民经济的发展中发挥着重要作用。同时，湖泊及其流域是人类赖以生存的重要场所，湖泊本身对全球变化响应敏感，在人与自然这一复杂的巨大系统中，湖泊是地球表层系统各圈层相互作用的联结点，是陆地水圈的重要组成部分，与生物圈、大气圈、岩石圈等关系密切，具有调节区域气候、记录区域环境变化、维持区域生态系统平衡和繁衍生物多样性的特殊功能。另外，特殊的盐湖除了赋存有丰富的石盐、天然碱及芒硝等盐矿资源外，还蕴藏有硼、锂、钾等贵重盐矿资源。

2.2.2　中国湖泊的类型分布

中国幅员辽阔，由于区域自然地理环境的差异，以及成因和发展演化阶段的不同，湖泊显示出不同的区域特点和具有多种多样的类型：既有世界上海拔最高的湖泊，也有位于海平面以下的湖泊，既有众多的浅水湖，也不乏具有稳定温度层结的深水湖；既有吞吐湖，也有闭口湖；既有淡水湖，也有咸水湖和盐湖等。《中国湖泊志》(1998 年)的统计数据表明，全国现有大于 1.0 km² 的天然湖泊 2 759 个，总面积达 91 019.63 km²；其中面积大于 10 km² 的 656 个，合计面积 85 265.94 km²；大于 1 000 km² 的 14 个，合计面积 34 618 km²；500～1 000 km² 的 17 个，合计面积 11 230.8 km²；100～500 km² 的 108 个，合计面积 22 415.33 km²；10～100 km² 的 517 个，合计面积 16 992.4 km²；1～10 km² 的 2 086 个，合计面积 5 762.7 km²。

1. 中国湖泊类型特征

按湖泊面积大小来看，以特大型湖泊(＞1 000 km²)、大型湖泊(500～1 000 km²)、中型湖泊(100～500 km²)占绝对优势。青海湖、鄱阳湖、洞庭湖、太湖等面积在 1 000 km²以上的特大型湖泊，连同面积在 500 km²以上的巢湖、高邮湖、鄂陵湖、羊卓雍错、布伦托海、当惹雍错等大型湖泊，在全国湖泊总数量中所占的比例仅为 1.1%，而面积却占了全国湖泊总面积的 50.5%。镜泊湖、泸沽湖、日月潭、杭州西湖、武昌东湖等面积在 100 km²以下的小型湖泊，虽然多达 2 512 个，占全国湖泊总数量的 91%，但合计面积只有 22 755.1 km²，仅占全国湖泊总面积的 25.1%(王苏民等，1998)。

按湖泊的自然成因看，湖泊可以分为构造湖、冰碛湖(冰川湖)、风成湖、岩溶湖、堰塞湖、河成湖、海成湖和火山口湖等 8 种类型。不同成因湖泊的分布与湖泊所处位置的自然地理环境条件密切相关，如湖北境内长江沿岸的湖泊多为河成湖，沿海平原地区的西湖则为海成湖，云贵高原区石灰岩因溶蚀作用多形成岩溶湖，青藏高原区的一些湖泊则为冰川湖，而构造湖则各地都有分布(如青海湖、鄱阳湖、洞庭湖、滇池等)，火山口湖则主要在我国的黑龙江省和云南省的腾冲地区；堰塞湖则在我国高原地区和山区分布。

按湖泊的补排类型看，湖泊可分为吞吐湖和闭口湖两种类型。其中，吞吐湖指的是湖泊既有补给水源注入，也可向外排出湖水；闭口湖则是只有补给水源注入，无法向外排出湖水。

按湖泊水体的矿化度看，湖泊可分为淡水湖、微咸水湖、咸水湖和盐湖四种类型。其中，淡水湖的矿化度小于 1 g/L，微咸水湖的矿化度在 1～24 g/L，咸水湖的矿化度则在 24～35 g/L，盐湖的矿化度大于 35 g/L。在我国，淡水湖多分布于降水较多的季风气候区，微咸水湖、咸水湖和盐湖则分布于较少的内陆非季风区。

按湖泊营养物质含量看，湖泊可以分为贫营养湖、中营养湖和富营养湖三种类型。在我国，富营养湖的分布多与人类活动相关。

2. 空间分布

在空间分布上，中国地貌以山地和高原为主体，形成巨大的地形阶梯，这种地貌特征及其诱导的东亚季风和南亚季风气候，决定了我国湖泊在空间分布上，显示出具有区域特色的分布格局(图 2-3)。按照地貌和气候特征差异，我国的湖泊分为五大湖群，即

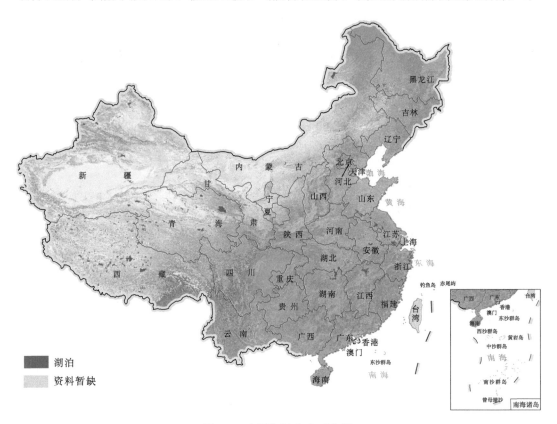

图 2-3　中国湖泊分布示意图

青藏高原、蒙新高原、云贵高原、东北平原和长江中下游平原湖群。分布在青藏高原和蒙新高原地区的湖泊以闭流的咸水湖和盐湖为主，表现出了大陆腹地非季风气候区的环境特点。云贵高原的湖泊得到西南季风带来的降水补给，均为外流淡水湖，但因湖泊均位于大的断裂带地质构造区，为大河水系的分水岭地带，具有出流很小的半闭流特点，盐类容易聚集，矿化度明显超过东部平原地区的湖泊。长江中下游平原、黄淮海平原、松嫩平原等地区的湖泊位于东亚季风盛行区，降水丰沛，河流湖泊之间的关系较为密切，多为淡水湖，季节性补给效应明显，但受人为活动影响显著，湖泊处于不同程度的富营养化过程中，水环境问题很大。青藏高原、长江中下游平原是我国湖泊分布最密集的地区，大小湖泊星罗棋布，从而形成东、西相对的两大稠密湖群区，显示出我国湖泊深受构造、气候控制的区域分布特色。

参 考 文 献

常明旺，赵海生，杜世勋，等. 2011. 工业用水与节水管理技术. 北京: 中国石化出版社.

陈英旭. 2001. 环境学. 北京: 中国环境科学出版社.

顾慰祖，庞中和，王全九，等. 2011. 同位素水文学. 北京: 科学出版社: 105-144.

侯晓虹，张聪璐. 2015. 水资源利用与水环境保护工程. 北京: 中国建材工业出版社.

雷玉桃，黎锐锋. 2014. 节水模式、用水效率与工业结构优化: 自广东观察. 改革, (7): 109-115.

刘昌明. 2014. 中国农业水问题: 若干研究重点与讨论. 中国生态农业学报, 22(8): 875-879.

刘南威. 2007. 自然地理学(第二版). 北京: 科学出版社.

尚敏，吕伟. 2016. 农业水循环与水环境遥感应用研究进展. 中国农业资源与区划, 37(2): 23-225.

王凤婷，田园，程宝栋. 2018. 产业集聚对工业用水效率的影响. 城市问题, (12): 80-88.

王健. 2009. 现代自然地理学(第二版). 北京: 高等教育出版社.

王征. 1997. 水在农业生产上的重大作用. 吉林水利, (1): 30-31.

王苏民，窦鸿身. 1998. 中国湖泊志. 北京: 科学出版社.

伍光和，王乃昂，胡双熙，等. 2008. 自然地理学(第四版). 北京: 高等教育出版社.

杨柳燕，胡志新，何连生，等. 2013. 中国湖泊水生态系统区域差异性. 北京: 科学出版社.

余新晓. 2007. 水文与水资源学. 北京: 中国林业出版社: 68-176.

中国地图出版社. 2016. 世界地图集. 北京: 中国地图出版社.

中国数字科技馆. 2006. 科普专栏: 水资源. https://amuseum.cdstm.cn/AMuseum/shuiziyuan/water/guide.html. 2006-12-31.

中华人民共和国水利部. 2016. 中国水资源公报. 北京: 中国水利水电出版社.

中华人民共和国水利部. 2019. 2018年中国水资源公报. http://www.gov.cn/xinwen/201907/13/content_5408959.htm. 2019-12-31.

左玉辉，华新，孙平，等. 2010. 环境学原理. 北京: 科学出版社.

第3章 高原湖泊

3.1 高原湖泊的定义与范畴

高原一般是指海拔在 500 m 以上且地势相对平坦或者有一定起伏的地区，在我国主要分布有青藏高原、云贵高原、黄土高原和内蒙古高原四大高原(赵济和陈传康，2006)。在这些高原上分布的湖泊，一般被认为是高原湖泊，但目前还没有对高原湖泊有一个相对统一的定义，人们会将高原湖泊模糊地定义为是海拔相对较高的湖泊，或者是由于构造运动所形成的构造湖。但不论如何定义，地处高原及构造活动强烈这两个特点一直是高原湖泊所强调的(环境保护部科技标准司和中国环境学会，2015)。其中，地处高原这一点目前已成为共识，构造活动强烈则是由于高原本身的地质环境所决定的，是高原湖泊的特点之一，但不是全部，如在我国青藏高原地区由于冰川作用的影响分布有大量的冰碛湖(冰成湖)，内蒙古高原的沙漠地区由于风蚀作用的影响分布有大量的风成湖等。

在本书中，结合前人研究的经验，以及笔者的研究实践，将中国的高原湖泊定义为"地处中国高原地区的各种类型湖泊"。在这个定义中，高原湖泊是一个区域的概念，与湖泊的成因并没有完全的联系，这也便于对高原湖泊类型的进一步划分。其中，中国高原湖泊的范围则包括我国的四大高原，以及新疆天山所处的帕米尔高原地区，区域内各种类型的湖泊包括冰碛湖、构造湖、岩溶湖和风成湖等。

多样的高原、复杂的环境造就了我国高原湖泊在类型与空间分布上的复杂性，高原的空间分布情况决定了高原湖泊的分布特征，高原的自然环境本底决定了高原湖泊的类型。中国的高原地区主要有青藏高原、云贵高原、黄土高原和内蒙古高原，以及帕米尔高原上的我国领土(新疆天山地区)；就高原的自然地理环境来看，各大高原的地质、地貌、气候和水文等自然地理环境要素十分复杂多变，且组合多样。

3.2 高原湖泊的类型

湖泊从形成到成熟乃至消亡的演化过程中，自然地理环境起到了十分重要的作用。按湖泊形成的自然地理环境背景(成因)可分为构造湖、冰碛湖(冰川湖)、风成湖、岩溶湖、堰塞湖、河成湖、海成湖和火山口湖等 8 种类型(王苏民和窦鸿身，1998)。在高原地区，由于受到高原独特的自然地理环境影响，高原湖泊主要有构造湖、冰川湖、风成湖、岩溶湖、堰塞湖和河成湖等 6 种类型。但在特定情况下，一个湖泊的形成也可能受到多重因素的影响，如我国长江中下游地区的鄱阳湖和洞庭湖，它们湖盆的形成是地质构造运动的结果，但在与长江漫长的水体交流互动中，又体现了河成湖的特征。

1. 构造湖

构造湖，是指地质构造运动所形成的拗陷盆地积水而成的湖泊，包括构造断裂、下沉、褶皱等情况都可以形成构造湖，是我国高原湖泊的最主要类型之一（王苏民和窦鸿身，1998）。其中，青藏高原、云贵高原地区是构造湖发育最多的地区。特别是在云贵高原的云南部分，断裂构造湖发育最多，形态也最为典型，如阳宗海、滇池、抚仙湖、星云湖都是在断裂带的不同断陷盆地上所发育的断陷湖，这些湖泊与构造线平行呈南北走向，呈串珠状分布。在青藏高原地区，由于受高原抬升影响，区内则为东西向的深大断裂发育，裂谷底部有大量断陷湖泊分布，并且具有和山脉走向相同的特点。此外，由于地质构造发育的程度不同，湖泊的形态特征也各不相同，如云贵高原的抚仙湖处于地质构造持续下沉的时期，其呈现出水深坡陡、南北狭长的特征；而同样处于云贵高原的异龙湖，由于构造运动基本停止，呈现出湖泊淤积、湖岸平缓的特征。

2. 冰川湖

冰川湖，是指冰蚀作用挖蚀形成的洼坑或者冰碛物堵塞冰川槽谷而积水形成的湖泊，多位于我国高海拔地区（王苏民和窦鸿身，1998）。由于地质历史时期我国没有像北欧或者北美地区一样出现较大范围的冰盖分布，冰川活动多集中在高海拔地区的山地冰川，因此冰川湖也通常分布于高海拔地区，且面积较小，其成因也与北欧、北美等地区的冰川湖存在明显差异。其中，青藏高原和帕米尔高原的中国部分是冰川湖分布最为集中的地区。就青藏高原而言，冰川湖多是由于冰川谷底或者冰斗被冰碛物堆积堵塞而形成，多为冰碛湖，如八宿错、多庆错等；由冰川挖蚀作用形成冰蚀湖，面积和数量较小，如藏南的多庆错。在新疆帕米尔高原附近的天山、阿尔泰山和昆仑山也有冰川湖分布，且多为冰川挖蚀谷地在冰川退却时被冰碛物堆积堵塞而形成的冰碛湖，如新疆喀纳斯湖。此外，在青藏高原边缘区的四川省也分布有少量冰碛湖。

3. 风成湖

风成湖，是指在沙漠中由风蚀作用形成的丘间洼地低于地下潜水面，使得沙丘四周渗水蓄积形成的湖泊（王苏民和窦鸿身，1998）。这类湖泊通常面积狭小、水浅且为无出水口的不流动死水。在我国主要分布于内蒙古高原上的腾格里沙漠和巴丹吉林沙漠内，这其中位于巴丹吉林沙漠中的最大湖泊伊和扎格德海子也只有 1.5 km^2。由于这类湖泊主要受地下潜水补给，通常湖泊周边会有较多的泉水出露，但是由于地处干旱地区，水体蒸发量很大，水体盐分容易积累，湖泊矿化度高，多为咸水湖或是盐湖，同时湖泊水位的季节变化十分显著，其脆弱性也十分高。

4. 岩溶湖

岩溶湖，是指碳酸岩类地层在流水的长期侵蚀下所产生的岩溶洼地，以及岩溶漏斗或落水洞被堵塞蓄水而形成的湖泊(王苏民和窦鸿身,1998)。这一类湖泊主要形成于喀斯特地区,在云贵高原区分布广泛,如滇东岩溶区,湖泊面积一般不大,水深较浅。在滇东高原区,岩溶湖的形态主要受到岩溶洼地或漏斗形态控制,多为不规则圆形,若在岩溶谷底积水则为长条形,如云南石林地区的长湖、贵州威宁县的草海等。由于岩溶地区地质构造相对破碎,岩溶裂隙和漏斗发育,湖泊渗漏通常比较严重,因此在降水较少的年份或是季节,这些湖泊会因为渗漏而消失,变为湿地或者草地,但在雨季后又会重新出现。有的湖泊甚至会因为渗漏较大而消失几年甚至几十年,而后在渗漏的漏斗被堵塞以后又重新出现,如云南省砚山县的浴仙湖。此外,有的湖泊虽然是由于构造运动形成的构造湖,但是由于湖盆地层主要由碳酸盐构成,也会具有一定的岩溶湖特征,如滇池湖底就存在有两个较大的漏斗。

5. 堰塞湖

堰塞湖,是指由于火山活动的熔岩流或是地震等地质活动引起的滑坡体堵塞河床而形成的湖泊(王苏民和窦鸿身,1998)。由于目前中国的火山活动仅在东北地区和西南腾冲地区有分布,因而在高原湖泊分布区多为山体滑坡造成的堰塞湖。其中,青藏高原是该类湖泊分布最为集中的地区,特别是在藏东南峡谷地区,由于地质作用影响区内地层较为松散,加之降水量大且集中,区内滑坡极易发生且规模巨大,如波密县的易贡错,便是由于1900年左右的冰川泥石流堵塞形成。在大型地质灾害发生后,也会造成河流的堵塞,形成堰塞湖,如2008年汶川地震时形成的唐家山堰塞湖。此外,人类活动的干扰所造成的环境破坏也会形成堰塞湖,如矿区或者是水电站等沿河工地垮塌造成河水堵塞所形成的堰塞湖。但在多数情况下,由于堰塞湖严重威胁下游地区人民的生命财产安全,堰塞湖一旦在人类活动集中地区出现,则会采取工程措施对其进行疏导和清除。

6. 河成湖

河成湖,是指与河流发育和变迁有密切关系的湖泊,多在地势平坦的平原地区形成(王苏民和窦鸿身,1998)。由于河流环境及其影响情况的不同,河成湖存在许多类型。主要包括,由于河流所携带的泥沙在平原上淤积成垄,从而造成洼地积水而形成的湖泊;由于支流水系泥沙淤积,河水不能汇入干流而堵塞形成的湖泊;在洪水泛滥时,大量河水涌入洼地而形成的湖泊;由于河流改道,在古河道较深的地方积水形成的湖泊;由于河流裁弯取直作用,而形成的牛轭湖等类型。众多类型的河成湖在我国长江中下游和黄淮海平原地区分布最为普遍。但就高原地区而言,由于海拔落差大,河流流速快,泥沙难以淤积,也就很难形成这些类型的湖泊,如青藏高原和云贵高原地区,由于河流落差较大,且多分布于峡谷之中,就很难具备河成湖所形成的条件。但是,在高原面较为平缓的内蒙古高原上,也分布有一些由于河流自然裁弯取直而形成的湖泊,如乌梁素海。

3.3　中国高原湖泊的空间分布

中国地域辽阔，不论是从北到南还是自东向西，自然地理环境的区域分异均十分明显，这也使得中国的湖泊特征呈现出相应的区域差异。在 1998 年出版的《中国湖泊志》一书中，通过自然环境差异、湖泊资源开发利用和湖泊环境整治等因素，将湖泊空间分布情况整理为东部平原湖区、蒙新高原湖区、云贵高原湖区、青藏高原湖区和东北平原与山区湖区五大湖泊自然分布区。就目前的高原湖泊研究而言，这样的划分依然是有借鉴意义的。

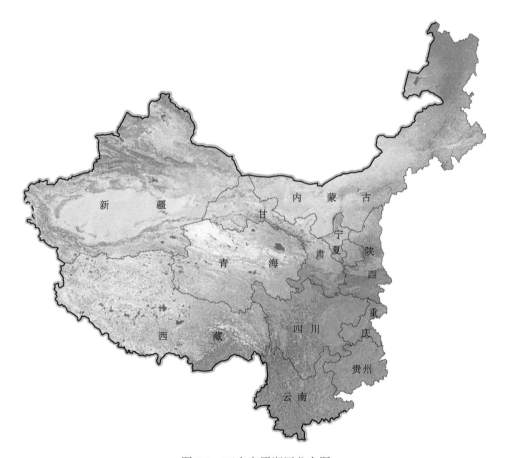

图 3-1　三大高原湖区分布图

地理国情监测数据(2018 年)表明，我国三大高原湖区总面积为 648.7×10^4 km^2，占我国国土面积的 67%以上，湖泊面积达 7.01×10^4 km^2，占我国湖泊总面积(9.86×10^4 km^2)的 71%。其中蒙新高原湖区，水体面积约占三大高原区总水体面积的 33.25%，区内湖泊面积占区内水体总面积的 37.44%；云贵高原湖区，水体面积约占三大高原湖区总水体面积的 10.26%，区内湖泊面积占区内水体总面积的 11.09%；青藏高原湖区，水体面积约占三大高原区水体总面积的 56.49%，湖泊面积占区内水体总面积的 63.55%。此外，青藏高原区的湖泊面积在全国湖泊总面积中的占比高达 51.58%，是我国分布面积和密度最大的高原湖泊群，在我国的湖泊水体中起着至关重要的作用。因此，在本书中我们依然将中国高原湖泊的空间分布划分为蒙新高原湖区、云贵高原湖区和青藏高原湖区三个空间分布区，如图 3-1、表 3-1 所示。

表 3-1　三大高原湖区水体及湖泊面积统计

区域名称	高原面积/km²	水体面积及占高原湖区面积比		湖泊面积及占水体面积比	
		面积/km²	占比/%	面积/km²	占比/%
蒙新高原湖区	3 460 420.38	47 108.87	1.36	17 636.36	37.44
云贵高原湖区	1 127 813.36	14 532.96	1.29	1 612.30	11.09
青藏高原湖区	1 898 882.40	80 038.84	4.22	50 866.48	63.55
总计	6 487 116.14	141 680.67	2.18	70 115.14	49.49

注：表中数据统计自地理国情监测(2018 年)

同时，在湖泊成因及类型方面，三大高原湖区的湖泊成因和类型分布也各有不同。其中，蒙新高原湖区的湖泊，在成因上多为风成湖，且因不断被浓缩而发育成咸水湖或盐湖；云贵高原湖泊区的湖泊，在成因上多为深受地质构造影响的构造湖，水深岸陡，自净能力较弱，季节变化大；青藏高原湖区的湖泊，在成因上多为构造湖和冰川湖，分布海拔高，水体上以咸水湖和盐湖为主。

3.3.1　青藏高原湖区

青藏高原湖区在自然地理上包含了整个青藏高原地区，即青藏高原及其周边 3 000m 等高线以上的地区，在行政区划上包括了西藏自治区、青海省的绝大部分，以及新疆维吾尔自治区、四川省、云南省的部分地区。但就湖泊的分布情况来看，区内的湖泊在青藏高原边缘区分布较少，因此将青藏高原湖区的范围限制在行政区划上属于青海省和西藏自治区辖境内。据统计，在青藏高原湖区，面积在 1.0 km² 以上的湖泊(包括干盐湖)共 1091 个，湖泊总面积 44 993.3 km²，约占全国湖泊总面积的 49.6%，其中，面积大于 10.0 km² 的湖泊有 346 个(青海省 84 个、西藏自治区 262 个)，合计面积 42 816.1 km²，占本区湖泊总面积的 95.2%(王苏民和窦鸿身，1998)。但根据地理国情监测数据(2018 年)，目前青藏高原湖区 5 000 m² 以上的湖泊面积为 50 866.48 km²，相较于 1998 年数据有很大增加，这除了与统计标准存在差异外，全球变化下的冰川消融也是造成湖泊面积增加的一个主要原因。如间利等(2019)的研究表明，青藏高原湖区面积大于 50 km² 的 138 个湖泊整体扩张趋势显著，总面积增加 2 340.67 km²，增长率为 235.52 km²/a。可以说，青藏高原湖区是地球上海拔最高、分布数量最多、面积最大的高原湖群区，也是我国湖泊分布密度最大，且与东部平原湖区遥相呼应的两大稠密湖群区之一。

1. 湖泊形成条件

在地貌上，由于青藏高原抬升的发育历史较短且隆升速度较快，在多种因素共同的影响下，青藏高原大山大川密布，地势险峻多变，地形复杂，平均海拔更是远远超过了同纬度周边地区(伍光和等，2008)。这使得青藏高原地区形成了全世界最高、最年轻而水平地带性和垂直地带性紧密结合的自然地理单元。但从总体上来说，青藏高原是一个地势呈西高东低，高原边缘区起伏不平，高原内部起伏度较低的区域。

在气候上，青藏高原气候严寒而干旱，冬季湖泊冰封期较长，降水稀少，夏季的冰雪融水是湖泊补给的主要形式，湖泊水情虽有季节性变化，但水位变幅一般普遍较小，年内变幅一般不超过 50 cm。但总体上，青藏高原湖区湖泊的湖水矿化度具有自南向北增加的趋势，如西藏南部地区的湖泊，湖水矿化度为 1~6 g/L，向北至西藏中部或藏北南部，湖水矿化度增至 50~130 g/L，再北至西藏北部，湖水矿化度进一步增高到 200 g/L 左右，及至柴达木盆地，湖水矿化度已升高到 300 g/L 以上(王苏民和窦鸿身，1998)。

总体上，青藏高原湖区的湖泊成因类型复杂多样，但其大多是发育在一些和山脉平行的山间盆地或巨型谷地之中，其中大中型的湖泊如纳木错、色林错、玛旁雍错等都是由构造作用所形成，湖盆陡峭，湖水较深，且湖泊的分布与纬向、经向构造带相吻合，只有一些中、小型湖泊分布在崇山峻岭的峡谷区，属冰川湖或堰塞湖类型。湖泊深居高原腹地，湖泊多是内陆河流的尾闾和汇水中心，以内陆咸水湖和盐湖为主，但在黄河、雅鲁藏布江、长江水系的河源区，由于晚近地质时期河流溯源侵蚀与切割，仍有少数外流淡水湖存在，如黄河源的扎陵湖、鄂陵湖，即是本区内两大著名淡水湖。

2. 区域人类活动概况

青藏高原湖区人烟稀少，人类活动强度多被限制于河谷地区，因而对高原面上的湖泊的影响较小，故而湖泊退缩变化多系自然原因。但个别湖泊，特别是通江的淡水湖泊仍有受到人类活动影响的因素，如羊卓雍错北距雅鲁藏布江 8.0~10.0 km，其间以岗巴拉山相隔，与其周围的沉错、巴纠错、哲古错和普莫雍错等组成了藏南最大的内陆湖群(王苏民和窦鸿身，1998)。盆地外围高山环绕，山体海拔在 5 000.0 m 以上，湖泊水能资源丰富，与雅鲁藏布江之间水位落差达 840.0 m。现已实施通过缩小湖泊面积、减少水面蒸发量而获得的水量进行发电的工程，即通过降低湖泊水位 10.5 m 提供的 55.0×10^8 m³ 水量发电，装机容量 12×10^4 kW，最大引用湖水量 18.0 m³/s，并以因湖泊水位下降，湖面退缩所减少的约 50.0×10^8 m³ 蒸发量寻求新的平衡，届时湖泊将因人为影响而显著退缩(王苏民和窦鸿身，1998)。

3. 湖泊整体状况

青藏高原湖区的湖泊类型多以构造断陷湖和冰碛湖为主，区内湖泊与云贵高原湖区相似，湖泊汇水区面积较小，湖泊出流少，大量冰碛湖甚至变成了内流湖，湖泊换水周期较长，输入湖泊的盐类及其他物质容易在湖泊中积聚，但由于人口较少，人为活动弱，故湖泊生态环境保持较好。但在全球变化的大背景下，受气候变暖的影响，青藏高原气候暖干化趋势的显著。董斯扬等(2014)研究了1970~2010年青藏高原湖泊面积的变化情况，发现近40年来青藏高原湖泊在整体上呈现出加速扩张的趋势，其中2000~2010年扩张最为显著。中国科学院青藏高原研究所(2017年)的专家研究后得出以下结论：过去20年间，青藏高原的湖泊面积由2.56×10^4 km^{2}增至3.23×10^4 km^2，增幅高达26%。这主要是由于气候变暖后，冰川融水补给增加所造成的。此外，在一些地区随着降水的减少和蒸发的加大，部分湖泊出现退缩状态，如区内最大的湖泊青海湖，水位从1956年的3 196.94 m变为1988年的3 193.55 m，共下降了3.39 m，湖面积减少了301.60 km^2，随着水位下降，湖面萎缩，湖水矿化度也相应明显增加，1962年矿化度为12.49 g/L，而1986年已达14.152 g/L，甚至原为湖中岛屿的鸟岛和海西山早在1978年就因为青海湖水位的下降，和陆地连成一片(王苏民和窦鸿身，1998；李燕，2014)。

3.3.2 蒙新高原湖区

蒙新高原湖区在地理环境上主要针对的是我国内蒙古高原和帕米尔高原的中国部分(新疆天山地区)，在行政区划上包括了内蒙古自治区、陕西省、甘肃省、宁夏回族自治区和新疆维吾尔自治区等5个省(区)的高原湖泊。有资料表明，该地区面积大于1.0 km^{2}的湖泊约有772个，总面积约为19 700.3 km^2，约占全国湖泊总面积的21.5%；其中大于10.0 km^{2}的湖泊107个，合计湖泊总面积18 059.43 km^2，湖泊总储水量712×10^8 m^3，其中淡水储量22.5×10^8 m^3(王苏民和窦鸿身，1998)。但根据地理国情监测数据(2018年)，目前蒙新高原湖区5 000 m^{2}以上的湖泊面积为17 636.36 km^2，相较于1998年数据有所减少，这主要是与区内罗布泊等一系列沙漠湖泊的消亡存在密切关系。因此，相较于1998年数据，该区湖泊的储水量也会有所降低。

1. 湖泊形成条件

在地貌上，蒙新高原湖区地貌以波状起伏的高原山地与盆地相间分布的地形结构为特征，区内河流和潜水向洼地中心汇聚，一些大中型湖泊往往成为内陆盆地水系的尾闾和最后归宿地，发育成众多的内陆湖，只有个别湖泊如额尔齐斯河上游的哈纳斯湖、黄河河套地区的乌梁素海等为外流湖。

在气候上，蒙新高原湖区处于我国的非季风区内，气候以干旱半干旱为主，降水稀少，年降水量一般在400 mm以下，多数低于250 mm，地表径流补给不丰，蒸发强度较大，年蒸发量达2 000~3 000 mm(赵济和陈传康，2006)。因此降水对于区内湖泊的补给较小，多数或由于蒸发旺盛，其面积正在逐年缩小。但是在新疆帕米尔高原地区的高原湖泊，由于受到冰川融水的补给，水源相对稳定。

2. 区域人类活动概况

在人类活动方面，蒙新高原湖区人类活动主要以农牧业为主，同时也有少量工矿业布局。当地牧民千百年来逐水草而居，以湖泊为代表的水资源，在蒙古高原往往意味着生命，但近年来湖泊萎缩已成为蒙新高原湖区生态环境中的突出问题之一。降水量较少是区内高原湖泊环境脆弱的关键限制性因素，但是对蒙新高原湖泊集水区过量截流的人类活动，更是导致湖泊萎缩咸化的主要因素，特别是在农牧区的灌溉耗水，更是造成了近 80%的湖泊面积发生了变化(翟俊峰，2019)。但是，在蒙新高原湖区的新疆部分，由于一些湖泊主要是由冰川融水补给，受气候变化下冰川消融速度加快的影响，这些湖泊的水体面积增加，如博斯腾湖在 1990～2002 年就出现了湖泊水位持续增长的情况(吴红波，2019)。

3. 湖泊整体状况

蒙新高原湖区的湖泊类型多以河成湖、构造湖和风成湖为主，其中河成湖多为河流尾水蓄积形成的内流湖，构造湖也是最大湖泊呼伦湖和贝尔湖的形成类型，风成湖则多为小型湖泊、季节变化大，整体上湖泊具有多为内流湖、咸水湖，水源补给缺乏的特点。蒙新高原湖区降水稀少、蒸发旺盛，湖水蒸发量要远远大于补给量，湖水因不断蒸发而发育为封闭流域的微咸水湖、咸水湖甚至盐湖，这也是区内多内陆湖泊的主要原因。此外，蒙新高原湖区内沙漠广袤，在沙漠区边缘地带多有风成湖分布，是本区湖泊的又一显著特色。这些湖泊多是面积很小的小型湖泊，湖水浅，湖泊的径流补给以地下潜水形式为主，一遇沙暴侵袭，湖泊即可迅速被流沙所掩埋而消亡。

3.3.3　云贵高原湖区

云贵高原湖区在地理上包括了横断山区以东、东南丘陵以西云贵高原的广大高原山地地区，在行政区划上包括云南省、贵州省和四川省和重庆市。云贵高原湖区是我国五大湖区中湖泊数量最少的湖区，也是我国断裂构造湖泊最发育、形态最典型的地区。面积大于 1.0 km^2 的湖泊共计 60 个，合计面积约为 1 199.40 km^2，约占全国湖泊总面积的 1.3%。其中面积大于 10.0 km^2 的湖泊仅 13 个，合计面积约为 1 088.2 km^2，占本区湖泊面积的 90.8%(王苏民和窦鸿身，1998)。但根据地理国情监测数据(2018 年)，目前云贵高原湖区 5 000 m^2 以上的湖泊面积为 1 612.30 km^2，相较于 1998 年数据有明显增加，这在一定程度上与统计标准的变更有关，云南多为面积较小的湖泊，在 1998 年的统计中难以统计完全。因为就近 20 年以来湖泊面积变化来看(表 3-2)，云贵高原湖区 9 个较大高原湖泊面积变化并不是很大，整体上仅增加了 12.39 km^2，相对于目前 412.9 km^2 的面积增加量来讲，这个比例是很小的。这从侧面说明，地理国情监测对于小型湖泊统计的准确性和优势性。

表 3-2　云贵高原湖区主要湖泊近 20 年面积变化情况

湖泊名称	滇池	洱海	抚仙湖	程海	泸沽湖	星云湖	杞麓湖	阳宗海	异龙湖
1998 年面积/km²	297.90	249.00	211.00	77.22	48.45	34.70	36.86	31.68	38.00
2018 年面积/km²	306.30	250.00	212.00	78.80	51.80	39.00	37.30	31.00	31.00
面积变化/km²	8.40	1.00	1.00	1.58	3.35	4.30	0.44	−0.68	−7.00

注：1998 年湖泊面积数据源自《中国湖泊志》（1998）；2018 年面积数据源自《2018 云南省统计年鉴》

1. 湖泊形成条件

在地貌上，云贵高原湖区自上新世晚期以来新构造运动强烈，地貌结构由广泛的夷平面、高山深谷和盆地等交错分布而构成，故湖泊的空间分布格局深受构造与水系的控制（杨一光，1998）。区内一些大的湖泊都分布在断裂带或各大水系的分水岭地带，如滇池位于金沙江支流普渡河上游和南盘江源头，抚仙湖和洱海分别位于南盘江的源头及红河与漾濞江的分水岭地带。湖泊一般具有水深岸陡的形态特征，如抚仙湖最大水深155 m，平均水深 87.0 m，是我国目前已知的第二深水湖泊，其他如泸沽湖、阳宗海、洱海、程海等的平均水深也都在 10.0 m 以上。

在气候上，云贵高原湖区的形成主要得到西南季风和东南季风共同带来降水的补给，年降水量多在 1 000 mm 以上，因此相较于其他两个高原湖区，云贵高原湖区的降水补给要更加充足。但处于季风气候区，降水量旱雨季差异过大，雨季（5~10 月）降水量可占到全年降水量的 80%以上，旱季占比不足 20%（杨一光，1998），这使得湖泊旱雨季变化十分明显。

2. 区域人类活动概况

云贵高原湖区是我国人类活动最为密集的区域之一，由于地质活动和气候影响，云贵高原缺乏完整的高原面，地表较为破碎，缺乏适宜生产生活的平地，因此城镇和农田多布局于湖泊周边较为平坦的湖盆地带。高强度的人类活动使得区内各湖泊的生态环境都受到了巨大的影响，特别是在云南省几乎所有的大城市都分布在湖盆区内，如昆明市的滇池，强烈的人类活动使得区域湖泊水体受到了严重污染；大理市的洱海，虽然城市位于湖泊出水口污染较小，但是农业面源污染的影响也无法忽视。

3. 湖泊整体状况

云贵高原湖区的湖泊类型多以构造断陷湖和岩溶湖为主，整体上具有汇水区面积小，湖泊出流少的半闭流特点，湖泊换水周期较长，输入湖泊的盐类及其他物质容易在湖泊中积聚，湖泊一经污染就难以治理，如抚仙湖的换水周期 166.9 年、泸沽湖 38.4 年、马湖 6.8 年，滇池、洱海的换水周期也均在 3.0 年以上（王苏民和窦鸿身，1998），而且湖泊沿岸深水逼岸，湿地生态系统分布范围较小，甚至缺乏，致使湖泊自我调节能力较低，净化功能相对较弱，湖泊的生态系统脆弱，一旦遭到破坏很难恢复，如滇池由于大量人为干扰水生态环境和忽视水污染问题所引起的水体富营养化是个值得重视的教训。

参 考 文 献

董斯扬, 薛娴, 尤全刚, 等. 2014. 近 40 年青藏高原湖泊面积变化遥感分析. 湖泊科学, 26(4): 535-544.

环境保护部科技标准司, 中国环境科学学会. 2015. 湖泊水环境保护知识问答. 北京: 中国环境出版社.

李燕, 段水强, 金永明. 2014. 1956~2011 年青海湖变化特征及原因分析. 人民黄河, 36(06): 87-89+112.

闫利, 张廷斌, 易桂花, 等. 2019. 2000 年以来青藏高原湖泊面积变化与气候要素的响应关系. 湖泊科学,
    31(02): 573-589.

王苏民, 窦鸿身. 1998. 中国湖泊志. 北京: 科学出版社.

吴红波. 2019. 基于星载雷达测高资料估计博斯腾湖水位-水量变化研究. 水资源与水工程学报, 30(03):
    9-16+23.

伍光和, 王乃昂, 胡双熙, 等. 2008. 自然地理学(第四版). 北京: 高等教育出版社.

杨一光. 1998. 云南省综合自然地理区划. 北京: 科学出版社.

云南省统计局. 2018. 云南省统计年鉴 2018. 北京: 中国统计出版社.

翟俊峰. 2019. 内蒙古自治区湖泊现状及其衰退原因分析. 内蒙古水利, (1): 19-21.

赵济, 陈传康. 2006. 中国地理. 北京: 高等教育出版社.

中国科学院青藏高原研究所. 2017. GRL: 青藏高原湖泊水量变化与水量平衡. http: //www.itpcas.cas.
    cn/kycg/yjcg/201705/t20170503_4782927.html.

第4章 中国高原湖区的地形地貌

地形地貌是指地势高低起伏的变化，即地表的形态。地形可以影响气候的变化，造成气候的复杂性和多样性；地形可以破坏或掩盖地理环境的纬度地带性，从而影响到农副业生产布局的不平衡性；而优美的地理环境的形成，更是与地形条件息息相关。因此，对于中国高原湖泊地形地貌研究不仅具有理论上的意义，而且对于如何根据各地的具体地形地貌条件，因地制宜地合理配置农、林、牧、副、渔和旅游等事业的发展，以及在不断改造自然条件、发展社会主义生产等方面都具有重要的现实意义。本章主要对中国高原湖区的地形地貌条件进行统计分析，主要包括地势、坡度和地貌类型，来反映中国高原湖区地形地貌的空间分布。

4.1 总体概况

4.1.1 地势

三大高原湖区地势高低悬殊，各自然要素的水平分异和垂直变化互相交错、紧密结合。三大高原湖区地势西高东低，按海拔的差别，呈阶梯状分布。第一级最高的阶梯为号称"世界屋脊"的青藏高原，平均海拔在 4 000 m 以上，山脉主脊海拔平均 7 000 m 左右，同第二阶梯有明显区分。第二阶梯介于青藏高原与蒙新高原、云贵高原之间，海拔一般为 1 000～2 000 m。这种复杂多样的地形，形成了复杂多样的气候；西高东低、面向大洋逐级下降的地势特点：一方面有利于来自东南方向的暖湿海洋气流深入内地，对中国东部的气候、植被、土壤和水文都产生深刻的影响；另一方面，这种阶梯状地形，使河流向东形成较大的多级落差，既有沟通东西水上交通之利，又蕴藏着有利于多级开发的丰富水力资源。

高原湖区低海拔区域主要分布在蒙新高原湖区西北部、东北部及南部少部分地区和云贵高原的北部，中海拔区域分布在蒙新高原湖区东部、中部及云贵高原除北部外大部分地区，极少部分中海拔区域分布在青藏高原湖区北部，其平均海拔均超过 3 000 m。高海拔区域和极高海拔区域主要分布在青藏高原湖区。三大高原湖区从海拔分布看，低海拔地区（1 000 m 及以下）面积 1 371 544.22 km²，占湖区总面积的 21.15%；中海拔地区（1 000～3 500 m）面积 2 918 156.8 km²，占湖区总面积的 44.99%；高海拔地区（3 500～5 000 m）面积 1 575 273.71 km²，占湖区总面积的 24.28%；极高海拔地区（5 000 m 及以上）面积 622 141.41 km²，占湖区总面积的 9.59%。高原湖区不同海拔区域面积、构成及分布现状如表 4-1、图 4-1 所示。

表 4-1　高原湖区不同海拔区域面积及其构成

地势分区	地势分级/m	面积/km²	构成比/%
低海拔地区	＜50	3 972.65	0.06
	50～100	1 325.24	0.02
	100～200	31 569.09	0.49
	200～500	343 851.11	5.30
	500～800	474 104.98	7.31
	800～1 000	516 721.15	7.97
中海拔地区	1 000～1 200	672 118.90	10.36
	1 200～1 500	826 846.96	12.75
	1 500～2 000	585 692.44	9.03
	2 000～2 500	288 883.11	4.45
	2 500～3 000	280 859.22	4.33
	3 000～3 500	263 756.17	4.07
高海拔地区	3 500～5 000	1 575 273.71	24.28
极高海拔地区	≥5 000	622 141.41	9.59
合计		6 487 116.14	100.00

注：由于数值修约导致合计误差，下同。

4.1.2　坡　　度

坡度是重要的地形地貌指标，也是坡地和流域水文、土壤侵蚀评价的重要指标，它是决定地表局部地面接收阳光和重新分配太阳辐射量的重要地形因子，直接造成局部地区气候特征差异，影响各项农业生产指标。坡度作为高原湖区重要的地形定量指标，在水土保持、土壤侵蚀研究、土地利用规划、土地资源评价、水利、交通建设，以及城市规划等方面均是首要考虑的基础地理要素，是农、林、水利、交通、城市规划等国民经济建设活动的基础数据。

坡度是地表单元陡缓的程度，通常把坡面的垂直高度和水平距离的比值称为坡度。按坡度分类，将高原湖区地表坡度划分为平坡地（2°以下）、较平坡地（2°～5°）、缓坡地（5°～15°）、较缓坡地（15°～25°）、陡坡地（25°～35°）、极陡坡地（35°以上）以上等 6 个类别。

高原湖区平坡地、较平坡地主要分布在蒙新高原湖区大部分地区，青藏高原湖区北部少部分地区及云贵高原中部；缓坡地、较缓坡地主要分布在蒙新高原湖区北部少部分地区，青藏高原除南部外大部分地区；陡坡地和极陡坡地主要分布在青藏高原湖区南部及云贵高原区西部与青藏高原湖区相连地区，极少部分分布在蒙新高原西部边缘。三大高原湖区从坡度分级看，平坡地（2°以下）面积 1 922 992.30 km²，占湖区总面积的 29.64%；较平坡地（2°～5°）面积 899 955.12 km²，占湖区总面积的 13.88%；缓坡地（5°～15°）面积 1 331 107.36 km²，占湖区总面积的 20.52%；较缓坡地（15°～25°）面

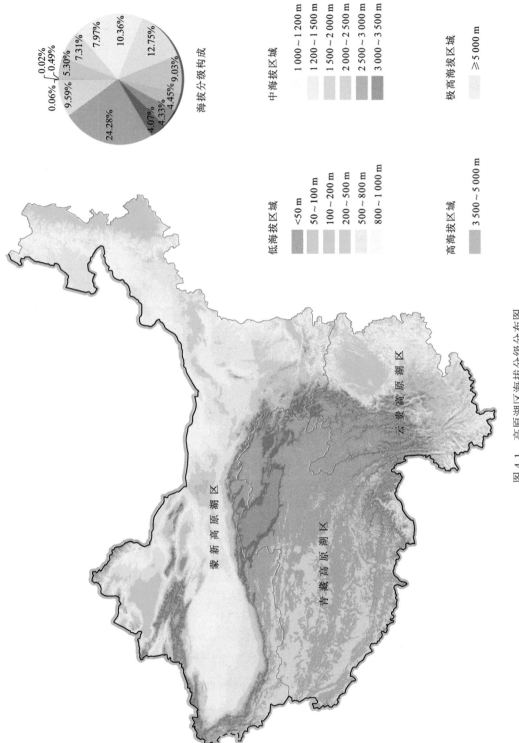

图 4-1　高原湖区海拔分级分布图

积 955 411.01 km^2，占湖区总面积的 14.73%；陡坡地(25°～35°)面积 816 697.12 km^2，占湖区总面积的 12.59%；极陡坡地(35°以上)面积 560 953.23 km^2，占湖区总面积的 8.65%。高原湖区不同坡度区域面积、构成及分布现状如表 4-2、图 4-2 所示。

表 4-2　高原湖区不同坡度区域面积及其构成

坡度分类	坡度分级	面积/km^2	构成比/%
平坡地	2°以下	1 922 992.30	29.64
较平坡地	2°(含)～3°	390 945.31	6.03
	3°(含)～5°	509 009.81	7.85
缓坡地	5°(含)～6°	190 903.16	2.94
	6°(含)～8°	317 754.68	4.90
	8°(含)～10°	265 758.35	4.10
	10°(含)～15°	556 691.17	8.58
较缓坡地	15°(含)～25°	955 411.01	14.73
陡坡地	25°(含)～35°	816 697.12	12.59
极陡坡地	35°(含)以上	560 953.23	8.65
合计		6 487 116.14	100.00

4.1.3　地貌类型

地貌或称地形，指地球硬表面由内外动力塑造而成的多种多样的外貌或形态。地貌类型就是具有共同形态特征和成因的地貌单元。地貌是地表资源中最重要的一个基本要素。它是地表水、热、气、土等地表能量、物质交换的载体和综合反映体。

三大高原湖区地貌类型复杂多样，有被内力推移而抬升的山地，也有被挠曲下降的平原和台地，还有起伏和缓的丘陵。其中，山地是主要的地貌单元，复杂的地貌类型使我国的地势呈现西高东低，呈阶梯状分布；地形多种多样，山区面积广大，山脉纵横，呈定向排列并交织成网络状。

三大高原湖区从地貌类型看，山地面积 2 983 662.32 km^2，占湖区总面积的 45.99%；平原面积 1 553 514.42 km^2，占湖区总面积的 23.95%；丘陵面积 1 478 939.02 km^2，占湖区总面积的 22.80%；台地面积 471 000.38 km^2，占湖区总面积的 7.26%。高原湖区地形地貌面积及其构成如表 4-3 所示。

表 4-3　高原湖区地形地貌面积及其构成

地貌类型	面积/km^2	构成比/%
山地	2 983 662.32	45.99
平原	1 553 514.42	23.95
丘陵	1 478 939.02	22.80
台地	471 000.38	7.26

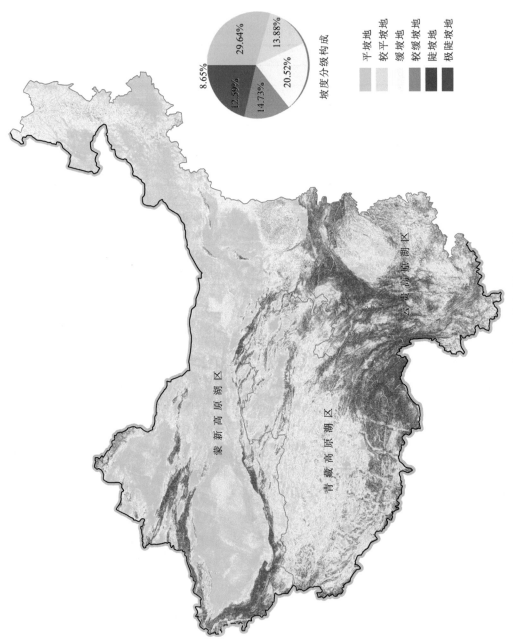

图 4-2　高原湖区坡度分级分布图

4.2　分　区　详　情

4.2.1　青藏高原湖区地形地貌

青藏高原是我国最大的高原,平均海拔 4 000~5 000 m,是世界上最高最年轻的山脉,素有"世界屋脊"之称,在其四周及内部横亘着一系列山脉;是地球上海拔最高、数量最多、面积最大的高原湖群区,是我国许多大河的发源地;是我国湖泊分布密度最大,且与东部平原湖区遥相呼应的两大稠密湖群区之一。高原地貌的内外引力种类多样,形成种类繁多的地貌类型,高原地势变化较大,主要有山地和平原两大地貌组合。青藏高原湖区地势西北高、东南低,总体上自西北向东南倾斜。高原周边被巨大的山系环绕,内部耸立着数十列西北向和东南向的山脉。青藏高原湖区主要地貌为山地、平原和丘陵相间,大部分地区为高海拔地区,极少部分地区为低海拔地区。

青藏高原湖区从地貌类型看,山地面积 1 126 471.34 km^2,占湖区面积的 59.32%;平原面积 447 822.69 km^2,占湖区面积的 23.58%;丘陵面积 210 037.15 km^2,占湖区面积的 11.06%;台地面积 114 551.22 km^2,占湖区面积的 6.03%(表 4-4)。

表 4-4　青藏高原湖区地貌类型、面积及其构成

地貌类型	面积/km^2	构成比/%
山地	1 126 471.34	59.32
平原	447 822.69	23.58
丘陵	210 037.15	11.06
台地	114 551.22	6.03

青藏高原湖区低海拔区域主要分布在湖区北部,分布面积较小;低海拔区域与高海拔区域在该湖区广泛分布,主要分布在湖区北部及东部地区;极高海拔区域主要分布在青藏高原湖区南部、东部及西部边缘区。青藏高原湖区从海拔分布看,低海拔地区(1 000 m 及以下)面积 13 562.57 km^2,占湖区面积的 0.72%;中海拔地区(1 000~3 500 m)面积 253 696.62 km^2,占湖区面积的 13.36%;高海拔地区(3 500~5 000 m)面积 1 104 027.08 km^2,占湖区面积的 58.14%;极高海拔地区(5 000 m 及以上)面积 527 596.13 km^2,占湖区面积的 27.78%。青藏高原湖区不同海拔区域面积、构成及分布现状如表 4-5、图 4-3 所示。

表 4-5　青藏高原湖区不同海拔区域面积及其构成

地势分区	地势分级/m	面积/km^2	构成比/%
低海拔地区	<50	—	0.00
	50~100	306.32	0.02
	100~200	1 050.14	0.06
	200~500	3 809.62	0.20

续表

地势分区	地势分级/m	面积/km²	构成比/%
低海拔地区	500~800	4 725.78	0.25
	800~1 000	3 670.71	0.19
中海拔地区	1 000~1 200	3 927.54	0.21
	1 200~1 500	6 206.99	0.33
	1 500~2 000	11 281.89	0.59
	2 000~2 500	15 783.22	0.83
	2 500~3 000	117 295.46	6.18
	3 000~3 500	99 201.52	5.22
高海拔地区	3 500~5 000	1 104 027.08	58.14
极高海拔地区	≥5 000	527 596.13	27.78
合计		1 898 882.40	100.00

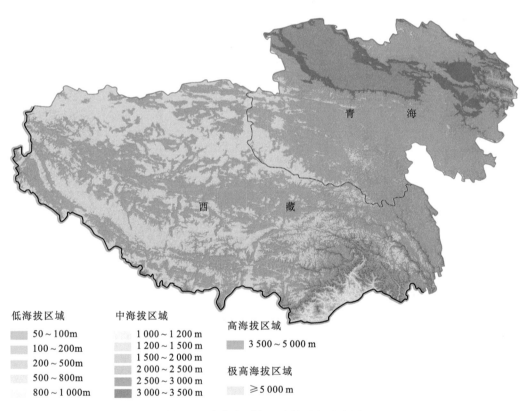

图 4-3　青藏高原湖区海拔分级分布图

　　青藏高原湖区从坡度分级看，平坡地(2°以下)面积 409 472.35 km²，占湖区面积的 21.56%；较平坡地(2°~5°)面积 271 831.85 km²，占湖区面积的 14.32%；缓坡地(5°~15°) 面积 472 449.21 km²，占湖区面积的 24.88%；较缓坡地(15°~25°)面积 315 806.80 km²，

占湖区面积的 16.63%；陡坡地(25°～35°)面积 269 361.19 km^2，占湖区面积的 14.19%；极陡坡地(35°以上)面积 159 961.01 km^2，占湖区面积的 8.42%。青藏高原湖区不同坡度区域面积、构成及其分布现状如表 4-6、图 4-4 所示。

表 4-6　青藏高原湖区不同坡度区域面积及其构成

坡度分类	坡度分级	面积/km^2	构成比/%
平坡地	2°以下	409 472.35	21.56
较平坡地	2°(含)～3°	108 592.04	5.72
	3°(含)～5°	163 239.81	8.60
缓坡地	5°(含)～6°	66 072.75	3.48
	6°(含)～8°	113 307.14	5.97
	8°(含)～10°	96 311.41	5.07
	10°(含)～15°	196 757.91	10.36
较缓坡地	15°(含)～25°	315 806.80	16.63
陡坡地	25°(含)～35°	269 361.19	14.19
极陡坡地	35°(含)以上	159 961.01	8.42
合计		1 898 882.41	100.00

图 4-4　青藏高原湖区坡度分级分布图

4.2.2 蒙新高原湖区地形地貌

高山与盆地相间分布是本区地貌结构的基本特征。蒙新高原湖区大部分地区以中海拔区为主，占湖区面积60%左右。蒙新高原湖区主要地貌类型为丘陵、平原和山地相间，台地占地面积最少；大部分地区为平坡地；25°～35°坡度面积占蒙新高原湖区总面积的7.57%；35°以上坡地的分布面积占蒙新高原湖区总面积的5.90%。

蒙新高原湖区从地貌类型看，山地面积 925 990.89 km^2，占湖区面积的 26.76%；平原面积 1 048 185.38 km^2，占湖区面积的 30.29%；丘陵面积 1 159 755.30 km^2，占湖区面积的 33.51%；台地面积 326 488.80 km^2，占湖区面积的 9.43%。蒙新高原湖区地形地貌面积及其构成如表4-7所示。

表4-7 蒙新高原湖区地貌类型、面积及其构成

地貌类型	面积/km^2	构成比/%
山地	925 990.89	26.76
平原	1 048 185.38	30.29
丘陵	1 159 755.30	33.51
台地	326 488.80	9.43

蒙新高原湖区低海拔区域主要分布在该湖区东北部及西北部少部分地区，极少部分低海拔区域分布在该湖区南部，中海拔区域主要分布在湖区中部，高海拔区域及极高海拔区域主要分布在该湖区西南部与青藏高原湖区相连处。蒙新高原湖区从海拔分布看，低海拔地区（1 000 m 及以下）面积 1 042 268.87 km^2，占湖区面积的 30.12%；中海拔地区（1 000～3 500 m）面积 2 067 571.86 km^2，占湖区面积的 59.73%；高海拔地区（3 500～5 000 m）面积 258 564.91 km^2，占湖区面积的 7.47%；极高海拔地区（5 000 m 及以上）面积 92 014.72 km^2，占湖区面积的 2.66%。蒙新高原湖区不同海拔区域面积、构成及分布现状如表4-8、图4-5所示。

表4-8 蒙新高原湖区不同海拔区域面积及其构成

地势分区	地势分级/m	面积/km^2	构成比/%
低海拔地区	<50	3 972.65	0.11
	50～100	999.62	0.03
	100～200	28 801.21	0.83
	200～500	217 547.82	6.29
	500～800	357 157.62	10.32
	800～1 000	433 789.95	12.54
中海拔地区	1 000～1 200	590 418.96	17.06
	1 200～1 500	702 279.21	20.29

续表

地势分区	地势分级/m	面积/km²	构成比/%
中海拔地区	1 500~2 000	405 288.41	11.71
	2 000~2 500	156 153.52	4.51
	2 500~3 000	105 012.60	3.03
	3 000~3 500	108 419.16	3.13
高海拔地区	3 500~5 000	258 564.91	7.47
极高海拔地区	≥5 000	92 014.72	2.66
合计		3 460 420.36	100.00

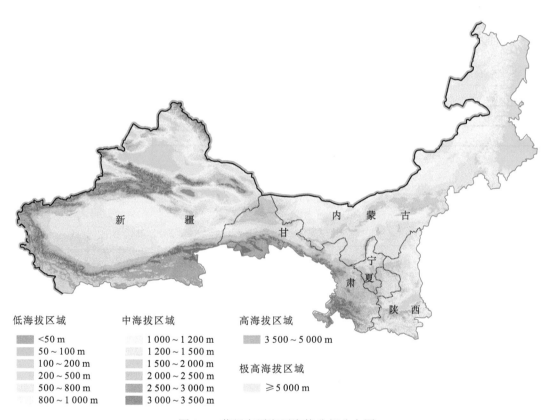

低海拔区域
■ <50 m
■ 50~100 m
■ 100~200 m
■ 200~500 m
■ 500~800 m
■ 800~1 000 m

中海拔区域
■ 1 000~1 200 m
■ 1 200~1 500 m
■ 1 500~2 000 m
■ 2 000~2 500 m
■ 2 500~3 000 m
■ 3 000~3 500 m

高海拔区域
■ 3 500~5 000 m

极高海拔区域
■ ≥5 000 m

图 4-5　蒙新高原湖区海拔分级分布图

　　蒙新高原湖区平坡地、较平坡地主要分布在该湖区北部及西部，少部分分布在东部地区；缓坡地、较缓坡地分布在该湖区东北部及中部偏南地区；陡坡地、极陡坡地主要分布在该湖区南部及西部边缘地区。蒙新高原湖区从坡度分级看，平坡地(2°以下)面积 1 465 089.43 km²，占湖区面积的 42.34%；较平坡地(2°~5°)面积 581 860.05 km²，占湖区面积的 16.82%；缓坡地(5°~15°)面积 624 324.52 km²，占湖区面积的 18.04%；较缓坡地(15°~25°)面积 323 252.03 km²，占湖区面积的 9.34%；陡坡地(25°~35°)面积 261 886.57 km², 占湖区面积的 7.57%；极陡坡地（35°以上）面积 204 007.77 km²，占湖区面积的 5.90%。蒙新高原湖区不同坡度区域面积、构成及分布现状如表 4-9、图 4-6 所示。

表 4-9　蒙新高原湖区不同坡度区域面积及其构成

坡度分类	坡度分级	面积/km²	构成比/%
平坡地	2°以下	1 465 089.43	42.34
较平坡地	2°（含）～3°	268 071.80	7.75
	3°（含）～5°	313 788.25	9.07
缓坡地	5°（含）～6°	106 956.53	3.09
	6°（含）～8°	164 839.49	4.76
	8°（含）～10°	124 769.89	3.61
	10°（含）～15°	227 758.61	6.58
较缓坡地	15°（含）～25°	323 252.03	9.34
陡坡地	25°（含）～35°	261 886.57	7.57
极陡坡地	35°（含）以上	204 007.77	5.90
合计		3 460 420.37	100.00

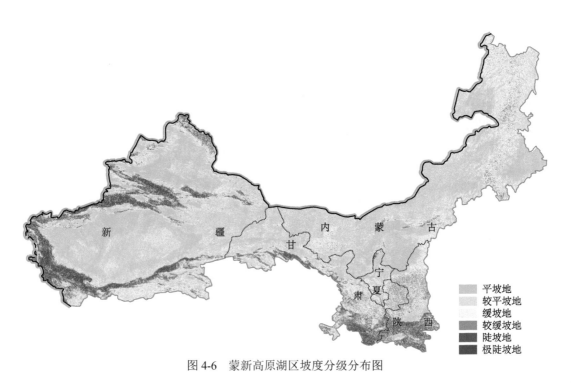

图 4-6　蒙新高原湖区坡度分级分布图

4.2.3　云贵高原湖区地形地貌

云贵高原湖区位于我国西南部，是我国南北走向和东北-西南走向两组山脉的交汇处，地势西北高东南低，岭谷众多，地表崎岖。它大致以乌蒙山为界分为云南高原和贵州高原两部分。云南高原总的地势趋势为北高、南低、西北最高、东南最低，由北向南呈阶梯式下降，地势自西向东，自中部向南部和北部倾斜。云贵高原湖区大部分以中海拔地区为主，占湖区面积的 53% 左右；极高海拔地区仅占全区面积的 0.22%；山地为主要地貌类型，占湖区面积的 82% 左右；云贵高原湖区大部分为缓坡地、较缓坡地、陡坡地和极陡坡地，平坡地和较平坡地仅占湖区面积的 8%。

云贵高原湖区从地貌类型上看，山地面积 931 200.09 km²，占湖面积的 82.57%；平原面积 57 506.35 km²，占湖区面积的 5.10%；丘陵面积 109 146.56 km²，占湖区面积的 9.68%；台地面积 29 960.36 km²，占湖区面积的 2.66%（表 4-10）。

表 4-10　云贵高原湖区地貌类型、面积及其构成

地貌类型	面积/km²	构成比/%
山地	931 200.09	82.57
平原	57 506.35	5.10
丘陵	109 146.56	9.68
台地	29 960.36	2.66

云贵高原湖区不同海拔区域区分较明显,低海拔区域主要分布在湖区东部及东北部；中海拔区域主要分布在湖区中部偏南地区,高海拔区域主要分布在湖区西北部。云贵高原湖区从海拔分布上看，低海拔地区（1 000 m 及以下）面积 315 712.78 km²，占湖区面积的 27.99%；中海拔地区（1 000～3 500 m）面积 596 888.32 km²，占湖区总面积的 52.93%；高海拔地区（3 500～5 000 m）面积 212 681.72 km²，占湖区面积的 18.86%；超高海拔地区（5 000 m 及以上）面积 2 530.56 km²，占湖区面积的 0.22%。云贵高原湖区不同海拔区域面积、构成及其分布现状如表 4-11、图 4-7 所示。

表 4-11　云贵高原湖区不同海拔区域面积及其构成

地势分区	地势分级/m	面积/km²	构成比/%
低海拔地区	<50	—	0.00
	50～100	19.30	0.00
	100～200	1 717.74	0.15
	200～500	122 493.67	10.86
	500～800	112 221.58	9.95
	800～1 000	79 260.49	7.03
中海拔地区	1 000～1 200	77 772.40	6.90
	1 200～1 500	118 360.76	10.49
	1 500～2 000	169 122.14	15.00
	2 000～2 500	116 946.37	10.37

续表

地势分区	地势分级/m	面积/km²	构成比/%
中海拔地区	2 500～3 000	58 551.16	5.19
	3 000～3 500	56 135.49	4.98
高海拔地区	3 500～5 000	212 681.72	18.86
极高海拔地区	≥5 000	2 530.56	0.22
合计		1 127 813.38	100.00

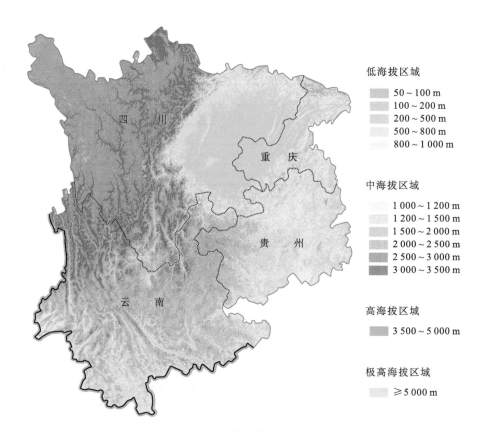

图 4-7　云贵高原湖区海拔分级分布图

云贵高原湖区不同坡度区域分布较复杂，因平均海拔较高，湖区内仅有少量平坡地及较平坡地分布，主要分布在湖区中部及东南部少部分地区；缓坡地、较缓坡地主要分布在湖区东部及南部；陡坡地及较陡坡地分布在湖区北部及西部与青藏高原湖区相连处。云贵高原湖区从坡度分级看，平坡地(2°以下)面积 48 430.52 km²，占湖区面积的 4.29%；较平坡地(2°～5°)面积 46 263.22 km²，占湖区面积的 4.11%；缓坡地(5°～15°)面积 234 333.61 km²，占湖区面积的 20.77%；较缓坡地(15°～25°)面积 316 352.19 km²，占湖区面积的 28.05%；陡坡地(25°～35°)面积 285 449.37 km²，占湖区面积的 25.31%；极陡坡地(35°以上)面积 196 984.46 km²，占湖区面积的 17.47%。云贵高原湖区不同坡度区域面积、构成及其分布现状如表 4-12、图 4-8 所示。

表 4-12　云贵高原湖区不同坡度区域面积及其构成

坡度分类	坡度分级	面积/km²	构成比/%
平坡地	2°以下	48 430.52	4.29
较平坡地	2°(含)～3°	14 281.47	1.27
	3°(含)～5°	31 981.75	2.84
缓坡地	5°(含)～6°	17 873.88	1.58
	6°(含)～8°	39 608.04	3.51
	8°(含)～10°	44 677.04	3.96
	10°(含)～15°	132 174.65	11.72
较缓坡地	15°(含)～25°	316 352.19	28.05
陡坡地	25°(含)～35°	285 449.37	25.31
极陡坡地	35°(含)以上	196 984.46	17.47
合计		1 127 813.36	100.00

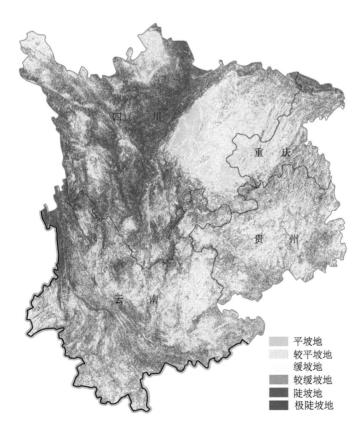

图 4-8　云贵高原湖区坡度分级分布图

第 5 章　中国高原湖区的
地表覆盖与资源禀赋

地理国情监测是测绘事业科学发展的新战略，地表信息覆盖作为地理国情监测的重要依据源，是开展国情综合统计分析、解释经济社会发展和自然资源环境空间分布及内在关系的基础。地表覆盖是描述地理国情信息的重要方法，能够真实反映土地表面物质类型及其自然属性，地理国情内容体系中，地表覆盖是重要的内容之一。

本章以 2018 年高原湖区地理国情监测数据为基础，结合专题统计数据，对整个高原湖区和三大高原湖区地表覆盖的空间分布等情况进行综合统计分析，反映高原湖区地表覆盖的分布状况，描述各分区种植土地、林草覆盖、水域等地表资源的数量、分布和丰富程度，为当地农业结构调整及高原湖泊农业面源污染治理提供依据，为制订和实施高原湖泊区发展战略与规划、建设资源节约型和环境友好型社会提供参考信息。

5.1　地表覆盖总体分布

本节主要将中国高原湖区地表覆盖分为种植土地、林草覆盖、水域、荒漠与裸露地、铁路与道路、房屋建筑区、构筑物与人工堆掘地等 8 个一级类，描述其分布状况，并对种植土地、林草覆盖和水域等自然资源在不同海拔、不同坡度上的空间分布状况做详细描述。

5.1.1　种 植 土 地

种植土地是指经过开垦种植粮食农作物，以及多年生木本和草本作物，并经常耕耘管理作物覆盖度一般大于 50% 的土地，包括熟耕地、新开发整理荒地、以农为主的草田轮作地；各种集约化经营管理的乔灌木、热带作物、果树种植园，以及苗圃、花圃等。具体包括水田、旱地、果园、茶园、桑园、橡胶园、苗圃、花圃和其他经济苗木等 9 个二级类。

全国种植土地面积为 160.46 万 km^2，全国种植土地面积占地理国情监测区面积的比例为 16.99%，高原湖区种植土地面积占比为 8.99%，低于全国种植土地占比；全国种植土地人均拥有量为 11.56km^2/万人，高原湖区种植土地人均拥有量为 17.77km^2/万人，高于全国平均水平。

高原湖区水田、旱地面积为 58.31 万 km^2，占全国种植土地总面积的 36.34%。其中，水田面积为 5.51 万 km^2，占湖区种植土地总面积的 9.45%；旱地面积为 45.94 万 km^2，占湖区种植土地总面积的 78.79%；果园面积为 4.22 万 km^2，占湖区种植土地总面积的 7.23%；茶园面积为 0.62 万 km^2，占湖区种植土地总面积的 1.06%；桑园面积为 0.08 万

km², 占湖区种植土地总面积的 0.13%；橡胶园面积为 0.77 万 km²，占湖区种植土地总面积的 1.31%；苗圃面积为 0.51 万 km²，占湖区种植土地总面积的 0.88%；花圃面积为 0.01 万 km²，占湖区种植土地总面积的 0.02%；其他经济苗木面积为 0.65 万 km²，占湖区种植土地总面积的 1.12%。高原湖区主要种植土地类型为旱地，占湖区面积的 79%。高原湖区种植土地主要分布在蒙新高原湖区的东南部和云贵高原湖区的东北部，青藏高原湖区种植土地面积仅占湖区种植土地总面积的 2.20%。高原湖区种植土地分类型面积、构成比及分布现状如表 5-1、图 5-1 所示。

表 5-1　高原湖区种植土地分类型面积及其构成比

类型	面积/km²	构成比/%
水田	55 108.95	9.45
旱地	459 406.37	78.79
果园	42 150.63	7.23
茶园	6 182.41	1.06
桑园	762.61	0.13
橡胶园	7 646.07	1.31
苗圃	5 126.45	0.88
花圃	132.98	0.02
其他经济苗木	6 530.18	1.12

从海拔分级看，按面积统计，47.14% 的种植土地分布在低海拔区域，52.00% 的种植土地分布在中海拔区域，0.85% 的种植土地分布在高海拔区域。高原湖区种植土地主要分布在低海拔区域和中海拔区域，占湖区种植土地总面积的 99.14%，仅有不足 1% 的种植土地分布在高海拔区域和极高海拔区域。从坡度分级看，按面积统计，37.68% 的种植土地分布在平坡地，24.16% 的种植土地分布在缓坡地，9.21% 的种植土地分布在陡坡地、极陡坡地。高原湖区种植土地主要分布在平坡地和较平坡地，占湖区种植土地总面积的 49.21%。高原湖区不同海拔、坡度种植土地面积及其构成比如表 5-2、表 5-3 所示。

表 5-2　高原湖区不同海拔种植土地面积及其构成比

海拔分区	海拔分级	面积/km²	构成比/%
低海拔区域	1 000 m 以下	274 853.97	47.14
中海拔区域	1 000（含）～3 500 m	303 207.67	52.00
高海拔区域	3 500（含）～5 000 m	4 983.21	0.85
极高海拔区域	5 000（含）m 以上	1.77	0.00
合计		583 046.62	100.00

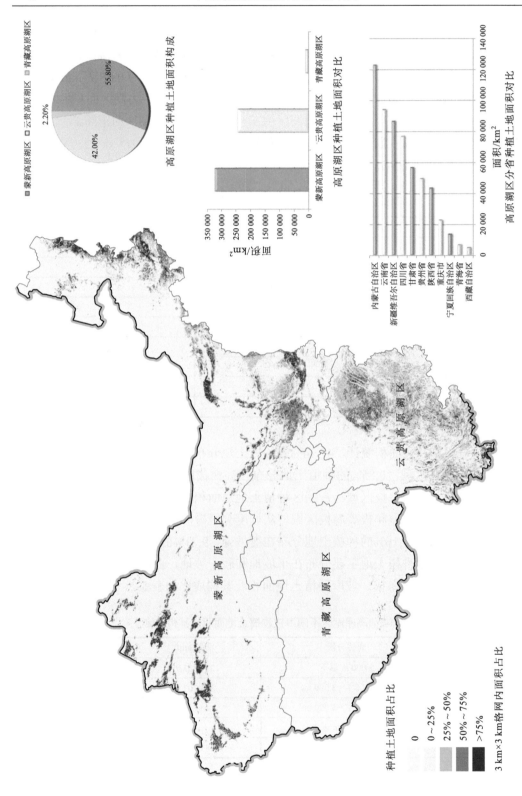

图 5-1　高原湖区种植土地分布现状图

表 5-3 　高原湖区不同坡度种植土地面积及其构成比

坡度分类	坡度分级	面积/km²	构成比/%
平坡地	0°(含)~2°	219 713.87	37.68
较平坡地	2°(含)~5°	67 245.58	11.53
缓坡地	5°(含)~15°	140 845.91	24.16
较缓坡地	15°(含)~25°	101 505.31	17.41
陡坡地	25°(含)~35°	43 456.19	7.45
极陡坡地	35°(含)以上	10 279.76	1.76
合计		583 046.62	100.00

5.1.2 　林 草 覆 盖

林草覆盖是指实地被树木和草连片覆盖的地表，包括乔木、灌木、竹类等多种类别，以顶层树冠的优势类别区分该类下位类；包括草被覆盖度一般在 10%以上的各类草地，含林木覆盖度在 10%以下的灌丛草地和疏林草地。具体包括乔木林、灌木林、乔灌混合林、竹林、疏林、绿化林地、人工幼林、灌草丛、天然草地、人工草地等 10 个二级类。全国林草覆盖面积为 592.71 万 km²，占地理国情监测区面积的比例为 62.75%，高原湖区林草覆盖面积占比为 66.96%，高于全国平均水平。

林草覆盖人均拥有量是指一个地区人均拥有的林草覆盖面积。该值越大，表明该地区的林草覆盖面积人均拥有量越大。全国林草覆盖人均拥有量为 42.71km²/万人，高原湖区林草覆盖人均拥有量明显高于全国平均水平，为 132.40km²/万人。

高原湖区林草覆盖面积为 434.41 万 km²，占全国林草覆盖总面积的 73.29%。其中，乔木林面积为 84.38 万 km²，占湖区林草覆盖总面积的 19.42%；灌木林面积为 64.57 万 km²，占湖区林草覆盖总面积的 14.86%；乔灌混合林面积为 2.27 万 km²，占湖区林草覆盖总面积的 0.52%；竹林面积为 1.58 万 km²，占湖区林草覆盖总面积的 0.36%；疏林面积为 1.18 万 km²，占湖区林草覆盖总面积的 0.27%；绿化林地面积为 0.14 万 km²，占湖区林草覆盖总面积的 0.03%；人工幼林面积为 2.04 万 km²，占湖区林草覆盖总面积的 0.47%；稀疏灌草丛面积为 26.80 万 km²，占湖区林草覆盖总面积的 6.17%；天然草地面积为 250.28 万 km²，占湖区林草覆盖总面积的 57.61%；人工草地面积为 1.17 万 km²，占湖区林草覆盖总面积的 0.27%。由上可知高原湖区主要林草覆盖类型为天然草地，占湖区面积57.61%。高原湖区林草覆盖主要分布在蒙新高原湖区的西北部及东部、青藏高原湖区和云贵高原湖区。蒙新高原湖区的林草覆盖占高原湖区林草覆盖总面积的 47.04%，34.31%的林草覆盖分布在青藏高原，18.66%的林草覆盖分布在云贵高原。高原湖区林草覆盖分类型面积、构成比及分布现状如表 5-4、图 5-2 所示。

表 5-4　高原湖区林草覆盖分类型面积及其构成比

类型	面积/km²	构成比/%
乔木林	843 777.93	19.42
灌木林	645 675.21	14.86
乔灌混合林	22 711.83	0.52
竹林	15 845.02	0.36
疏林	11 780.93	0.27
绿化林地	1 430.19	0.03
人工幼林	20 415.13	0.47
稀疏灌草丛	267 982.12	6.17
天然草地	2 502 772.17	57.61
人工草地	11 698.57	0.27

从海拔分级看，按面积统计，18.20%的林草覆盖分布在低海拔区域，43.51%的林草覆盖分布在中海拔区域，29.68%的林草覆盖分布在高海拔区域，8.61%的林草覆盖分布在极高海拔区域。湖区林草覆盖主要分布在中海拔区域。从坡度分级看，按面积统计，24.81%的林草覆盖分布在平坡地，20.92%的林草覆盖分布在缓坡地，29.68%的林草覆盖分布在陡坡地、极陡坡地。湖区林草覆盖主要分布在25°以下区域，占该湖区林草覆盖总面积的 75.31%。高原湖区不同海拔、坡度林草覆盖面积及其构成比如表 5-5、表 5-6 所示。

表 5-5　高原湖区不同海拔林草覆盖面积及其构成

海拔分区	海拔分级	面积/km²	构成比/%
低海拔区域	1 000 m 以下	790 611.47	18.20
中海拔区域	1 000（含）～3 500 m	1 889 943.03	43.51
高海拔区域	3 500（含）～5 000 m	1 289 396.76	29.68
极高海拔区域	5 000（含）m 以上	374 137.84	8.61
合计		4 344 089.1	100.00

表 5-6　高原湖区不同坡度林草覆盖面积及其构成比

坡度分类	坡度分级	面积/km²	构成比/%
平坡地	0°（含）～2°	1 077 635.18	24.81
较平坡地	2°（含）～5°	566 378.20	13.04
缓坡地	5°（含）～15°	908 959.95	20.92
较缓坡地	15°（含）～25°	718 538.11	16.54
陡坡地	25°（含）～35°	637 513.70	14.68
极陡坡地	35°（含）以上	435 063.97	10.01
合计		4 344 089.11	100.00

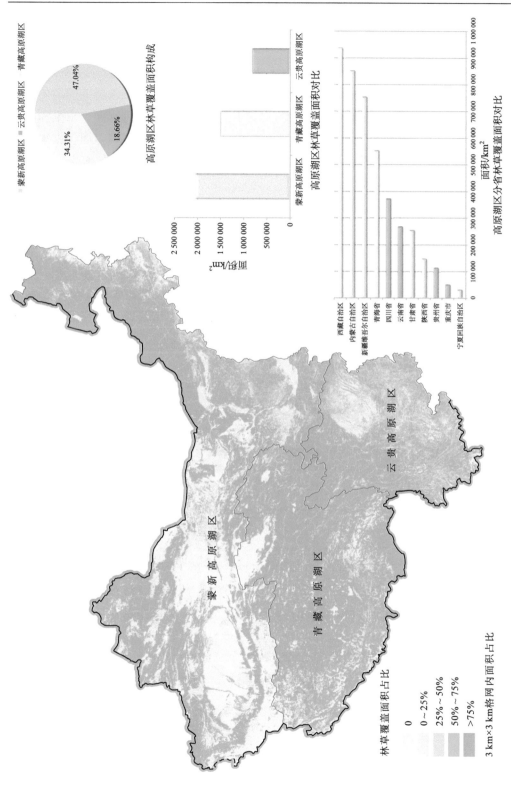

图 5-2　高原湖区林草覆盖分布现状图

5.1.3　水　　域

从地理要素实体角度，水域是指水体较长时期内消长和存在的空间范围，包括河流、水渠、湖泊、水库、坑塘；从地表覆盖角度，水域是指被液态和固态水覆盖的地表，主要为水面。本书水域面积为影像拍摄时刻的实际水面面积，主要分为水面、水渠和冰川与常年积雪等 3 个二级类。全国水域面积为 26.21 万 km²，全国水域覆盖面积占地理国情监测区面积的比例为 2.74%，高原湖区水域覆盖面积占比基本与全国水平一致，为 2.18%；全国水域人均拥有量为 1.87km²/万人，高原湖区水域人均拥有量为 4.32km²/万人，高于全国平均水平。

高原湖区水域面积为 14.17 万 km²，占全国水域总面积的 54.06%。其中，水面面积为 9.29 万 km²，占湖区水域总面积的 65.60%；水渠面积为 0.10 万 km²，占湖区水域总面积的 0.71%；冰川与常年积雪面积为 4.77 万 km²，占湖区水域总面积的 33.68%。水面为高原湖区主要水域类型，其次为冰川与常年积雪，水渠仅占高原湖区水域总面积的 0.71%。高原湖区水域主要分布在蒙新高原湖区的西北部、青藏高原湖区和云贵高原湖区的东北部。高原湖区大部分水域分布在青藏高原湖区，占湖区水域总面积的 56.49%，其次是蒙新高原湖区，占 33.25%，云贵高原湖区分布最少，仅占 10.26%。高原湖区水域分类型面积、构成比及分布现状如表 5-7、图 5-3 所示。

表 5-7　高原湖区水域分类型面积及其构成比

类型	面积/km²	构成比/%
水面	92 946.66	65.60
水渠	1 011.72	0.71
冰川与常年积雪	47 722.29	33.68

从海拔分布上看，14.46% 的水域分布在低海拔区域，15.19% 的水域分布在中海拔区域，41.67% 的水域分布在高海拔区域，28.68% 的水域分布在极高海拔区域。该湖区水域主要分布在高海拔地区，占湖区水域总面积的 41.67%。从坡度分级看，按面积统计，57.36% 的水域分布在平坡地，14.69% 的水域分布在缓坡地，13.05% 的水域分布在陡坡地和极陡坡地。该湖区水域主要分布在平坡地，占水域总面积的 57.36%。高原湖区不同海拔、坡度水域面积及其构成比如表 5-8、表 5-9 所示。

表 5-8　高原湖区不同海拔水域面积及其构成比

海拔分区	海拔分级	面积/km²	构成比/%
低海拔区域	1 000 m 以下	20 492.39	14.46
中海拔区域	1 000（含）~3 500 m	21 518.90	15.19
高海拔区域	3 500（含）~5 000 m	59 038.27	41.67
极高海拔区域	5 000（含）m 以上	40 631.11	28.68
合计		141 680.67	100.00

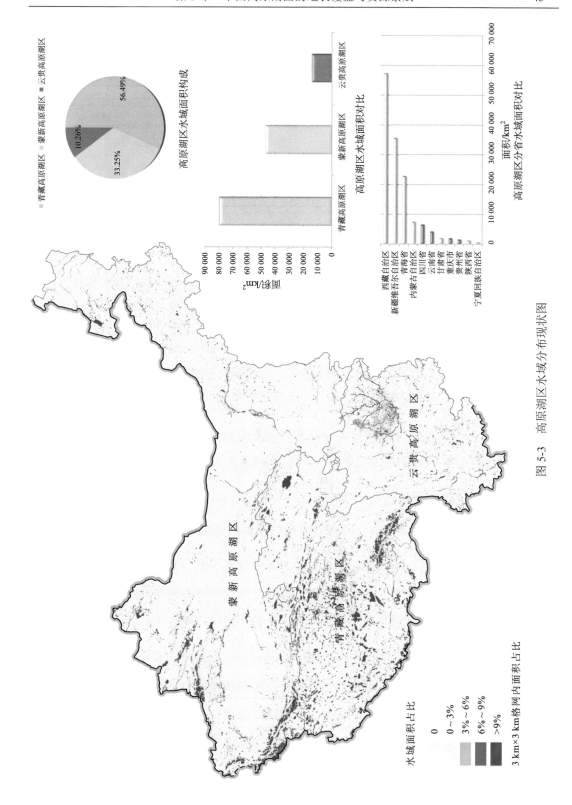

图 5-3　高原湖区水域分布现状图

表 5-9 高原湖区不同坡度水域面积及其构成比

坡度分类	坡度分级	面积/km²	构成比/%
平坡地	0°(含)~2°	81 267.29	57.36
较平坡地	2°(含)~5°	9 341.99	6.59
缓坡地	5°(含)~15°	20 813.40	14.69
较缓坡地	15°(含)~25°	11 767.66	8.31
陡坡地	25°(含)~35°	9 782.81	6.90
极陡坡地	35°(含)以上	8 707.53	6.15
合计		141 680.68	100.00

5.1.4 荒漠与裸露地

荒漠指干旱、地表缺水及岩石裸露或地面被砂砾覆盖的自然地理景观。依据《中国生态系统》的分类方法，荒漠包括有植被荒漠和无植被荒漠两种。地理国情普查中有植被荒漠指地表植被覆盖度低于10%(含植被覆盖度5%~10%的荒漠草地)的荒漠;无植被荒漠主要以沙漠、戈壁、石山、高山岩屑、风蚀裸地等为主，具体包括盐碱地表、泥土地表、沙质地表、砾石地表和岩石地表等 5 类。全国荒漠与裸露地面积为 132.14 万 km²，占地理国情监测区面积的比例为 14.45%，高原湖区荒漠与裸露地面积占比为 20.22%，高于全国平均值。

我国荒漠与裸露地集中分布于高原湖区。高原湖区荒漠与裸露地的面积为 131.14 万 km²，占全国荒漠与裸露地的99.24%。其中，盐碱地表面积为 73 846.91 km²，占湖区荒漠与裸露地总面积的 5.63%;泥土地表面积为 38 914.26 km²，占湖区荒漠与裸露地总面积的2.97%;沙质地表面积为 395 980.45 km²，占湖区荒漠与裸露地总面积的30.19%;砾石地表面积为 703 711.46 km²，占湖区荒漠与裸露地总面积的53.66%;岩石地表面积为 98 980.11 km²，占湖区荒漠与裸露地总面积的7.55%。高原湖区主要荒漠与裸露地类型为砾石地表，占该区域总面积的53.66%;泥土地表仅占该区域总面积的2.97%。高原湖区荒漠与裸露地主要分布在蒙新高原湖区中部及东北部、青藏高原湖区的北部。从三大高原湖区来看，高原湖区荒漠与裸露地主要分布在蒙新高原湖区，占高原湖区荒漠与裸露地总面积的75.14%，其次为青藏高原湖区，占23.49%，云贵高原湖区仅占总面积的1.36%。高原湖区荒漠与裸露地分类型面积、构成比及分布现状如表 5-10、图 5-4 所示。

表 5-10 高原湖区荒漠与裸露地分类型面积及其构成比

类型	面积/km²	构成比/%
盐碱地表	73 846.91	5.63
泥土地表	38 914.26	2.97
沙质地表	395 980.45	30.19
砾石地表	703 711.46	53.66
岩石地表	98 980.11	7.55

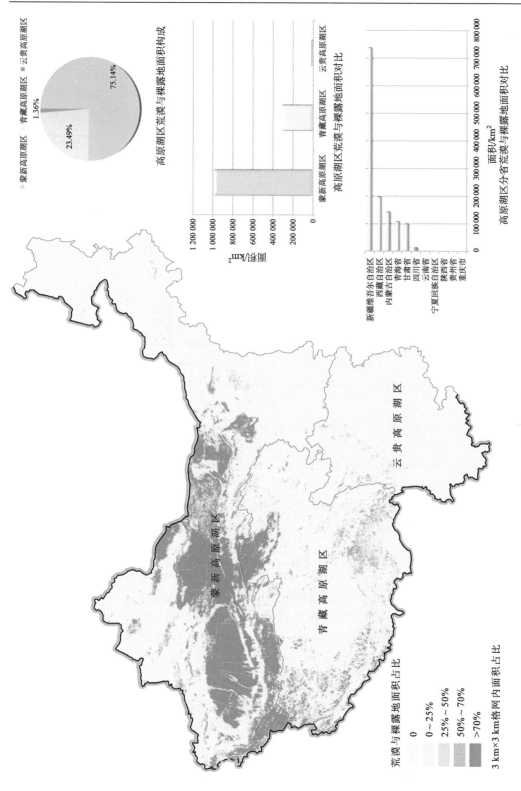

图 5-4 高原湖区荒漠与裸露地分布现状图

5.1.5　铁路与道路

全国铁路与道路的路面面积为 65 355.48 km²，全国铁路与道路面积占地理国情监测区面积的比例为 0.69%，高原湖区的铁路与道路面积占比为 0.39%，低于全国平均水平。

高原湖区铁路与道路的路面面积为 25 427.96km²，占全国铁路与道路面积的 38.91%。其中，道路面积为 24 652.19 km²，占铁路与道路总面积的 96.95%；铁路面积为 775.77 km²，占铁路与道路面积的 3.05%。高原湖区铁路与道路主要分布在蒙新高原湖区的东南部和云贵高原湖区的东部及北部，由于青藏高原湖区海拔较高，高低起伏的地形不利于区域进行道路开发，所以青藏高原湖区铁路与道路分布较少。蒙新高原湖区铁路与道路占高原湖区铁路与道路总面积的 52.93%，其次是云贵高原湖区，占 38.68%，青藏高原湖区最少，占 8.40%。高原湖区铁路与道路分类型面积、构成比及分布现状如表 5-11、图 5-5所示。

表 5-11　高原湖区铁路与道路分类型面积及其构成比

类型	面积/km²	构成比/%
铁路	775.77	3.05
道路	24 652.19	96.95

5.1.6　房屋建筑区

房屋建筑区是指城镇和乡村集中居住区域内，被连片房屋建筑遮盖的地表区域。全国房屋建筑区面积为 160 986.59 km²，占地理国情监测区面积的比例为 1.70%，高原湖区房屋建筑区占地比例为 0.60%，低于全国平均水平。

高原湖区房屋建筑区面积为 38 720.34 km²，占全国房屋建筑区面积的 24.05%。其中，多层及以上房屋建筑区面积为 2 978.27 km²，占房屋建筑区总面积的 7.69%；低矮房屋建筑区面积为 30 803.48 km²，占房屋建筑区总面积的 79.55%；废弃房屋建筑区面积为 94.22 km²，占房屋建筑区总面积的 0.24%；多层及以上独立房屋建筑面积为 323.70 km²，占房屋建筑区总面积的 0.84%；低矮独立房屋建筑面积为 4 520.67 km²，占房屋建筑区总面积的 11.68%。高原湖区以低矮房屋建筑区为主，废弃房屋建筑区、多层及以上独立房屋建筑分布较少。高原湖区房屋建筑区主要分布在蒙新高原湖区东北部和云贵高原湖区大部分地区，少量房屋建筑区分布在青藏高原湖区北部。从三大高原湖区来看，高原湖区房屋建筑区主要分布在云贵高原湖区，占 50.04%；其次为蒙新高原湖区，占 46.14%；青藏高原湖区面积最小，仅占 3.81%。高原湖区房屋建筑区分类型面积、构成比及分布现状如表 5-12、图 5-6 所示。

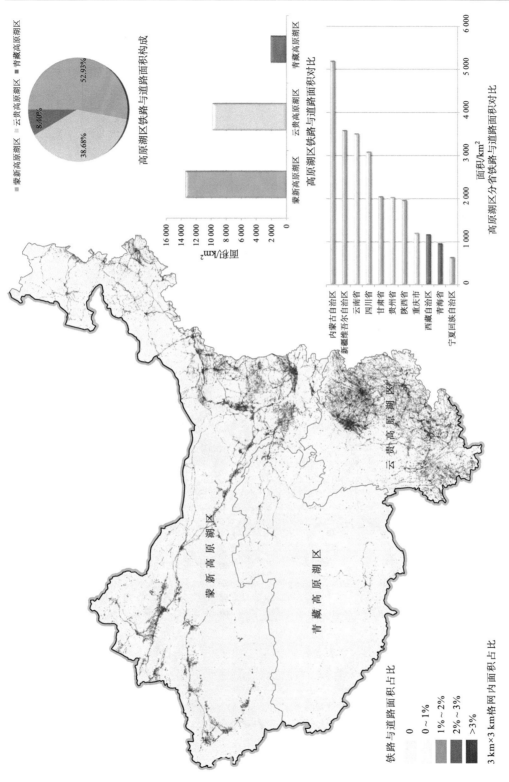

图 5-5　高原湖区铁路与道路分布现状图

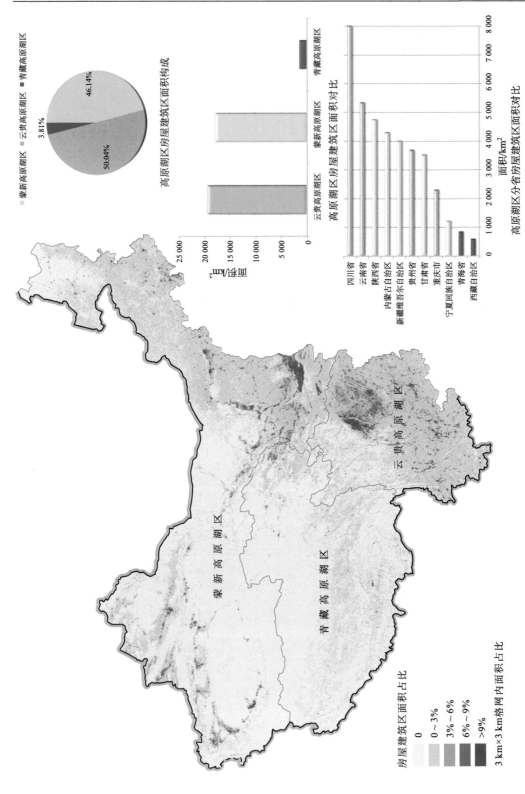

图 5-6　高原湖区房屋建筑区分布现状图

表 5-12　高原湖区房屋建筑区分类型面积及其构成比

类型	面积/km²	构成比/%
多层及以上房屋建筑区	2 978.27	7.69
低矮房屋建筑区	30 803.48	79.55
废弃房屋建筑区	94.22	0.24
多层及以上独立房屋建筑	323.70	0.84
低矮独立房屋建筑	4 520.67	11.68

5.1.7　构　筑　物

　　构筑物是指为某种使用目的而建造的、人们一般不直接在其内部进行生产和生活活动的工程实体或附属建筑设施，包括除道路和房屋之外的所有存于地表、可见的人造物，主要有硬化地表、水工设施、交通设施、城墙、温室大棚、固化池、工业设施和沙障等类型。全国构筑物面积为 71 824.65 km²，占地理国情监测区面积的比例为 0.72%，高原湖区构筑物占地比例为 0.37%，低于全国平均水平。

　　高原湖区构筑物面积为 24 251.23 km²，占全国构筑物总面积的 33.76%。其中，硬化地表面积为 15 929.20 km²，占构筑物总面积的 65.68%；水工设施面积为 565.76 km²，占构筑物总面积的 2.33%；城墙面积为 18.54 km²，占构筑物总面积的 0.08%；温室、大棚面积为 3 118.84 km²，占构筑物总面积的 12.86%；固化池面积为 2 322.26 km²，占构筑物总面积的 9.58%；工业设施面积为 1515.64 km²，占构筑物总面积的 6.25%；沙障面积为 385.87 km²，占构筑物总面积的 1.59%；其他构筑物面积为 395.12 km²，占构筑物总面积的 1.63%。高原湖区主要构筑物类型为硬化地表，占湖区面积的 65.68%。高原湖区构筑物主要分布在蒙新高原北部及云贵高原湖区中部，青藏高原湖区构筑物分布较少。高原湖区构筑物主要分布在蒙新高原湖区，占 65.63%，云贵高原湖区和青藏高原湖区分别占 22.03% 和 12.34%。高原湖区构筑物分类型面积、构成比及分布现状如表 5-13、图 5-7 所示。

表 5-13　高原湖区构筑物分类型面积及其构成比

类型	面积/km²	构成比/%
硬化地表	15 929.20	65.68
水工设施	565.76	2.33
城墙	18.54	0.08
温室、大棚	3 118.84	12.86
固化池	2 322.26	9.58
工业设施	1 515.64	6.25
沙障	385.87	1.59
其他构筑物	395.12	1.63

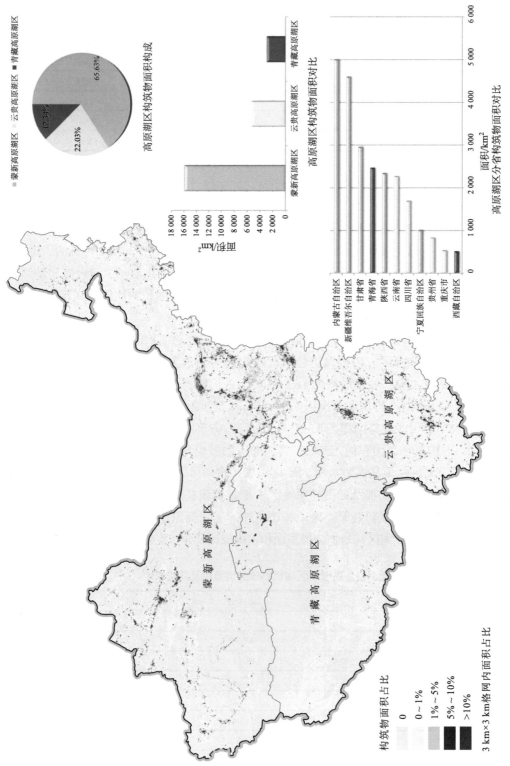

图 5-7　高原湖区构筑物分布现状图

5.1.8　人工堆掘地

人工堆掘地是指被人类活动形成的弃置物长期覆盖或经人工开掘、正在进行大规模土木工程而出露的地表。全国人工堆掘地面积为 47 836.47 km²，占地理国情监测区面积的比例为 0.46%，高原湖区人工堆掘地占地比例为 0.28%，低于全国平均水平。

高原湖区人工堆掘地面积为 18 467.02 km²，占全国人工堆掘地总面积的 38.60%。其中，露天采掘场面积为 7 119.56 km²，占人工堆掘地总面积的 38.55%；堆放物面积为 1 638.49 km²，占人工堆掘地总面积的 8.87%；建筑工地面积为 7 061.82 km²，占人工堆掘地总面积的 38.24%；其他人工堆掘地面积为 2 647.16 km²，占人工堆掘地总面积的 14.33%。高原湖区主要人工堆掘地类型为露天采掘场和建筑工地，共占 76.79%。高原湖区人工堆掘地主要分布在蒙新高原湖区西北部、东南部和云贵高原湖区东部、南部。大部分人工堆掘地分布在蒙新高原湖区，占 64.91%；其次为云贵高原湖区，占 30.17%；青藏高原湖区人工堆掘地分布面积最少，仅占 4.92%。高原湖区人工堆掘地分类型面积、构成比及分布现状如表 5-14、图 5-8 所示。

表 5-14　高原湖区人工堆掘地分类型面积及其构成比

类型	面积/km²	构成比/%
露天采掘场	7 119.56	38.55
堆放物	1 638.49	8.87
建筑工地	7 061.82	38.24
其他人工堆掘地	2 647.16	14.33

5.2　地表覆盖各区分布

本节主要描述青藏高原湖区、蒙新高原湖区、云贵高原湖区种植土地、林草覆盖、水域等主要地表覆盖类型的数量和分布特征。

5.2.1　青藏高原湖区地表覆盖

青藏高原湖区地表覆盖总面积为 1 898 882.40 km²，其中，种植土地面积为 12 824.97 km²，占该湖区地表覆盖总面积的 0.68%；林草覆盖面积为 1 490 423.75 km²，占该湖区地表覆盖总面积的 78.49%；水域面积为 80 038.84 km²，占该湖区地表覆盖总面积的 4.22%；荒漠与裸露地面积为 308 081.99 km²，占该湖区总面积的 16.22%；铁路与道路面积为 2 134.68 km²，占该湖区地表覆盖总面积的 0.11%；房屋建筑区面积为 1 476.85 km²，占该湖区地表覆盖总面积的 0.08%；构筑物面积为 2 992.54 km²，占该湖区地表覆盖总面积的 0.16%；人工堆掘地面积为 908.78 km²，占该湖区地表覆盖总面积的 0.05%。青藏

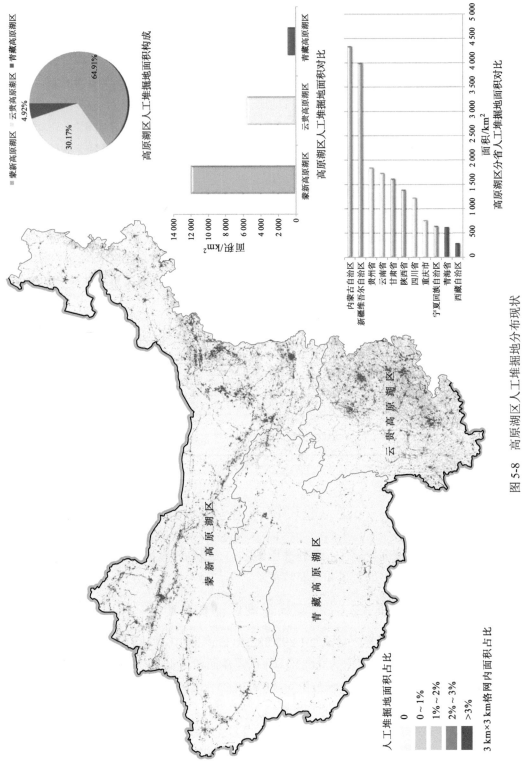

图 5-8　高原湖区人工堆掘地分布现状

高原湖区主要地表覆盖类型为林草覆盖，占该湖区地表覆盖类型总面积的 78.49%，其次为荒漠与裸露地，占该湖区地表覆盖总面积的 16.22%，铁路与道路、房屋建筑区、构筑物、人工堆掘地等四类地表覆盖类型仅占该湖区地表覆盖类型总面积的 0.40%。青藏高原湖区地表覆盖类型面积及其构成比如表 5-15 所示。

表 5-15　青藏高原湖区地表覆盖类型面积及其构成比

地表覆盖类型	面积/km^2	构成比/%
种植土地	12 824.97	0.68
林草覆盖	1 490 423.75	78.49
水域	80 038.84	4.22
荒漠与裸露地	308 081.99	16.22
铁路与道路	2 134.68	0.11
房屋建筑区	1 476.85	0.08
构筑物	2 992.54	0.16
人工堆掘地	908.78	0.05
合计	1 898 882.40	100.00

　　青藏高原湖区种植土地面积为 12 824.98 km^2，占全国种植土地面积的 0.80%，占高原湖区种植土地面积的 2.20%。青藏高原湖区种植土地覆盖度为 0.68%，人均拥有量为 13.72 km^2/万人。湖区主要种植土地类型为旱地，占种植土地总面积的 92.65%；茶园、桑园、苗圃仅占种植土地总面积的 0.02%。种植土地在青藏高原湖区分布极少，仅在湖区西部及北部有少量分布。该地区主要地貌类型为山地，平均海拔较高，不适宜耕种。青藏高原湖区种植土地分类型面积、构成比及分布现状如表 5-16、图 5-9 所示。

表 5-16　青藏高原湖区种植土地分类型面积及其构成比

类型	面积/km^2	构成比/%
水田	161.49	1.26
旱地	11 882.22	92.65
果园	123.85	0.97
茶园	1.45	0.01
桑园	0.03	0.00
橡胶园	185.1935	1.44
苗圃	1.37	0.01
花圃	469.35	3.66
其他经济苗木	161.49	1.26

种植土地面积占比

　　0
　　0～25%
　　25%～50%
　　50%～75%
　　>75%

3 km×3 km格网内面积占比

图 5-9　青藏高原湖区种植土地分布现状

　　从海拔分布看，按面积统计，95.81%的种植土地分布在中、高海拔区域，仅有4.18%的种植土地分布在低海拔区域和极高海拔区域；从坡度分级看，该湖区种植土地主要分布在 15°以下区域。按面积统计，53.66%的种植土地分布在平坡地和较平坡地，42.96%的种植土地分布在缓坡地和较缓坡地，3.39%的种植土地分布在陡坡地和极陡坡地。青藏高原湖区不同海拔、坡度种植土地面积及其构成比如表 5-17、表 5-18 所示。

表 5-17　青藏高原湖区不同海拔种植土地面积及其构成比

海拔分区	海拔分级	面积/km²	构成比/%
低海拔区域	10 m 以下	535.01	4.17
中海拔区域	1 000(含)～3 500 m	7 731.31	60.28
高海拔区域	3 500(含)～5 000 m	4 557.01	35.53
极高海拔区域	5 000(含)m 以上	1.64	0.01
	合计	12 824.97	100.00

表 5-18　青藏高原湖区不同坡度种植土地面积及其构成比

坡度分类	坡度分级	面积/km²	构成比/%
平坡地	0°(含)～2°	4 768.60	37.18
较平坡地	2°(含)～5°	2 112.93	16.48
缓坡地	5°(含)～15°	3 776.57	29.45
较缓坡地	15°(含)～25°	1 732.94	13.51

续表

坡度分类	坡度分级	面积/km²	构成比/%
陡坡地	25°（含）～35°	382.87	2.99
极陡坡地	35°（含）以上	51.07	0.40
	合计	12 824.98	100.00

青藏高原湖区林草覆盖面积为 1 490 423.75 km²，占全国林草覆盖面积的 25.15%，占高原湖区林草覆盖面积的 14.76%。青藏高原湖区林草覆盖度为 78.49%，人均拥有量为 1 594.04 km²/万人。青藏高原湖区主要林草覆盖类型为天然草地，占林草覆盖总面积的 84.12%；竹林、疏林、绿化林地仅占林草覆盖总面积的 0.04%。林草覆盖在青藏高原湖区北部分布极少，在其余地区分布均匀，天然草地面积较大，适宜林业和牧业。青藏高原湖区林草覆盖分类型面积、构成比及分布现状如表 5-19、图 5-10 所示。

表 5-19　青藏高原湖区林草覆盖分类型面积及其构成比

类型	面积/km²	构成比/%
乔木林	95 104.80	6.38
灌木林	122 394.67	8.21
乔灌混合林	801.73	0.05
竹林	56.87	0.00
疏林	597.10	0.04
绿化林地	32.36	0.00
人工幼林	1 102.89	0.07
稀疏灌草丛	15 668.30	1.05
天然草地	1 253 778.11	84.12
人工草地	886.91	0.06

从海拔分布看，该湖区林草覆盖主要分布在高海拔区域。按面积统计，64.06%的林草覆盖分布在高海拔区域，35.11%的林草覆盖分布在中海拔区域和极高海拔区域，0.83%的林草覆盖分布在低海拔区域。从坡度分级看，该湖区林草覆盖主要分布在 25°以下区域。按面积统计，18.70%的林草覆盖分布在平坡地，27.15%的林草覆盖分布在缓坡地，13.59%的林草覆盖分布在陡坡地。青藏高原湖区不同海拔、坡度林草覆盖面积及其构成比如表 5-20、表 5-21 所示。

表 5-20　青藏高原湖区不同海拔林草覆盖面积及其构成比

海拔分区	海拔分级	面积/km²	构成比/%
低海拔区域	1 000 m 下	12 512.79	0.83
中海拔区域	1 000（含）～3 500 m	156 898.85	10.53
高海拔区域	3 500（含）～5 000 m	954 704.34	64.06
极高海拔区域	5 000（含）m 以上	366 307.77	24.58
	合计	1 490 423.75	100.00

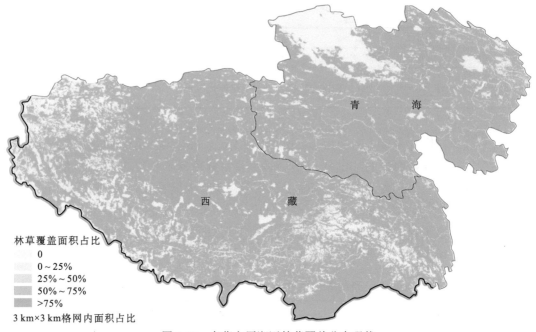

林草覆盖面积占比
0
0~25%
25%~50%
50%~75%
>75%
3 km×3 km格网内面积占比

图 5-10　青藏高原湖区林草覆盖分布现状

表 5-21　青藏高原湖区不同坡度林草覆盖面积及其构成比

坡度分类	坡度分级	面积/km²	构成比/%
平坡地	0°(含)~2°	278 726.98	18.70
较平坡地	2°(含)~5°	236 750.23	15.88
缓坡地	5°(含)~15°	404 606.44	27.15
较缓坡地	15°(含)~25°	255 835.17	17.17
陡坡地	25°(含)~35°	202 526.97	13.59
极陡坡地	35°(含)以上	111 977.95	7.51
合计		1 490 423.75	100.00

　　青藏高原湖区水域面积为 80 038.84 km²，占全国水域面积的 30.54%，占高原湖区水域面积的 56.49%。青藏高原湖区水域覆盖度为 4.22%，人均拥有量为 85.60km²/万人。青藏高原湖区水域类型主要为水面和冰川与常年积雪，占水域总面积的 99.81%，水渠仅占水域总面积的 0.18%。青藏高原湖区水域主要集中分布在湖区北部、南部，其次分布在湖区西部，在东部分布较少。青藏高原湖区水域分类型面积、构成及分布现状如表 5-22、图 5-11 所示。

表 5-22　水域分类型面积及其构成比

类型	面积/km²	构成比/%
水面	55 653.96	69.53
水渠	146.61	0.18
冰川与常年积雪	24 238.27	30.28

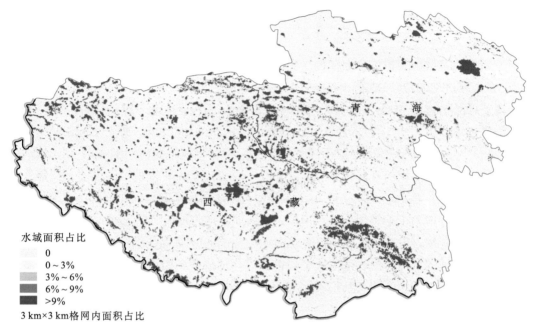

水域面积占比
　　0
　　0～3%
　　3%～6%
　　6%～9%
　　>9%
3 km×3 km 格网内面积占比

图 5-11　青藏高原湖区水域分布现状

　　从海拔分布看，该湖区水域主要分布在高海拔区域。按面积统计，9.81%的水域分布在低海拔区域和中海拔区域，59.05%的水域分布在高海拔区域，31.14%的水域分布在极高海拔区域。从坡度分级看，该湖区水域主要分布在平坡地。按面积统计，63.34%的水域分布在平坡地，13.20%的水域分布在缓坡地，10.08%的水域分布在陡坡地和极陡坡地。青藏高原湖区不同海拔、坡度水域面积及其构成比如表 5-23、表 5-24 所示。

表 5-23　青藏高原湖区不同海拔水域面积及其构成比

海拔分区	海拔分级	面积/km²	构成比/%
低海拔区域	1 000 m 以下	203.43	0.25
中海拔区域	1 000（含）～3 500 m	7 648.75	9.56
高海拔区域	3 500（含）～5 000 m	47 262.27	59.05
极高海拔区域	5 000（含）m 以上	24 924.39	31.14
合计		80 038.84	100.00

表 5-24　青藏高原湖区不同坡度水域面积及其构成比

坡度分类	坡度分级	面积/km²	构成比/%
平坡地	0°（含）～2°	50 700.13	63.34
较平坡地	2°（含）～5°	4 661.88	5.82
缓坡地	5°（含）～15°	10 568.88	13.20
较缓坡地	15°（含）～25°	6 041.63	7.55
陡坡地	25°（含）～35°	4 505.10	5.63
极陡坡地	35°（含）以上	3 561.21	4.45
合计		80 038.84	100.00

5.2.2　蒙新高原湖区地表覆盖

蒙新高原湖区地表覆盖总面积为 3 460 420.38 km^2。其中，种植土地面积为 325 352.80 km^2，占该湖区地表覆盖总面积的 9.40%；林草覆盖面积为 2 043 256.57 km^2，占该湖区地表覆盖总面积的 59.05%；水域面积为 47 108.87 km^2，占该湖区地表覆盖总面积的 1.36%；荒漠与裸露地面积为 985 472.66 km^2，占该湖区总面积的 28.48%；铁路与道路面积为 13 458.44 km^2，占该湖区地表覆盖总面积的 0.39%；房屋建筑区面积为 17 867.35 km^2，占该湖区地表覆盖总面积的 0.52%；构筑物面积为 15 917.09 km^2，占该湖区地表覆盖总面积的 0.46%；人工堆掘地面积为 11 986.59 km^2，占该湖区地表覆盖总面积的 0.35%。蒙新高原湖区主要地表覆盖类型为林草覆盖，占该湖区地表覆盖类型总面积的 59.05%，其次为荒漠与裸露地，占该湖区地表覆盖总面积的 28.48%，铁路与道路、房屋建筑区、构筑物、人工堆掘地等四类地表覆盖类型仅占该湖区地表覆盖类型总面积的 1.72%。蒙新高原湖区地表覆盖类型面积及其构成比如表 5-25 所示。

表 5-25　蒙新高原湖区地表覆盖类型面积及其构成比

地表覆盖类型	面积/km^2	构成比/%
种植土地	325 352.80	9.40
林草覆盖	2 043 256.57	59.05
水域	47 108.87	1.36
荒漠与裸露地	985 472.66	28.48
铁路与道路	13 458.44	0.39
房屋建筑区	17 867.35	0.52
构筑物	15 917.09	0.46
人工堆掘地	11 986.59	0.35
合计	3 460 420.38	100.00

蒙新高原湖区种植土地面积为 325 352.80 km^2，占全国种植土地面积的 20.28%，占高原湖区种植土地面积的 55.80%。蒙新高原湖区种植土地覆盖度为 9.40%，种植土地人均拥有量为 26.85km^2/万人。蒙新高原湖区主要种植土地类型为旱地，占种植土地总面积的 89.41%；桑园、橡胶园、花圃仅占种植土地总面积的 0.03%。种植土地主要分布在蒙新高原湖区的东部及北部，在湖区的南部也有少量种植土地分布。蒙新高原湖区种植土地分类型面积、构成比及分布现状如表 5-26、图 5-12 所示。

表 5-26　蒙新高原湖区种植土地分类型面积及其构成比

类型	面积/km^2	构成比/%
水田	5 106.59	1.57
旱地	290 891.44	89.41

续表

类型	面积/km²	构成比/%
果园	24 113.45	7.41
茶园	171.40	0.05
桑园	54.92	0.02
橡胶园	0.0006	0.00
苗圃	2 730.85	0.84
花圃	40.86	0.01
其他经济苗木	2 243.28	0.69

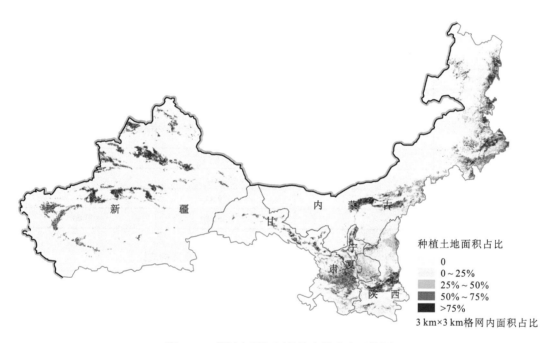

图 5-12　蒙新高原湖区种植土地分布现状图

　　从海拔分布看，湖区种植土地分布在低、中海拔区域。按面积统计，47.99%的种植土地分布在低海拔地区，52.01%的种植土地分布在中海拔地区，仅有 3.49km² 的种植土地分布在高海拔区域和极高海拔区域。从坡度分级看，大部分种植土地分布在 25°以下区域。按面积统计，60.54%的种植土地分布在平坡地，14.67%的种植土地分布在缓坡地，3.59%的种植土地分布在陡坡地、极陡坡地。蒙新高原湖区不同海拔、坡度种植土地面积及其构成比如表 5-27、表 5-28 所示。

　　蒙新高原湖区林草覆盖面积为 2 043 256.57 km²，占全国林草覆盖面积的 34.47%，占高原湖区林草覆盖面积的 47.04%。蒙新高原湖区林草覆盖度为 59.05%，林草覆盖人均拥有量为 168.63km²/万人。蒙新高原湖区主要林草覆盖类型为天然草地，占林草覆盖总面积的 53.79%；竹林、绿化林地仅占林草覆盖总面积的 0.04%。蒙新高原湖区林草覆盖分布不均，主要集中分布在湖区东部及南部，其次是湖区西北部。蒙新高原湖区林草覆盖分类型面积、构成比及分布现状如表 5-29、图 5-13 所示。

表 5-27　蒙新高原湖区不同海拔种植土地面积及其构成比

海拔分区	海拔分级	面积/km²	构成比/%
低海拔区域	1 000 m 以下	156 137.71	47.99
中海拔区域	1 000（含）～3 500 m	169 211.60	52.01
高海拔区域	3 500（含）～5 000 m	3.36	0.00
极高海拔区域	5 000（含）以上	0.13	0.00
合计		325 352.80	100.00

表 5-28　蒙新高原湖区不同坡度种植土地面积及其构成比

坡度分类	坡度分级	面积/km²	构成比/%
平坡地	0°（含）～2°	196 962.56	60.54
较平坡地	2°（含）～5°	43 354.55	13.33
缓坡地	5°（含）～15°	47 738.48	14.67
较缓坡地	15°（含）～25°	25 616.13	7.87
陡坡地	25°（含）～35°	9 651.23	2.97
极陡坡地	35°（含）以上	2 029.84	0.62
合计		325 352.80	100.00

表 5-29　蒙新高原湖区林草覆盖分类型面积及其构成比

类型	面积/km²	构成比/%
乔木林	307 780.60	15.06
灌木林	333 308.50	16.31
乔灌混合林	15 064.79	0.74
竹林	109.92	0.01
疏林	10 986.34	0.54
绿化林地	626.09	0.03
人工幼林	14 505.45	0.71
稀疏灌草丛	252 261.56	12.35
天然草地	1 099 152.05	53.79
人工草地	9 461.28	0.46

从海拔分布看，按面积统计，大部分林草覆盖分布在中海拔区域，其次是低海拔区域，分别占比 63.04% 和 29.92%，仅 0.35% 的林草覆盖分布在极高海拔区域；从坡度分级看，按面积统计，38.42% 的林草覆盖分布在平坡地，18.56% 的林草覆盖分布在缓坡地，

16.33%的林草覆盖分布在陡坡地和极陡坡地。该湖区大部分林草覆盖分布在 15°以下区域，其次分布在 15°～35°区域，极少部分分布在 35°以上区域。蒙新高原湖区不同海拔、坡度林草覆盖面积及其构成比如表 5-30、表 5-31 所示。

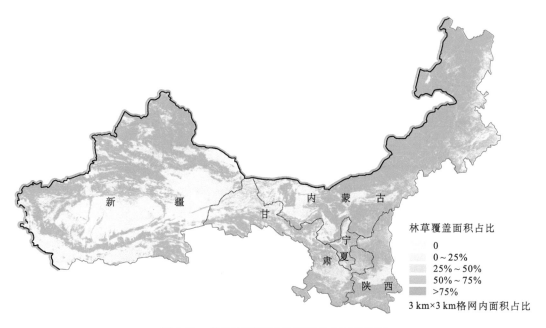

图 5-13　蒙新高原湖区林草覆盖分布现状图

表 5-30　蒙新高原湖区不同海拔林草覆盖面积及其构成比

海拔分区	海拔分级	面积/km²	构成比/%
低海拔区域	1 000 m 以下	611 344.20	29.92
中海拔区域	1 000（含）～3 500 m	1 288 096.81	63.04
高海拔区域	3 500（含）～5 000 m	136 619.00	6.69
极高海拔区域	5 000（含）m 以上	7 196.56	0.35
合计		2 043 256.57	100.00

表 5-31　蒙新高原湖区不同坡度种植土地面积及其构成比

坡度分类	坡度分级	面积/km²	构成比/%
平坡地	0°（含）～2°	784 988.09	38.42
较平坡地	2°（含）～5°	312 771.59	15.31
缓坡地	5°（含）～15°	379 182.13	18.56
较缓坡地	15°（含）～25°	232 798.47	11.39
陡坡地	25°（含）～35°	191 195.81	9.36
极陡坡地	35°（含）以上	142 320.48	6.97
合计		2 043 256.57	100.00

　　蒙新高原湖区水域面积为 47 108.87 km²，占全国水域面积的 17.97%，占高原湖区水域面积的 33.25%。蒙新高原湖区水域覆盖度为 3.16%，水域人均拥有量为 3.89km²/万人。蒙新高原湖区水域类型主要为水面和冰川与常年积雪，占水域总面积的 98.31%，水渠仅占水域总面积的 1.68%。蒙新高原湖区水域大部分分布在湖区西部，极少部分水域分布在东北部。蒙新高原湖区水域分类型面积、构成比及分布现状如表 5-32、图 5-14 所示。

表 5-32　蒙新高原湖区水域分类型面积及其构成比

类型	面积/km²	构成比/%
水面	23 372.50	49.61
水渠	792.20	1.68
冰川与常年积雪	22 944.17	48.70

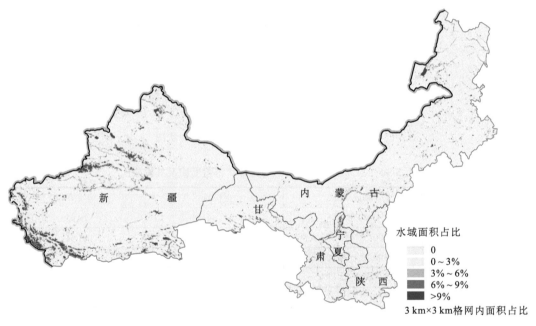

图 5-14　蒙新高原湖区水域分布现状图

　　从海拔分布看，按面积统计，24.19%的水域分布在低海拔区域，20.04%的水域分布在中海拔区域，23.26%的水域分布在高海拔区域，32.50%的水域分布在极高海拔区域。从坡度分级看，按面积统计，47.31%的水域分布在平坡地，16.45%的水域分布在缓坡地，19.96%的水域分布在陡坡地和极陡坡地。蒙新高原湖区不同海拔、坡度水域面积及其构成比如表 5-33、表 5-34 所示。

表 5-33　蒙新高原湖区不同海拔水域面积及其构成比

海拔分区	海拔分级	面积/km²	构成比/%
低海拔区域	1 000 m 以下	11 396.87	24.19
中海拔区域	1 000(含)～3 500 m	9 442.69	20.04
高海拔区域	3 500(含)～5 000 m	10 957.38	23.26
极高海拔区域	5 000(含)m 以上	15 311.93	32.50
合计		47 108.87	100.00

表 5-34　蒙新高原湖区不同坡度水域面积及其构成比

坡度分类	坡度分级	面积/km²	构成比/%
平坡地	0°(含)～2°	22 288.28	47.31
较平坡地	2°(含)～5°	2 802.33	5.95
缓坡地	5°(含)～15°	7 750.07	16.45
较缓坡地	15°(含)～25°	4 861.55	10.32
陡坡地	25°(含)～35°	4 749.99	10.08
极陡坡地	35°(含)以上	4 656.64	9.88
合计		47 108.87	100.00

5.2.3　云贵高原湖区地表覆盖

　　云贵高原湖区地表覆盖总面积为 1 127 813.36 km²,其中,种植土地面积为 244 868.86 km²,占该湖区地表覆盖总面积的 21.71%;林草覆盖面积为 810 408.79 km²,占该湖区地表覆盖总面积的 71.86%;水域面积为 14 532.96 km²,占该湖区地表覆盖总面积的 1.29%;荒漠与裸露地面积为 17 878.53 km²,占该湖区总面积的 1.59%;铁路与道路面积为 9 834.83 km²,占该湖区地表覆盖总面积的 0.87%;房屋建筑区面积为 19 376.14 km²,占该湖区地表覆盖总面积的 1.72%;构筑物面积为 5 341.60 km²,占该湖区地表覆盖总面积的 0.47%;人工堆掘地面积为 5 571.65 km²,占该湖区地表覆盖总面积的 0.49%。云贵高原湖区主要地表覆盖类型为林草覆盖,占该湖区地表覆盖类型总面积的 71.86%,其次为种植土地,占该湖区地表覆盖总面积的 21.71%,铁路与道路、构筑物、人工堆掘地等三类地表覆盖类型仅占该湖区地表覆盖类型总面积的 1.83%。云贵高原湖区地表覆盖类型面积及其构成比如表 5-35 所示。

表 5-35　云贵高原湖区地表覆盖类型面积及其构成比

地表覆盖类型	面积/km²	构成比/%
种植土地	244 868.86	21.71
林草覆盖	810 408.79	71.86
水域	14 532.96	1.29

续表

地表覆盖类型	面积/km²	构成比/%
荒漠与裸露地	17 878.53	1.59
铁路与道路	9 834.83	0.87
房屋建筑区	19 376.14	1.72
构筑物	5 341.60	0.47
人工堆掘地	5 571.65	0.49
合计	1 127 813.36	100.00

云贵高原湖区种植土地面积 244 868.86 km²，占全国种植土地面积的 15.26%，占高原湖区种植土地面积的 42.00%。云贵高原湖区种植土地覆盖度为 21.71%，种植土地人均拥有量为 12.39km²/万人。云贵高原湖区主要种植土地类型为旱地，占种植土地总面积的 63.97%；桑园、苗圃、花圃仅占该湖区种植土地总面积的 1.23%。云贵高原湖区种植土地主要集中分布在湖区的东部及东北部，其次分布在湖区南部，在湖区西部分布极少。云贵高原湖区种植土地分类型面积、构成比及分布现状如表 5-36、图 5-15 所示。

表 5-36　云贵高原湖区种植土地分类型面积及其构成比

类型	面积/km²	构成比/%
水田	49 840.86	20.35
旱地	156 632.71	63.97
果园	17 913.33	7.32
茶园	6 009.55	2.45
桑园	707.65	0.29
橡胶园	7 646.07	3.12
苗圃	2 210.40	0.90
花圃	90.74	0.04
其他经济苗木	3 817.55	1.56

从海拔分布看，大部分种植土地分布在低、中海拔区域。按面积统计，48.26%的种植土地分布在低海拔区域，51.56%的种植土地分布在中海拔区域，0.17%的种植土地分布在高海拔区域。从坡度分级看，大部分种植土地分布在缓坡地及较缓坡地。按面积统计，7.34%的种植土地分布在平坡地，66.76%的种植土地分布在缓坡地、较缓坡地，仅3.35%的种植土地分布在极陡坡地。云贵高原湖区不同海拔、坡度种植土地面积及其构成比如表 5-37、表 5-38 所示。

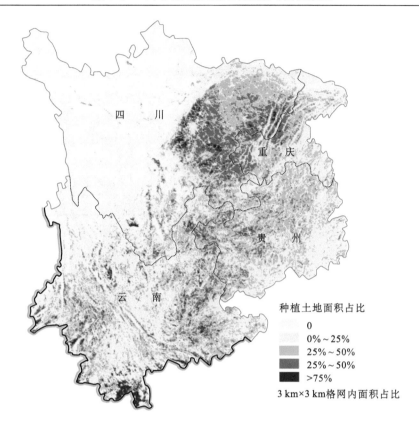

种植土地面积占比

0
0%~25%
25%~50%
25%~50%
>75%

3 km×3 km格网内面积占比

图 5-15 云贵高原湖区种植土地分布现状

表 5-37 云贵高原湖区不同海拔种植土地面积及其构成比

海拔分区	海拔分级	面积/km²	构成比/%
低海拔区域	1 000m 以下	118 181.25	48.26
中海拔区域	1 000(含)~3 500 m	126 264.76	51.56
高海拔区域	3 500(含)~5 000 m	422.85	0.17
极高海拔区域	5 000(含)m 以上	—	0.00
合计		244 868.86	100.00

表 5-38 云贵高原湖区不同坡度种植土地面积及其构成比

坡度分类	坡度分级	面积/km²	构成比/%
平坡地	0°(含)~2°	17 982.71	7.34
较平坡地	2°(含)~5°	21 778.10	8.89
缓坡地	5°(含)~15°	89 330.86	36.48
较缓坡地	15°(含)~25°	74 156.25	30.28
陡坡地	25°(含)~35°	33 422.09	13.65
极陡坡地	35°(含)以上	8 198.85	3.35
合计		244 868.86	100.00

云贵高原湖区林草覆盖面积为 810 408.79 km^2，占全国林草覆盖面积的 13.67%，占高原湖区林草覆盖面积的 18.66%。云贵高原湖区林草覆盖度为 71.86%，人均拥有量为 41.02km^2/万人。云贵高原湖区主要林草覆盖类型为乔木林，占林草覆盖总面积的 54.40%；疏林、稀疏灌草丛仅占林草覆盖总面积的 0.03%。云贵高原湖区林草覆盖在东北部分布较少，其他地区分布较均匀。该地区主要地貌类型为山地，地形复杂，坡度大。云贵高原湖区林草覆盖分类型面积、构成比及分布现状如表 5-39、图 5-16 所示。

表 5-39 云贵高原湖区林草覆盖分类型面积及其构成比

类型	面积/km^2	构成比/%
乔木林	440 892.54	54.40
灌木林	189 972.04	23.44
乔灌混合林	6 845.31	0.84
竹林	15 678.23	1.93
疏林	197.50	0.02
绿化林地	771.74	0.10
人工幼林	4 806.79	0.59
稀疏灌草丛	52.27	0.01
天然草地	149 842.01	18.49
人工草地	1 350.38	0.17

从海拔分布看，按面积统计，20.58% 的林草覆盖分布在低海拔区域，54.90% 的林草覆盖分布在中海拔区域，24.44% 的林草覆盖分布在高海拔区域，仅 0.08% 的林草覆盖分布在极海拔区域，该湖区林草覆盖主要分布在中海拔区域，其次分布在低海拔区域和高海拔区域。从坡度分级看，按面积统计，1.72% 的林草覆盖分布在平坡地，15.45% 的林草覆盖分布在缓坡地，30.08% 的林草覆盖分布在陡坡地。该湖区 19.25% 的林草覆盖分布在 15° 以下区域，80.75% 的林草覆盖分布在 15° 以上区域。云贵高原湖区不同海拔、坡度林草覆盖面积及其构成比如表 5-40、表 5-41 所示。

表 5-40 云贵高原湖区不同海拔林草覆盖面积及其构成

海拔分区	海拔分级	面积/km^2	构成比/%
低海拔区域	1 000 m 以下	166 754.48	20.58
中海拔区域	1 000（含）～3 500 m	444 947.38	54.90
高海拔区域	3 500（含）～5 000 m	198 073.43	24.44
极高海拔区域	5 000（含）m 以上	633.50	0.08
合计		810 408.79	100.00

林草覆盖面积占比

0
0～25%
25%～50%
50%～75%
>75%

3 km×3 km格网内面积占比

图 5-16　云贵高原湖区林草覆盖分布现状

表 5-41　云贵高原湖区不同坡度种植土地面积及其构成比

坡度分类	坡度分级	面积/km²	构成比/%
平坡地	0°(含)～2°	13 920.10	1.72
较平坡地	2°(含)～5°	16 856.38	2.08
缓坡地	5°(含)～15°	125 171.37	15.45
较缓坡地	15°(含)～25°	229 904.47	28.37
陡坡地	25°(含)～35°	243 790.92	30.08
极陡坡地	35°(含)以上	180 765.55	22.31
合计		810 408.79	100.00

　　云贵高原湖区水域面积为 14 532.96 km²，占全国水域面积的 5.54%，占高原湖区水域面积的 10.26%。云贵高原湖区水域覆盖度为 1.29%，人均拥有量为 0.74 km²/万人。云贵高原湖区水域类型主要为水面，占水域总面积的 95.78%，水渠和冰川与常年积雪仅占水域总面积的 4.21%。云贵高原湖区水域主要分布在东北部，其次分布在湖区东部和北部，在西北部水域分布较少。云贵高原湖区水域分类型面积、构成比及分布现状如表 5-42、图 5-17 所示。

表 5-42　云贵高原湖区水域分类型面积及其构成比

类型	面积/km²	构成比/%
水面	13 920.20	95.78
水渠	72.91	0.50
冰川与常年积雪	539.85	3.71

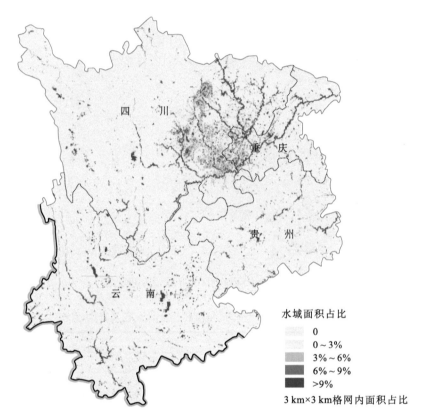

水域面积占比

0

0 ~ 3%

3% ~ 6%

6% ~ 9%

>9%

3 km×3 km格网内面积占比

图 5-17　云贵高原湖区水域分布现状

　　从海拔分布看,该湖区的水域主要分布在低海拔区域和中海拔区域。按面积统计,61.19%的水域分布在低海拔区域,30.46%的水域分布在中海拔区域,8.35%的水域分布在高海拔区域和极高海拔区域。从坡度分级看,该湖区水域主要分布在15°以下区域。按面积统计,56.97%的水域分布在平坡地,17.16%的水域分布在缓坡地,7.00%的水域分布在陡坡地和极陡坡地。云贵高原湖区不同海拔、坡度水域面积及其构成比如表5-43、表5-44所示。

表 5-43　云贵高原湖区不同海拔水域面积及其构成比

海拔分区	海拔分级	面积/km²	构成比/%
低海拔区域	1 000 m 以下	8 892.09	61.19
中海拔区域	1 000(含)～3 500 m	4 427.46	30.46

海拔分区	海拔分级	面积/km²	构成比/%
高海拔区域	3 500（含）～5 000 m	818.62	5.63
极高海拔区域	5 000（含）m 以上	394.79	2.72
合计		14 532.96	100.00

表 5-44 云贵高原湖区不同坡度水域面积及其构成比

坡度分类	坡度分级	面积/km²	构成比/%
平坡地	0°（含）～2°	8 278.87	56.97
较平坡地	2°（含）～5°	1 877.79	12.92
缓坡地	5°（含）～15°	2 494.45	17.16
较缓坡地	15°（含）～25°	864.48	5.95
陡坡地	25°（含）～35°	527.71	3.63
极陡坡地	35°（含）以上	489.67	3.37
合计		14 532.96	100.00

5.3 自然资源丰度指数

资源丰度又称资源丰饶度，指各类资源的富集和丰富程度，为资源的自然属性。基于地表覆盖数据，计算种植土地、林草覆盖、水域等自然资源的地均占有量及人均占有面积等丰度指数，它决定资源的开发规模和经济发展方向。

本节主要描述蒙新高原湖区、云贵高原湖区和青藏高原湖区地均资源丰度指数、人均资源丰度指数和综合资源丰度指数，并分析其各类自然资源丰度指数的分布特征。

1. 地均资源丰度指数

蒙新高原湖区地均资源丰度指数为 0.521，其中种植土地为 0.549，林草覆盖为 0.797，水域为 0.215；云贵高原湖区地均资源丰度指数为 0.677，其中种植土地为 0.855，林草覆盖为 0.870，水域为 0.308；青藏高原湖区地均资源丰度指数为 0.621，其中种植土地为 0.026，林草覆盖为 0.992，水域为 0.844。三大高原湖区地均资源丰度指数最高的为云贵高原湖区，最低的为蒙新高原湖区。地均资源丰度指数统计如表 5-45 及图 5-18 所示。

表 5-45 地均资源丰度指数统计

行政区域	一级指数	二级指数		
	资源丰度指数	种植土地丰度指数	林草覆盖丰度指数	水域丰度指数
蒙新高原湖区	**0.521**	**0.549**	**0.797**	**0.215**
内蒙古自治区	0.485	0.379	0.938	0.137

续表

行政区域	一级指数	二级指数		
	资源丰度指数	种植土地丰度指数	林草覆盖丰度指数	水域丰度指数
陕西省	0.598	0.751	0.914	0.129
甘肃省	0.443	0.472	0.755	0.103
宁夏回族自治区	0.667	0.957	0.793	0.249
新疆维吾尔自治区	0.410	0.188	0.583	0.459
云贵高原湖区	**0.677**	**0.855**	**0.870**	**0.308**
重庆市	0.769	0.993	0.797	0.518
四川省	0.605	0.560	0.970	0.285
贵州省	0.674	1.000	0.829	0.192
云南省	0.662	0.866	0.885	0.235
青藏高原湖区	**0.621**	**0.026**	**0.992**	**0.844**
西藏自治区	0.667	0.016	0.984	1.000
青海省	0.575	0.037	1.000	0.687

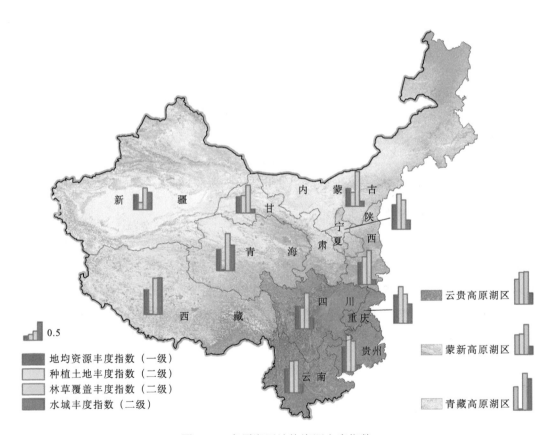

图 5-18　高原湖区地均资源丰度指数

2. 人均资源丰度指数

蒙新高原湖区人均资源丰度指数为 0.217，其中种植土地为 0.567，林草覆盖为 0.060，水域为 0.023；云贵高原湖区人均资源丰度指数为 0.092，其中种植土地为 0.259，林草覆盖为 0.013，水域为 0.004；青藏高原湖区人均资源丰度指数为 0.524，其中种植土地为 0.294，林草覆盖为 0.666，水域为 0.612。三大高原湖区人均资源丰度指数最高的为青藏高原湖区，最低的为云贵高原湖区。人均资源丰度指数统计如表 5-46 及图 5-19 所示。

表 5-46　人均资源丰度指数统计

行政区域	一级指数	二级指数		
	资源丰度指数	种植土地丰度指数	林草覆盖丰度指数	水域丰度指数
蒙新高原湖区	**0.217**	**0.567**	**0.060**	**0.023**
内蒙古自治区	0.379	1.000	0.121	0.017
陕西省	0.084	0.235	0.014	0.002
甘肃省	0.162	0.446	0.035	0.005
宁夏回族自治区	0.149	0.425	0.017	0.005
新疆维吾尔自治区	0.309	0.730	0.111	0.086
云贵高原湖区	**0.092**	**0.259**	**0.013**	**0.004**
重庆市	0.055	0.155	0.006	0.004
四川省	0.071	0.191	0.016	0.005
贵州省	0.100	0.287	0.012	0.003
云南省	0.143	0.403	0.020	0.005
青藏高原湖区	**0.524**	**0.294**	**0.666**	**0.612**
西藏自治区	0.780	0.339	1.000	1.000
青海省	0.268	0.249	0.332	0.224

3. 综合资源丰度指数

蒙新高原湖区综合资源丰度指数为 0.369，其中种植土地为 0.558，林草覆盖为 0.428，水域为 0.119；云贵高原湖区综合资源丰度指数为 0.385，其中种植土地为 0.557，林草覆盖为 0.442，水域为 0.156；青藏高原湖区综合资源丰度指数为 0.572，其中种植土地为 0.160，林草覆盖为 0.829，水域为 0.728。三大高原湖区综合资源丰度指数最高的是青藏高原湖区，最低的是蒙新高原湖区。综合资源丰度指数统计如表 5-47 及图 5-20 所示。

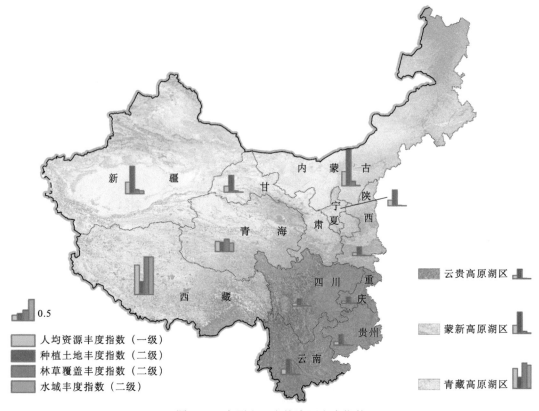

图 5-19　高原湖区人均资源丰度指数

表 5-47　综合资源丰度指数统计

行政区域	一级指数	二级指数		
	资源丰度指数	种植土地丰度指数	林草覆盖丰度指数	水域丰度指数
高原湖区	**0.442**	**0.435**	**0.576**	**0.334**
蒙新高原湖区	**0.369**	**0.558**	**0.428**	**0.119**
内蒙古自治区	0.432	0.689	0.530	0.077
陕西省	0.341	0.493	0.464	0.065
甘肃省	0.303	0.459	0.395	0.054
宁夏回族自治区	0.408	0.691	0.405	0.127
新疆维吾尔自治区	0.359	0.459	0.347	0.273
云贵高原湖区	**0.385**	**0.557**	**0.442**	**0.156**
重庆市	0.412	0.574	0.401	0.261
四川省	0.338	0.375	0.493	0.145
贵州省	0.387	0.643	0.420	0.098
云南省	0.403	0.635	0.453	0.120
青藏高原湖区	**0.572**	**0.160**	**0.829**	**0.728**
西藏自治区	0.723	0.178	0.992	1.000
青海省	0.421	0.143	0.666	0.456

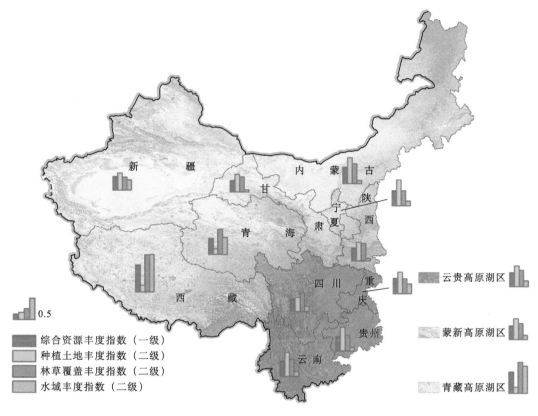

图 5-20　综合资源丰度指数

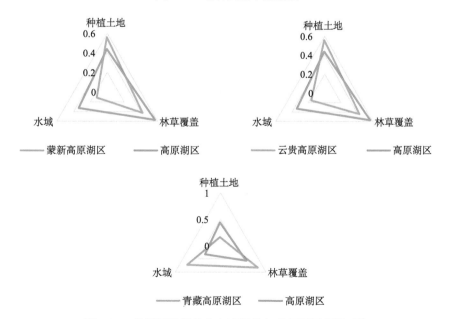

图 5-21　各湖区资源综合丰度指数与高原湖区指数对比

　　根据各资源类型的综合丰度指数计算结果显示，综合资源丰度指数较高的区域是青藏高原湖区，蒙新高原湖区和云贵高原湖区综合资源丰度指数均低于高原湖区平均水平。其中，蒙新高原湖区和云贵高原湖区种植土地丰度指数高于高原湖区平均水平，说明这些地区大多粮食种植业相对发达。青藏高原湖区林草覆盖丰度指数和水域丰度指数均高于高原湖区平均水平，该地区畜牧业较发达。以上各湖区资源综合丰度指数与高原湖区指数对比如图 5-21 所示。

第6章 中国主要高原湖泊周边地理国情

　　本章主要描述云南省抚仙湖、青海省青海湖的地理国情监测内容、方法与成果，以及按照湖泊面积大小分省选取 63 个典型湖泊(面积在本省排名靠前的湖泊)，反映这些湖泊的概况(名称由来、地理位置、形态指标、地形地貌、水文、气候等)，63 个湖泊的分布见图 6-1，并利用地理国情监测数据，依据《鄱阳湖生态经济区规划》(国家发改委，2009 年 12 月)中滨湖控制开发带为"以 1998 年 7 月 30 日鄱阳湖吴淞高程湖口水位为界线，向陆地延伸 3 km"，基于 2018 年地理国情监测数据，统计分析了典型湖泊高水位线向陆地延伸 3 km 范围内地表覆盖的现状，为高原湖泊的湖泊岸带生态恢复、湖滨带生态系统结构优化、水环境整治、湖泊流域面源污染防治等提供依据。

图 6-1　选取的典型湖泊分布图

6.1 青藏高原湖区的 20 个湖泊

6.1.1 西藏自治区的 10 个湖泊

选取了位于西藏自治区的纳木错、色林错、扎日南木错、当惹雍错、羊卓雍错、班公错、昂拉仁错、塔若错、格仁错、昂孜错等 10 个湖泊。

1. 纳木错

曾名腾格里海，藏语谓"天湖"之意。跨班戈、当雄两县，系古近纪和新近纪喜马拉雅运动时期发生拗陷形成。湖形状近似楔形，面积 2 024.55 km²，长轴呈北东—南西向延伸，是世界上海拔最高的大型湖泊，素以海拔高、湖面大、景色瑰丽著称。跨班戈、当雄两县，沿湖岸北东向的断裂构造崖岩清晰可见。滨湖泊东南部为高耸的念青唐古拉山，山地冰川发育，冰川融水径流形成的水系呈梳状排列。湖岸线与山脊走向大致平行，东部由石灰岩构成的扎西多半岛上发育有石柱、天生桥、溶洞等；西北侧为海拔多在 5 500 m 以内的灰岩、页岩质丘陵低山。滨湖分布 8 条古湖岸砂堤，最高的一道距现在的湖面约为 80 m。

湖水依赖地表径流和湖面降水补给，主要入湖河流为波曲、昂曲、测曲、岗牙桑曲、你亚曲、作曲卡，属重碳酸盐型钠组–微咸水湖。

对纳木错湖岸向陆地 3km 缓冲范围内地表覆盖的分类面积进行数理统计，统计结果见表 6-1，分布见图 6-2。从表 6-1 和图 6-2 可以看出，纳木错湖岸向陆地 3 km 缓冲范围内分布有除耕地、园地外的 8 个地类。湖岸周边林草覆盖度高，占 94.47%，主要类型为草地，占 92.01%；湖周围有少量的荒漠与裸露地分布，占 3.02%。

表 6-1　纳木错湖岸向陆地 3 km 缓冲范围内地表覆盖分类面积

类型	面积/km²	构成比/%
耕地	—	—
园地	—	—
林地	22.98	2.46
草地	859.53	92.01
水域	1.29	2.20
荒漠与裸露地	28.19	3.02
房屋建筑区	0.22	0.02
铁路与道路	2.44	0.26
构筑物	0.27	0.03
人工堆掘地	0.01	0.00

图例

耕地	铁路与道路
园地	构筑物
林地	人工堆掘地
草地	荒漠与裸露地
房屋建筑区	水域

比例尺：1：450 000

图 6-2　纳木错湖沿岸 3km 范围地表覆盖分布

2. 色林错

色林错，藏语意为"威光映复的魔鬼湖"，曾名奇林湖、色林东错。跨班戈、尼玛、申扎三县，班公与怒江大断裂带内的最大构造湖。地势开阔，水草丰茂，是藏北重要的畜牧业基础。湖面海拔 4 530 m，最深处超过 33 m，面积 2 273.95 km²。主要入湖河流有扎加藏布、扎根藏布、波曲藏布等。据科学家考证，色林错面积曾达到 1×10^4 km²，后因气候变化，湖泊退缩，从中分离出格仁错、错鄂、雅个冬错、班戈错、吴如错、恰规错、孜桂错、越恰错。集水域内有众多河流与湖泊相互连通，组成了一个封闭的内陆湖群。

色林错在高原高寒草原生态系统中是珍稀濒危生物物种最多的地区，是世界上最大的黑颈鹤自然保护区，另有国家一级保护动物黑颈鹤、雪豹、藏羚、盘羊、藏野驴、藏雪鸡等。色林错裸鲤是藏北色林错湖泊中唯一的一种鱼类。1985 年，色林错湖被列为西藏自治区级保护区，2003 年晋升为国家级自然保护区。

对色林错湖岸向陆地 3km 缓冲范围内地表覆盖的分类面积进行数理统计，统计结果见表 6-2，分布见图 6-3。从表 6-2 和图 6-3 可以看出，色林错湖岸向陆地 3 km 缓冲范围内分布有除耕地、园地、林地外的 7 个地类。湖岸周边草地覆盖度高，占 90.60%；湖周围有少量荒漠与裸露地分布，占 2.18%。

表 6-2　色林错湖岸向陆地 3 km 缓冲范围内地表覆盖分类面积

类型	面积/km²	构成比/%
耕地	—	—
园地	—	—
林地	—	—
草地	852.17	90.60
水域	65.76	6.99
荒漠与裸露地	20.46	2.18
房屋建筑区	0.03	0.00
铁路与道路	1.99	0.21
构筑物	0.04	0.00
人工堆掘地	0.15	0.02

3. 扎日南木错

扎日南木错(Zhari Namco)，西藏自治区第三大湖，亦称塔热错。扎日南木错，国家级著名湿地。位于西藏自治区阿里地区措勤县东北部，距离措勤县城 12 km。距离阿里地区行署所在地狮泉河镇 500 km 左右。在冈底斯山群峰之间，分布着阿里地区最大和位居西藏第三的咸水湖扎日南木错。属东西向构造断陷湖，面积 1 014.51 km²，湖面海拔 4 613 m，是一个东西长近 54 km，南北宽约 20 km 的大湖，属咸水湖。

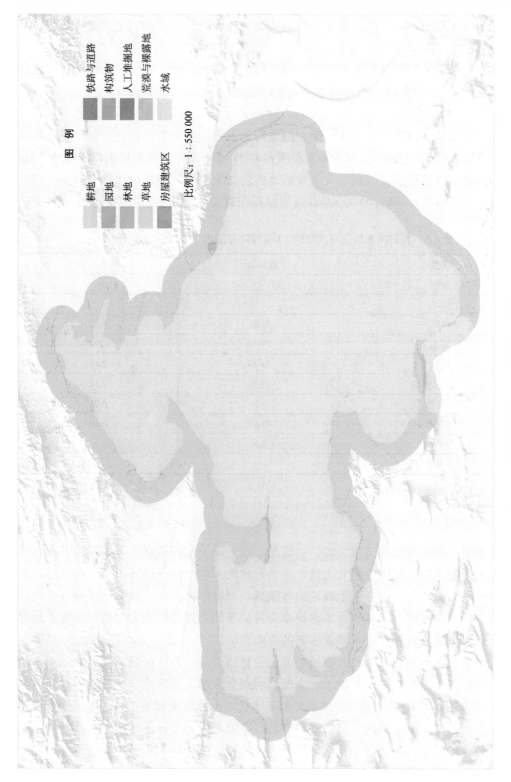

图 6-3　色林错湖沿岸 3 km 范围地表覆盖分布

湖泊形态不规则，南北两岸较窄，东西两岸地势开阔。东岸湖积平原宽达 20 km，沼泽发育；北岸和西岸发育有 10 道古湖岸线，最高一级高出湖面 100 多米；东南部湖滨地带发育有三级阶地。湖区地处藏北高寒草原地带，气候寒冷、干旱，为纯牧区。扎日南木错流域面积 $1.643 \times 10^4 \, \text{km}^2$，湖水主要靠冰雪融水补给。入湖河流主要有措勤藏布、达龙藏布。

对扎日南木错湖岸向陆地 3 km 缓冲范围内地表覆盖的分类面积进行数理统计，统计结果见表 6-3，分布见图 6-4。从表 6-3 和图 6-4 可以看出，扎日南木错湖岸向陆地 3 km 缓冲范围内分布有除耕地、园地、人工堆掘地外的 7 个地类。湖岸周边林草覆盖度高，占 92.70%，主要类型为草地，占 92.68%；湖周围存在荒漠化现象，荒漠与裸露地占 4.34%。

表 6-3　扎日南木错湖岸向陆地 3 km 缓冲范围内地表覆盖分类面积

类型	面积/km²	构成比/%
耕地	—	—
园地	—	—
林地	0.09	0.02
草地	537.88	92.68
水域	16.48	2.84
荒漠与裸露地	25.19	4.34
房屋建筑区	0.08	0.01
铁路与道路	0.60	0.10
构筑物	0.05	0.01
人工堆掘地	—	—

4. 当惹雍错

当惹雍错，是西藏面积第四大湖、中国第二深的湖，是西藏最古老的雍仲本教徒崇拜的最大的圣湖。当惹雍错为南北走向，形如鞋底的大湖泊，三面环山。唯南岸达尔果山东侧有一缺口。达尔果山一列七峰，山体黝黑，顶覆白雪，形状酷似 7 座整齐排列的金字塔。它和当惹雍错一起被雍仲本教徒奉为神的圣地。湖边的玉本寺是一座建于悬崖山洞的寺庙，据说为象雄雍仲本教最古老的寺庙之一。

当惹雍错位于西藏自治区藏北高原中部，色林错西边，是中国藏北高原断陷湖。当惹雍错为 300 万年前形成湖泊，位于一个深陷的湖盆底部，从东北向西南延伸，南北长约 80 余千米，面积 846.49 km²。南部有发源于冈底斯山的达果藏布汇入。湖面比全盛时期低 100 多米，湖水退缩咸化。湖滨平原广阔，是藏北的主要牧区。

对当惹雍错湖岸向陆地 3 km 缓冲范围内地表覆盖的分类面积进行数理统计，统计结果见表 6-4，分布见图 6-5。从表 6-4 和图 6-5 可以看出，当惹雍错湖岸向陆地 3 km 缓冲范围内分布有除园地、人工堆掘地外的 8 个地类。湖岸周边林草覆盖度高，占 95.01%，主要类型为草地，占 94.95%；湖周围存在荒漠化现象，荒漠与裸露地占 4.22%。

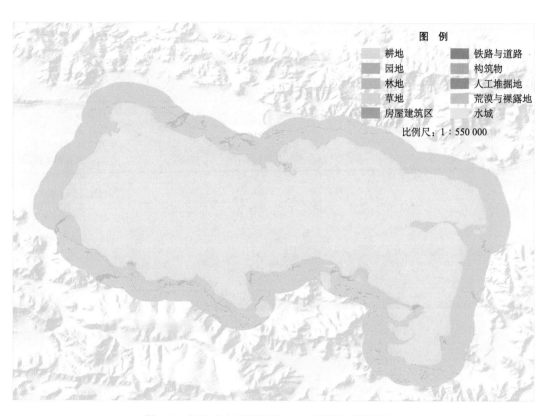

图 6-4　扎日南木错湖沿岸 3 km 范围地表覆盖分布

表 6-4　当惹雍错湖岸向陆地 3km 缓冲范围内地表覆盖分类面积

类型	面积/km²	构成比/%
耕地	0.90	0.15
园地	—	—
林地	0.39	0.06
草地	575.65	94.95
水域	2.01	0.33
荒漠与裸露地	25.58	4.22
房屋建筑区	0.23	0.04
铁路与道路	1.44	0.24
构筑物	0.07	0.01
人工堆掘地	—	—

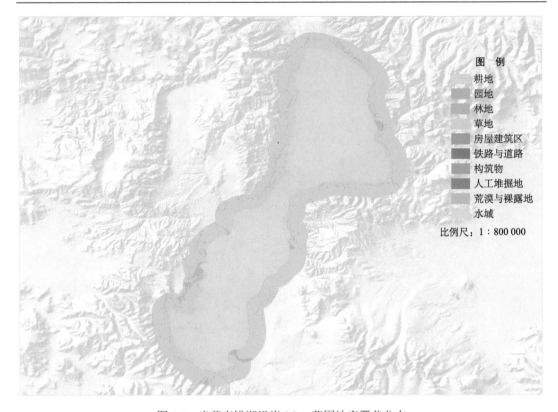

图 6-5　当惹雍错湖沿岸 3 km 范围地表覆盖分布

5. 羊卓雍错

羊卓雍错，有人简称羊湖（并非藏北的羊湖），藏语意为"碧玉湖""天鹅池"，是西藏三大圣湖之一。

其位于西藏山南市浪卡子县，拉萨西南约 70 km 处，与纳木错、玛旁雍错并称西藏三大圣湖。湖面海拔 4 441 m，东西长 130 km，南北宽 70 km，湖岸线总长 250 km，总面积 571.40 km²，湖水均深 20～40 m，最深处有 60 m，容积 146×10⁸ m³，属淡水湖，也是一个构造湖泊，是喜马拉雅山北麓最大的内陆湖。其湖面平静，一片翠蓝，仿佛如山南高原上的蓝宝石。羊湖汊口较多，像珊瑚枝一般，因此它在藏语中又被称为"上面的珊瑚湖"。湖内分布有 21 个小岛，各自独立水面，大的可容五六户居住，小的则仅有百余平方米，最大面积约 18 km²，岛上牧草肥美，野鸟成群。

对羊卓雍错湖岸向陆地 3 km 缓冲范围内地表覆盖的分类面积进行数理统计，统计结果见表 6-5，分布见图 6-6。从表 6-5 和图 6-6 可以看出，羊卓雍错湖岸向陆地 3 km 缓冲范围内分布有除园地外的 9 个地类。湖岸周边林草覆盖度高，占 90.7%，主要类型为草地，占 86.04%，林地占 4.43%；湖周围存在开垦种植现象，耕地占 2.80%；荒漠与裸露地占 5.22%。

表 6-5　羊卓雍错湖岸向陆地 3km 缓冲范围内地表覆盖分类面积

类型	面积/km²	构成比/%
耕地	31.42	2.80
园地	—	—
林地	49.65	4.43
草地	965.09	86.04
水域	9.84	0.88
荒漠与裸露地	58.60	5.22
房屋建筑区	2.55	0.23
铁路与道路	3.32	0.30
构筑物	1.17	0.10
人工堆掘地	0.07	0.01

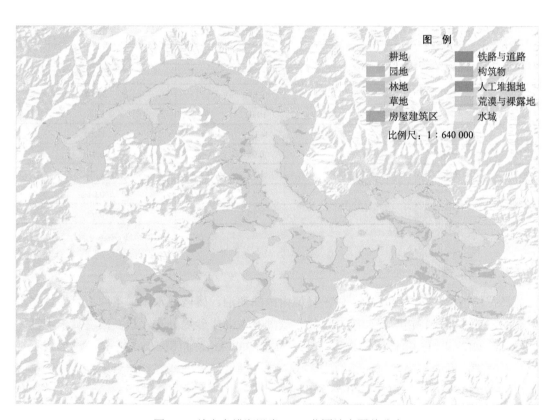

图 6-6　羊卓雍错湖沿岸 3 km 范围地表覆盖分布

6. 班公错

　　班公错又称错木昂拉仁波，是青藏高原西部的一座湖泊，位于西藏和克什米尔边境，中国和印度对该湖归属有争议，现中国控制该湖东部约 2/3，印度控制西部约 1/3。藏语

意为"长脖子天鹅"，有世界上海拔最高的鸟岛，位于阿里地区日土县城西北约 12 km
处，阿里地区和克什米尔交界处。湖的东段和西段一部分在中国境内，西端伸入克什
米尔。

在中国境内的湖泊面积为 512.73 km²。班公错呈东西走向，湖长约 155 km，南北
宽约 15 km，最窄处仅 50 m，平均水深 5 m，东部最大水深 41.3 m。湖水清澈，透明
度 3~4 m。

对班公错湖岸向陆地 3 km 缓冲范围内地表覆盖的分类面积进行数理统计，统计结
果见表 6-6，分布见图 6-7。从表 6-6 和图 6-7 可以看出，班公错湖岸向陆地 3km 缓冲范
围内分布有除园地外的 9 个地类。湖岸周边林草覆盖占 51.61%，主要类型为草地，占
50.12%，林地占 1.49%；湖周围荒漠化现象严重，荒漠与裸露地占 47.10%。

表 6-6　班公错湖岸向陆地 3 km 缓冲范围内地表覆盖分类面积

类型	面积/km²	构成比/%
耕地	0.02	0.00
园地	—	—
林地	14.11	1.49
草地	473.86	50.12
水域	10.02	1.06
荒漠与裸露地	445.30	47.10
房屋建筑区	0.06	0.01
铁路与道路	1.77	0.19
构筑物	0.12	0.01
人工堆掘地	0.19	0.02

7. 昂拉仁错

昂拉仁错，又称昂拉陵湖。仲巴县境内内陆湖泊，属微咸水湖。第四纪时期，与东
西侧的仁青休布错、错呐错属统一水体。滨湖有古湖岸砂堤分布，最高砂堤高出现湖面
165.0 m。水位 4 715.00 m，长 56.6 km，最大宽 9.07 km，面积 505.53 km²。湖形极不规
则，多岬湾，湖中多岛屿，面积约为 32.0 km²。湖区属羌塘高寒草原半干旱气候，年降
水量 150~200 mm，年均气温 0.0~2.0℃。

对昂拉仁错湖岸向陆地 3 km 缓冲范围内地表覆盖的分类面积进行数理统计，统计
结果见表 6-7，分布见图 6-8。从表 6-7 和图 6-8 可以看出，昂拉仁错湖岸向陆地 3 km 缓
冲范围内分布有除耕地、园地、人工堆掘地外的 7 个地类。湖岸周边林草覆盖度占 82.99%，
主要类型为草地，占 79.63%，林地占 3.36%；湖周围荒漠化现象比较突出，荒漠与裸露
地占 16.19%。

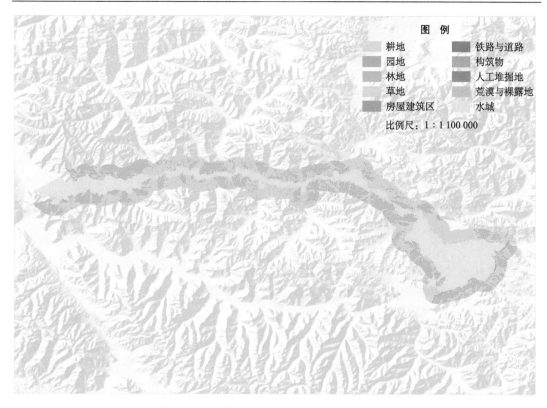

图 6-7　班公错湖沿岸 3 km 范围地表覆盖分布

表 6-7　昂拉仁错湖岸向陆地 3 km 缓冲范围内地表覆盖分类面积

类型	面积/km²	构成比/%
耕地	—	—
园地	—	—
林地	17.79	3.36
草地	421.61	79.63
水域	3.99	0.75
荒漠与裸露地	85.73	16.19
房屋建筑区	0.01	0.00
铁路与道路	0.28	0.05
构筑物	0.03	0.01
人工堆掘地	—	—

8. 塔若错

塔若错位于西藏自治区日喀则地区仲巴县境内，冈底斯山脉北麓山间盆地内，盆地外围高山环绕；滨湖南部的隆那藏布和布多藏布入湖口发育三角洲地貌；东部有 1 条古湖岸砂堤，长 2.3 km，高出现湖面 34.0 m；长轴呈东西向延伸，湖面海拔 4 566 m，面积 489.41 km²。

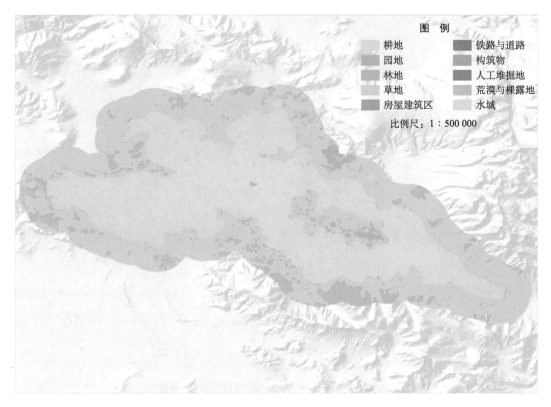

图 6-8　昂拉仁错湖沿岸 3 km 范围地表覆盖分布

地处仲巴县北部，湖区属羌塘高寒草原半干旱气候，年均气温 0.0～2.0 ℃，年降水量 200 mm 左右。湖水主要依赖冰雪融水径流补给，入湖河流 19 条，其中布多藏布最大，长 176.0 km；出流经东北部长约 1 km 的地下河后入独曲，转注脚布曲，最后流入扎布耶茶卡。湖水 pH 为 8.7，属碳酸盐亚型淡水湖。

对塔若错湖岸向陆地 3 km 缓冲范围内地表覆盖的分类面积进行数理统计，统计结果见表 6-8，分布见图 6-9。从表 6-8 和图 6-9 可以看出，塔若错湖岸向陆地 3km 缓冲范围内分布有除耕地、园地外的 8 个地类。湖岸周边林草覆盖占 88.03%，主要类型为草地，占 64.84%，林地占 23.19%；湖周围荒漠化现象比较突出，荒漠与裸露地占 11.41%。

表 6-8　塔若错湖岸向陆地 3 km 缓冲范围内地表覆盖分类面积

类型	面积/km²	构成比/%
耕地	—	—
园地	—	—
林地	80.71	23.19

续表

类型	面积/km²	构成比/%
草地	225.67	64.84
水域	0.95	0.27
荒漠与裸露地	39.70	11.41
房屋建筑区	0.17	0.05
铁路与道路	0.66	0.19
构筑物	0.07	0.02
人工堆掘地	0.09	0.03

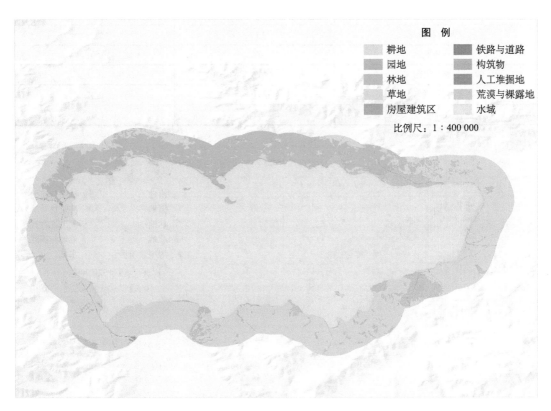

图 6-9　塔若错湖沿岸 3 km 范围地表覆盖分布

9. 格仁错

又名加仁错，跨申扎、尼玛两县，位于冈底斯山北坡断陷盆地内。湖面海拔 4 650 m，面积 479.24 km²。湖泊形状呈东南-西北走向的长条状。湖水主要依靠东南岸入湖的申扎臧布和西南岸入湖的巴汝臧布补给，湖水经西北部的加虾臧布注入孜桂错。湖区属高寒草原半干旱气候，年均降水量 200～300 mm，年均气温 0℃。

对格仁错湖岸向陆地 3km 缓冲范围内地表覆盖的分类面积进行数理统计，统计结果见表 6-9，分布见图 6-10。从表 6-9 和图 6-10 可以看出，格仁错湖岸向陆地 3 km 缓冲范围内分布有除耕地、园地、林地外的 7 个地类。湖岸周边草地覆盖度高，占 95.30%；湖周围存在荒漠化现象，荒漠与裸露地占 3.31%。

表 6-9　格仁错湖岸向陆地 3 km 缓冲范围内地表覆盖分类面积

类型	面积/km^2	构成比/%
耕地	—	—
园地	—	—
林地	—	—
草地	446.62	95.30
水域	5.41	1.15
荒漠与裸露地	15.52	3.31
房屋建筑区	0.05	0.01
铁路与道路	0.97	0.21
构筑物	0.08	0.02
人工堆掘地	0.00	0.00

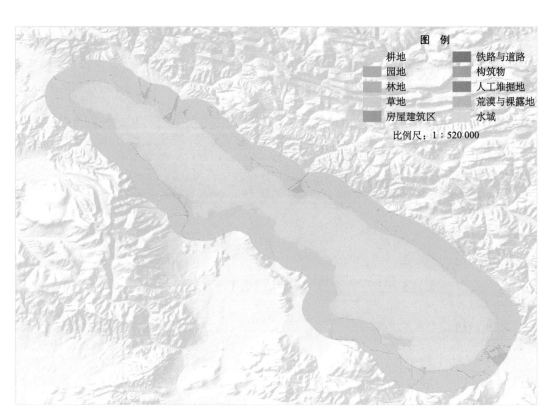

图 6-10　格仁错湖沿岸 3 km 范围地表覆盖分布

10. 昂孜错

昂孜错，位于拉萨西北 460 km，尼玛县南部，因其在昂孜山北麓而得名。海拔 4 535 m，面积 468.19 km²，是一个大型咸水湖。

昂孜错形状呈长靴状，滨湖为冲积和洪积扇砂砾地，河口地区为沼泽和盐碱地。湖区年平均气温–2～0 ℃，湖水主要依赖湖面降水和地表径流补给，主要入湖河流 22 条，其中较大的有西、西南岸入湖的达扎藏布、江子藏布、格马藏布、曲均河；南、西岸入湖的叶达；北、东北岸入湖的滴母曲卡、故示嘎、曲俊、甲堆曲刚。

对昂孜错湖岸向陆地 3 km 缓冲范围内地表覆盖的分类面积进行数理统计，统计结果见表 6-10，分布见图 6-11。从表 6-10 和图 6-11 可以看出，昂孜错湖岸向陆地 3 km 缓冲范围内分布有除耕地、园地、林地、人工堆掘地外的 6 个地类。湖岸周边草地覆盖度高，占 94.80%；湖周围存在荒漠化现象，荒漠与裸露地占 2.89%。

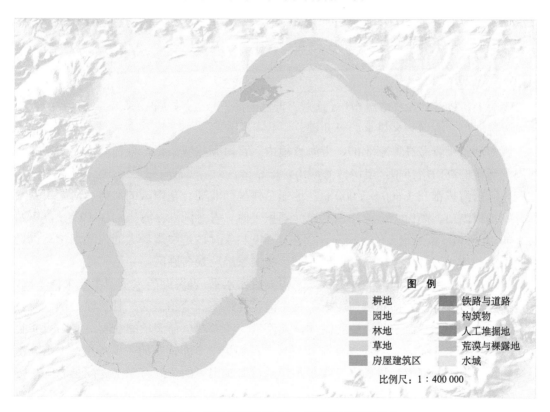

图 6-11　昂孜错湖沿岸 3 km 范围地表覆盖分布

表 6-10　昂孜错湖岸向陆地 3 km 缓冲范围内地表覆盖分类面积

类型	面积/km²	构成比/%
耕地	—	—
园地	—	—

续表

类型	面积/km²	构成比/%
林地	—	—
草地	345.95	94.80
水域	7.19	1.97
荒漠与裸露地	10.55	2.89
房屋建筑区	0.07	0.02
铁路与道路	1.13	0.31
构筑物	0.04	0.01
人工堆掘地		

6.1.2　青海省的 10 个湖泊

选取了位于青海省的青海湖、鄂陵湖、乌兰乌拉湖、哈拉湖、扎陵湖、西金乌兰湖、东达布逊湖、可可西里湖、卓乃湖、库赛湖等 10 个湖泊。

1. 青海湖

青海湖，藏语名为"措温布"（意为"青色的海"），古称"西海"，又称"鲜水"、"卑禾羌海"，青海之名最早始于北魏。

青海湖位于青藏高原东北部、青海省境内。青海湖状似梨形，处在高原山间盆地，四周为巍巍的高山所怀抱，南傍青海南山，东靠日月山，西临阿尼尼可山，北依大通山，这四座大山海拔都在 3 600～5 000 m。地形总体呈西北高、东南低的形势，从高山到湖面分别是极高山、高山、山前冲积平原、湖积平原。青海湖湖面海拔约 3 193 m，东西最长约 104 km，南北最宽约 62 km，面积 4 549.13 km²，是中国最大的内陆湖泊，也是中国最大的咸水湖，属于国家级自然保护区和国家级风景名胜区。

青海湖周围有大小河流 40 余条，均属内陆封闭水系，青海湖的水资源主要来源于此，其中主要河流有 7 条，即布哈河、巴哈乌兰河、沙柳河、哈尔盖河、甘子河、倒淌河及黑马河，一年四季长流不断地注入湖体，其流量约占入湖总径流量的 95%。其中以布哈河最大，长约 300 km，是青海湖裸鲤(湟鱼)在夏初集中产卵繁殖的主要场所。由于湖水下降，湖面退缩，青海湖呈现出一大多小，从青海湖出来的子湖有尕海、新朵海、海晏湾、洱海 4 个子湖。

青海湖是维系青藏高原东北部生态安全的重要水体，是阻挡西部荒漠化向东蔓延的天然屏障，同时也是青海湖周边及更广大地区的气候调节器。青海湖特殊的地理环境与气候条件，造就了青海湖丰富的生物多样性与独特的生态系统，青海湖属于高原内陆湿地生态系统类型。现已查明湖区内有共有鸟类 189 种、兽类 41 种、两栖爬行类 5 种、鱼类 8 种。其中国家一级保护动物 8 种，二级保护动物 29 种；属于《濒危野生动植物种国际贸易公约》的有 38 种；属于中日保护候鸟协定的有 50 种，中澳保护候鸟协定的有 24

种。相对滞后的开发与较好的保护使青海湖丰富的生物多样性与独特的生态系统得以较好的保存与延续。

对青海湖湖岸向陆地 3 km 缓冲范围内地表覆盖的分类面积进行数理统计，统计结果见表 6-11，分布见图 6-12。从表 6-11 和图 6-12 可以看出，青海湖湖岸向陆地 3km 缓冲范围内 10 类地表覆盖都有分布。湖岸周边林草覆盖度高，占 80.30%，主要类型为草地，占 77.14%，林地仅占 3.16%；湖周围存在开垦种植现象，耕地占 5.61%，园地占 0.29%；湖周围存在荒漠化现象，荒漠与裸露地占 11.00%，主要分布在湖的东部、南部。

表 6-11　青海湖湖岸向陆地 3 km 缓冲范围内地表覆盖分类面积

类型	面积/km²	构成比/%
耕地	59.47	5.61
园地	3.08	0.29
林地	33.53	3.16
草地	818.27	77.14
水域	16.71	1.58
荒漠与裸露地	116.67	11.00
房屋建筑区	2.38	0.22
铁路与道路	6.96	0.66
构筑物	3.14	0.30
人工堆掘地	0.49	0.05

2. 鄂陵湖

鄂陵湖，黄河上游的大型高原淡水湖，又称鄂灵海，古称柏海，藏语称"错鄂朗"，意为"蓝色长湖"，位于中国青海省玛多县西部的凹地内，西距扎陵湖 15 km，与扎陵湖并称为"黄河源头的姊妹湖"。现在，扎陵湖与鄂陵湖地区已成为青海省重要的牧业基地和渔业生产基地，也是鸬鹚、雁鸭类(包括斑头雁和赤麻鸭)和鸥类(棕头鸥和渔鸥)的重要繁殖地。

鄂陵湖形如金钟，湖面海拔约 4 272 m，南北长约 32.3 km，东西宽约 31.6 km，湖面面积 670.23 km。

鄂陵湖地势高寒，潮湿，湖区多年平均气温-4℃，是青海省高寒地区之一。黄河自西南流入，东北流出，因进泥沙较少，湖水呈青蓝色，水色极为清澈，天晴日丽时，天上的云彩，周围的山岭，倒映在水中，清晰可见，因此被称为"蓝色的长湖"，历史上是松赞干布迎娶文成公主的地方。

湖心小岛候鸟群集，栖息着大雁、棕颈鸥、鱼鸥、青麻鸭等多种候鸟，目前这个岛屿仍保持着原始的生态环境，是研究候鸟生态的理想之地。鄂陵湖栖息鱼类有花斑裸鲤、极边扁咽齿鱼、骨唇黄河鱼、厚唇重唇鱼和一些条鳅等，鱼类区系组成比较单纯，考察所见的鱼类仅有 9 种，由于鱼类长期处于自生自灭状态，不仅鱼群的密度大，且不惧人。

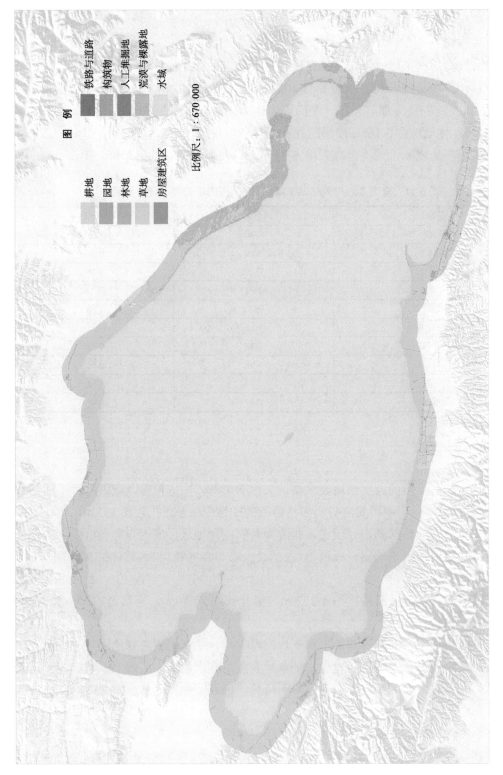

图 6-12　青海湖沿岸 3km 范围地表覆盖分布

湖区常见白唇鹿、黄羊活动。湖岸上，旱獭和高原鼠兔大小洞穴比比皆是。湖中水生植物仅在湖湾浅水处见有细叶水毛茛、孤尾藻、荇菜、篦齿眼子菜等。

对鄂陵湖湖岸向陆地 3 km 缓冲范围内地表覆盖的分类面积进行数理统计，统计结果见表 6-12，分布见图 6-13。从表 6-12 和图 6-13 可以看出，鄂陵湖湖岸向陆地 3 km 缓冲范围内分布有除耕地、园地、林地外的 7 个地类。其中主要类型为草地，占 94.62%。

表 6-12　鄂陵湖湖岸向陆地 3 km 缓冲范围内地表覆盖分类面积

类型	面积/km²	构成比/%
耕地	—	—
园地	—	—
林地	—	—
草地	420.33	94.62
水域	21.62	4.87
荒漠与裸露地	1.43	0.32
房屋建筑区	0.06	0.01
铁路与道路	0.67	0.15
构筑物	0.09	0.02
人工堆掘地	0.05	0.01

图 6-13　鄂陵湖沿岸 3 km 范围地表覆盖分布

3. 乌兰乌拉湖

乌兰乌拉湖位于中国青海省格尔木市附区唐古拉山镇的北部，北方是治多县西部工委管辖区（北麓河乡），面积约为 652.85 km²。

乌兰乌拉湖是羌塘盆地北缘的一个大型咸水湖，该湖有深锯齿状的湖岸及几个大的岛屿，由北、西、东三个湖以环状排列而成，北湖狭长，东、西湖面积相当，海拔 4 900～5 300 m。乌兰乌拉湖周边补给水系的水源有高山冰帽冰川消融水和中-新生代碎屑岩系的泉线涌水，其南面分布有等马河，其西南面分布有跑牛河、熊鱼河，其西面分布有天水河等，其东面尚有一些季节性河流。季节性补给水量对湖流及湖水更替周期有一定影响。

乌兰乌拉湖处于可可西里自然保护区核心区的南部，在长江保护区的西南部，东方是乌兰乌拉山。乌兰乌拉湖水温低，冰封期达 6 个月；湖中鱼类很丰富，鲤科的裂腹鱼是最常见的优势种，这些鱼不仅在漫长的冬季在洞里休眠，而且在夏天的部分时期也休眠以躲避白天强烈的太阳辐射和晚上的低温。

对乌兰乌拉湖湖岸向陆地 3 km 缓冲范围内地表覆盖的分类面积进行数理统计，统计结果见表 6-13，分布见图 6-14。从表 6-13 和图 6-14 可以看出，乌兰乌拉湖湖岸向陆地 3 km 缓冲范围内分布有除耕地、园地、林地、铁路与道路、构筑物、人工堆掘地外的 4 个地类。其中主要类型为草地，占 95.12%；湖周围存在荒漠化现象，荒漠与裸露地占 2.47%。

表 6-13　乌兰乌拉湖湖岸向陆地 3 km 缓冲范围内地表覆盖分类面积

类型	面积/km²	构成比/%
耕地	—	—
园地	—	—
林地	—	—
草地	623.55	95.12
水域	15.83	2.42
荒漠与裸露地	16.18	2.47
房屋建筑区	0.00	0.00
铁路与道路	—	—
构筑物	—	—
人工堆掘地	—	—

4. 哈拉湖

哈拉湖蒙古语（哈拉淖尔）意为黑色的湖，有人用"地球上一滴泪"来形容它的纯净与美丽，被誉为"青海天湖"，为高原咸水湖，海拔 4 078 m，面积 619.38 km²。哈拉湖距青海省海西蒙古族藏族自治州首府德令哈市直线距离仅 200 km，这块湿地分布着大大小小数十个湖泡，常年蓄水，属浅水小型湖泡，大面积为沼泽地。湖水主要依赖地表径流和冰川融水径流补给，入湖河流 20 余条。

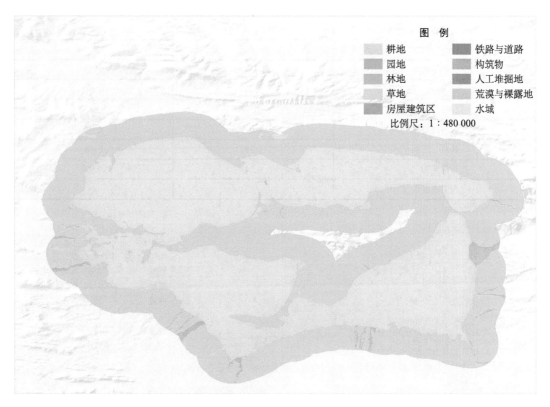

图 6-14　乌兰乌拉湖沿岸 3 km 范围地表覆盖分布

哈拉湖有高等植物 400 余种，主要植被为芨芨草、猪毛蒿、阿尔泰针茅、冰草、木本猪毛菜、里海盐爪爪和牛漆姑草的高原草甸植物。动物资源极为丰富，有无脊椎动物 500 余种，脊椎动物 339 种，其中鱼类 53 种(特别是大种群湟鱼)，两栖类 6 种，爬行类 8 种，鸟类 242 种，兽类 30 种。鸟类中有国家一级保护鸟类 7 种、国家二级保护鸟类 35 种，省级重点保护鸟类 50 种，也是雁鸭类、鹬类和鸥类的重要繁殖地，这块湿地当时被认为是我国北方保留最完整、最原始的湿地生态系统，集自然性、典型性、稀有性、多样性于一体。

对哈拉湖湖岸向陆地 3km 缓冲范围内地表覆盖的分类面积进行数理统计，统计结果见表 6-14，分布见图 6-15。从表 6-14 和图 6-15 可以看出，哈拉湖湖岸向陆地 3 km 缓冲范围内分布有除耕地、园地、林地、人工堆掘地外的 6 个地类。其中主要类型为草地，占 93.35%；湖周围存在荒漠化现象，荒漠与裸露地占 4.78%。

表 6-14　哈拉湖湖岸向陆地 3 km 缓冲范围内地表覆盖分类面积

类型	面积/km²	构成比/%
耕地	—	—
园地	—	—
林地	—	—
草地	312.73	93.35
水域	5.40	1.61
荒漠与裸露地	16.03	4.78
房屋建筑区	0.01	0.00
铁路与道路	0.59	0.18
构筑物	0.24	0.07
人工堆掘地	—	—

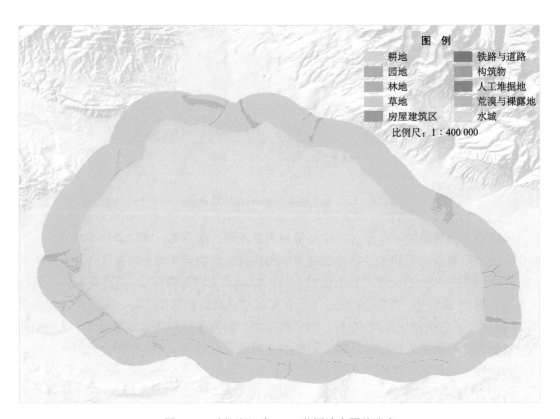

图 6-15　哈拉湖沿岸 3 km 范围地表覆盖分布

5. 扎陵湖

又称"查灵海"。藏语意为白色长湖。位于青海高原玛多县西部构造凹地内，居鄂陵湖西侧，与鄂陵湖由一天然堤相隔，形似蝴蝶。扎陵湖呈不对称的菱形，东西长，南北窄，东西长 35 km，南北宽 21.6 km，湖面海拔 4 294 m，面积 534.38 km²。扎陵湖与鄂陵湖同为黄河上游最大的一对淡水湖，素有"黄河源头姊妹湖"之称。

湖区多年平均气温-4℃，是青海省高寒地区之一，冬季漫长而寒冷。入湖不远处，有 3 个面积 1～2 km² 的小岛，岛上栖息着大量水鸟，所以又称"鸟岛"，这里的鸟大都是候鸟，每年春天，数以万计的大雁、鱼鸥等鸟类从印度半岛飞到这里繁衍生息。这里是黄河源区重要湿地，同时也是高原多种珍稀鱼类和水禽的理想栖息场所，湖区沼泽和环湖半岛及水域是鸥类、雁鸭类和黑颈鹤等涉水禽的重要栖息地。扎陵湖湖区鱼类区系组成比较单纯，考察所见的鱼类仅有 9 种。

对扎陵湖湖岸向陆地 3 km 缓冲范围内地表覆盖的分类面积进行数理统计，统计结果见表 6-15，分布见图 6-16。从表 6-15 和图 6-16 可以看出，扎陵湖湖岸向陆地 3 km 缓冲范围内分布有除耕地、园地外的 8 个地类，其中主要类型为草地，占 90.63%。

表 6-15　扎陵湖湖岸向陆地 3 km 米缓冲范围内地表覆盖分类面积

类型	面积/km²	构成比/%
耕地	—	—
园地	—	—
林地	0.27	0.08
草地	324.69	90.63
水域	31.06	8.67
荒漠与裸露地	1.94	0.54
房屋建筑区	0.01	0.00
铁路与道路	0.27	0.08
构筑物	0.02	0.01
人工堆掘地	0.02	0.01

6. 西金乌兰湖

西金乌兰湖，也叫强错，位于青海省玉树藏族自治州治多县北麓河乡西部；湖区周围是沼泽草原和荒漠丘间沙地。西金乌兰湖东西长 53 km，宽 6 km，最宽 16 km，湖面海拔 4 769 m，湖水面积 439.54 km²。湖南岸平直，北岸凹凸不平，湖湾发育。近期湖盆明显收缩，湖周边残留 20 多个约 1 km² 的小盐湖或干盐湖。

西金乌兰湖湖水矿化度 356.7g/L，相对密度 1.164。pH 为 7.13，水化学类型为硫酸盐型硫酸镁亚型。固体盐类沉积有石盐、石膏、芒硝、无水芒硝等，碎屑层沉积中有方解石等碳酸盐矿物。

对西金乌兰湖湖岸向陆地 3 km 缓冲范围内地表覆盖的分类面积进行数理统计，统计结果见表 6-16，分布见图 6-17。从表 6-16 和图 6-17 可以看出，西金乌兰湖湖岸向陆地 3 km 缓冲范围内仅分布有草地、荒漠与裸露地、水域 3 个地类。其中主要类型为草地，占 88.08%；湖周围存在荒漠化现象，荒漠与裸露地占 6.25%。

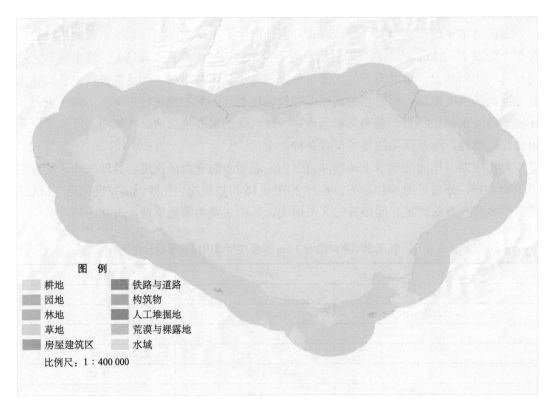

图 6-16　扎陵湖沿岸 3 km 范围地表覆盖分布

表 6-16　西金乌兰湖湖岸向陆地 3 km 缓冲范围内地表覆盖分类面积

类型	面积/km²	构成比/%
耕地	—	—
园地	—	—
林地	—	—
草地	466.89	88.08
水域	30.07	5.67
荒漠与裸露地	33.11	6.25
房屋建筑区	—	—
铁路与道路	—	—
构筑物	—	—
人工堆掘地	—	—

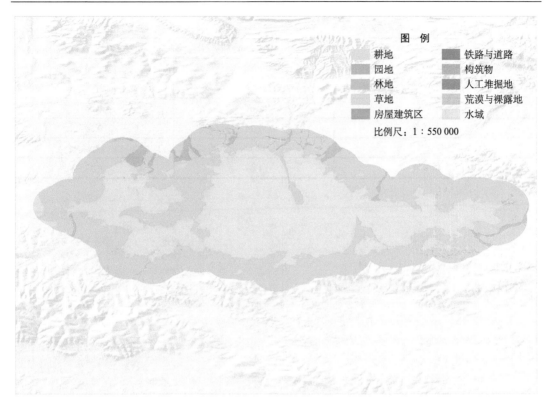

图 6-17　西金乌兰湖沿岸 3 km 范围地表覆盖分布

7. 东达布逊湖

又名达布逊湖，蒙古语意为"盐湖"。在青海省偏东部，柴达木盆地中部，格尔木市东南，锡铁山西北麓。属于察尔汗盐湖，海拔 2 674 m，呈半月形，南北长约 40 km，东西最大宽度 12 km，面积 342.8 km²。西有格尔木河等河流汇入，湖周沼泽广布，水草丰满，青藏公路经其西南侧，为著名盐湖。

对东达布逊湖湖岸向陆地 3 km 缓冲范围内地表覆盖的分类面积进行数理统计，统计结果见表 6-17，分布见图 6-18。从表 6-17 和图 6-18 可以看出，东达布逊湖湖岸向陆地 3 km 缓冲范围内分布有除耕地、园地、林地、草地外的 6 个地类。其中主要类型为荒漠与裸露地，占 71.40%；其次为构筑物，占 18.97%，主要分布在东南部。

表 6-17　东达布逊湖湖岸向陆地 3 km 缓冲范围内地表覆盖分类面积

类型	面积/km²	构成比/%
耕地	—	—
园地	—	—
林地	—	—
草地	—	—

类型	面积/km²	构成比/%
水域	30.91	8.80
荒漠与裸露地	250.84	71.40
房屋建筑区	0.01	0.00
铁路与道路	1.24	0.35
构筑物	66.64	18.97
人工堆掘地	1.67	0.47

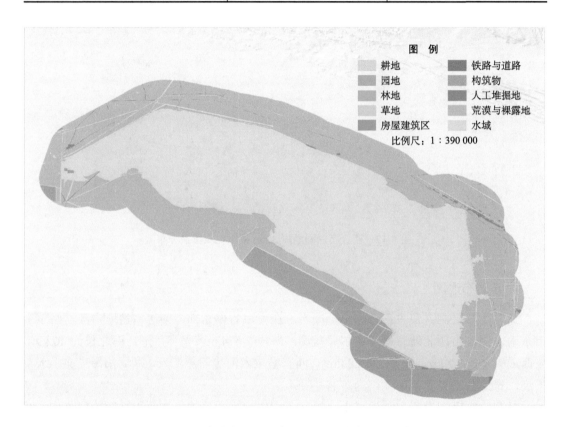

图 6-18 　 东达布逊湖沿岸 3 km 范围地表覆盖分布

8. 可可西里湖

可可西里湖是可可西里山北方的一个较大的湖,位于青海省玉树藏族自治州治多县西部的五道梁乡的西部,面积 345.43 km²,属高寒冻土地带的寒冷气候,湖区附近是荒漠沼泽草原地带。

湖水主要依赖冰川融水径流补给,入湖河流 2 条,冷水河最大,源于可可西里汉台山;次为无名时令河,源于马兰雪山。属硫酸钠亚型微咸水湖。

对可可西里湖湖岸向陆地 3 km 缓冲范围内地表覆盖的分类面积进行数理统计,统计结果见表 6-18，分布见图 6-19。从表 6-18 和图 6-19 可以看出，可可西里湖湖岸向陆地 3 km 缓冲范围内仅分布有草地、荒漠与裸露地、水域 3 个地类。其中主要类型为草地，占 92.95%；湖周围存在荒漠化现象，荒漠与裸露地占 6.05%。

表 6-18　可可西里湖湖岸向陆地 3 km 缓冲范围内地表覆盖分类面积

类型	面积/km²	构成比/%
耕地	—	—
园地	—	—
林地	—	—
草地	353.05	92.95
水域	3.80	1.00
荒漠与裸露地	23.00	6.05
房屋建筑区	—	—
铁路与道路	—	—
构筑物	—	—
人工堆掘地	—	—

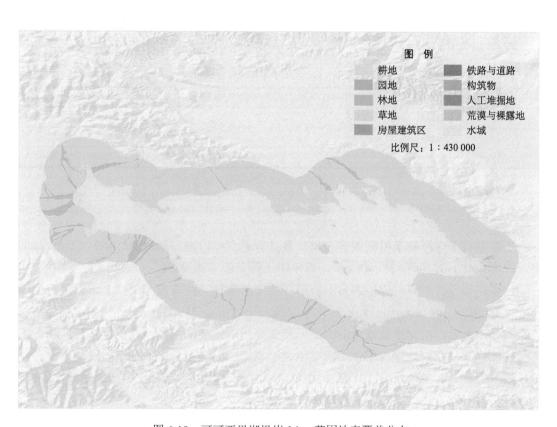

图 6-19　可可西里湖沿岸 3 km 范围地表覆盖分布

9. 卓乃湖

又名霍鲁诺尔。卓乃湖是一个音译过来的地名，藏族同胞把藏羚羊叫：Zu，卓乃湖就是藏羚羊聚集的地方。卓乃湖位于可可西里国家级自然保护区境内，是国家一级保护动物藏羚羊每年 6～7 月集中产仔的主要地区，素有"藏羚羊大产房"之称。

卓乃湖海拔近 5 000 m，属于高原气候，气候严寒，最低气温达零下 41℃，风大地湿，8 级以上大风日数每年 200 天以上。面积 263.68 km²。

对卓乃湖湖岸向陆地 3 km 缓冲范围内地表覆盖的分类面积进行数理统计，统计结果见表 6-19，分布见图 6-20。从表 6-19 和图 6-20 可以看出，卓乃湖湖岸向陆地 3 km 缓冲范围内仅分布有草地、荒漠与裸露地、水域 3 个地类。其中主要类型为草地，占 95.44%；湖周围存在荒漠化现象，荒漠与裸露地占 3.75%。

表 6-19　卓乃湖湖岸向陆地 3 km 缓冲范围内地表覆盖分类面积

类型	面积/km²	构成比/%
耕地	—	—
园地	—	—
林地	—	—
草地	253.81	95.44
水域	2.16	0.81
荒漠与裸露地	9.97	3.75
房屋建筑区	—	—
铁路与道路	—	—
构筑物	—	—
人工堆掘地	—	—

10. 库赛湖

库赛湖位于青海省玉树藏族自治州治多县五道乡境内，是青藏高原内陆一个盐水湖，湖面海拔 4 470 m，面积 338.42 km²，湖区附近是荒漠草原地带。

库赛湖接受大气降水和地表河水补给，主要常年性河流有发源于昆仑山南坡五雪峰（5 577 m）和大雪峰（5 863 m）的库赛河，河流长 120 km，从湖泊西南角注入库赛湖中。库赛湖湖水丰富，矿化度偏低，但在干旱季节湖湾附近或盐湖岸边有少量石盐沉积。

对库赛湖湖岸向陆地 3 km 缓冲范围内地表覆盖的分类面积进行数理统计，统计结果见表 6-20，分布见图 6-21。从表 6-20 和图 6-21 可以看出，库赛湖湖岸向陆地 3 km 缓冲范围内仅分布有草地、荒漠与裸露地、水域 3 个地类。其中主要类型为草地，占 91.17%；湖周围存在荒漠化现象，荒漠与裸露地占 7.15%。

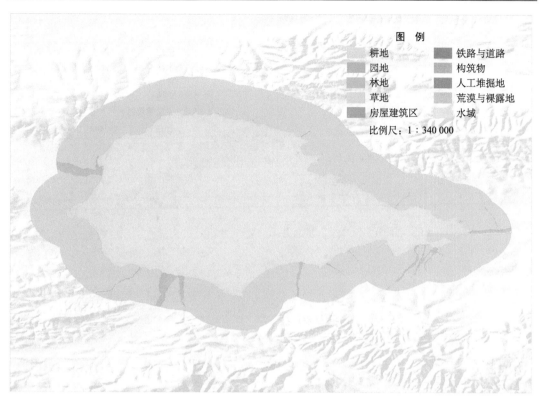

图 6-20　卓乃湖沿岸 3 km 范围地表覆盖分布

表 6-20　库赛湖湖岸向陆地 3 km 缓冲范围内地表覆盖分类面积

类型	面积/km²	构成比/%
耕地	—	—
园地	—	—
林地	—	—
草地	435.07	91.17
水域	8.00	1.68
荒漠与裸露地	34.13	7.15
房屋建筑区	—	—
铁路与道路	—	—
构筑物	—	—
人工堆掘地	—	—

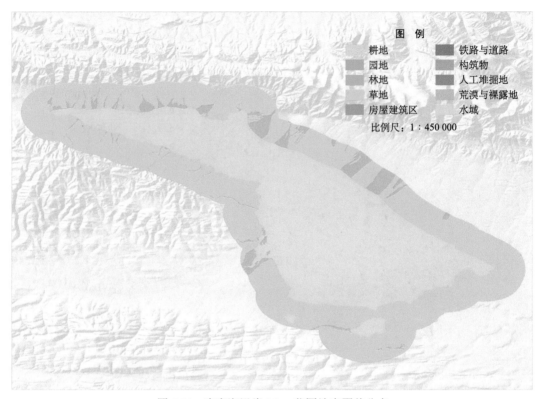

图 6-21　库赛湖沿岸 3 km 范围地表覆盖分布

6.2　蒙新高原湖区的 28 个湖泊

6.2.1　内蒙古自治区的 10 个湖泊

选取了位于内蒙古自治区的呼伦湖、贝尔湖、乌梁素海、达里诺尔湖、哈达乃浩来、乌兰盖戈壁、岱海、察汗淖、东居延海、黄旗海等 10 个湖泊。

1. 呼伦湖

呼伦湖又名呼伦池、达赉湖、达赉诺尔，与贝尔湖互为姊妹湖。呼伦为突厥语，意为海；北齐称大泽，唐称俱伦泊，元称阔夷海子，清称库木樗湖；达赉诺尔是蒙语，意为"海一样的湖"。呼伦湖位于内蒙古自治区呼伦贝尔草原西部的新巴尔虎右旗、新巴尔虎左旗和扎赉诺尔区之间，呈不规则斜长方形，面积 2 149 km²，是内蒙古第一大湖、中国第五大湖、第四大淡水湖、亚洲中部干旱地区最大淡水湖，为构造成因的矿化度受环境影响较大的淡水湖。

呼伦湖地处呼伦贝尔大草原腹地，素有"草原明珠""草原之肾"之称，在区域生态环境保护中具有特殊地位，对维系呼伦贝尔大草原生物多样性和丰富动植物资源具有十分重要的作用。呼伦湖及其周边水系于 2002 年 1 月被列入《拉姆萨尔公约》国际重要湿地名录，同年 11 月被批准加入联合国教科文组织世界生物圈保护区网络。

对呼伦湖湖岸向陆地 3 km 缓冲范围内地表覆盖的分类面积进行数理统计,统计结果见表 6-21,分布见图 6-22。从表 6-21 和图 6-22 可以看出,呼伦湖湖岸向陆地 3km 缓冲范围内分布有除园地外的 9 类地类,主要类型为草地,占 96.25%,其次为林地,占 1.74%。

表 6-21 呼伦湖湖岸向陆地 3 km 缓冲范围内地表覆盖分类面积

类型	面积/km²	构成比/%
耕地	0.12	0.01
园地	—	—
林地	13.46	1.74
草地	744.88	96.25
水域	5.36	0.69
荒漠与裸露地	5.47	0.71
房屋建筑区	0.29	0.04
铁路与道路	3.11	0.40
构筑物	0.85	0.11
人工堆掘地	0.36	0.05

2. 贝尔湖

贝尔湖古称"捕鱼儿海""捕鱼儿-那兀儿",与呼伦湖为姊妹湖。位于呼伦贝尔草原的西南部边缘,是中蒙两国共有湖泊,中国部分位于呼伦贝尔市新巴尔虎右旗贝尔苏木境内。湖面呈椭圆形状,长 40 km,最大宽 20 km,面积约 600 km²,其中大部分在蒙古国境内,仅西北部 94.71 km² 为我国所有。

贝尔湖是哈拉哈河和乌尔逊河的吞吐湖,为淡水湖。湖水清澈,为沙砾湖床,是天然渔场,湖内盛产多种鱼类,湖周围为优良牧场。

对贝尔湖湖岸向陆地 3 km 缓冲范围内地表覆盖的分类面积进行数理统计,统计结果见表 6-22,分布见图 6-23。从表 6-22 和图 6-23 可以看出,贝尔湖湖岸向陆地 3 km 缓冲范围内分布有除耕地、园地、人工堆掘地外的 7 类地类,主要类型为草地,占 96.74%,其次为构筑物和道路,分别占 1.22%、1.07%。

3. 乌梁素海

乌梁素海系蒙语音译名,意为杨树湖。位于内蒙古巴彦淖尔乌拉特前旗,是黄河改道形成的河迹湖,也是全球荒漠半荒漠地区极为少见的大型草原湖泊。它是中国八大淡水湖之一。总面积 328.94 km²,素有"塞外明珠"之美誉;它是全球范围内干旱草原及荒漠地区极为少见的大型多功能湖泊,也是地球同一纬度最大的湿地。2002 年被国际湿地公约组织正式列入国际重要湿地名录,是深受国际社会关注的湿地系统生物多样性保护区,是内蒙古重要的芦苇产地。

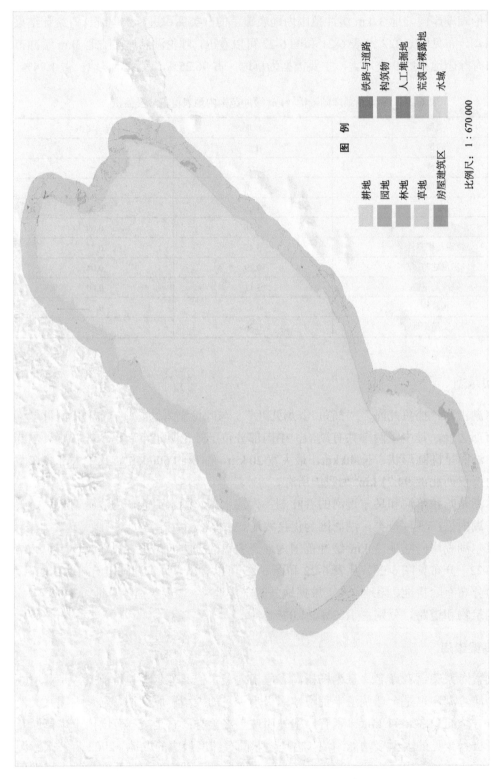

图例

耕地	铁路与道路
园地	构筑物
林地	人工堆掘地
草地	荒漠与裸露地
房屋建筑区	水域

比例尺：1∶670 000

图 6-22 呼伦湖沿岸 3 km 范围地表覆盖分布

表 6-22　贝尔湖湖岸向陆地 3 km 缓冲范围内地表覆盖分类面积

类型	面积/km²	构成比/%
耕地	—	—
园地	—	—
林地	0.02	0.02
草地	103.72	96.74
水域	0.52	0.48
荒漠与裸露地	0.44	0.41
房屋建筑区	0.06	0.05
铁路与道路	1.15	1.07
构筑物	1.31	1.22
人工堆掘地	—	—

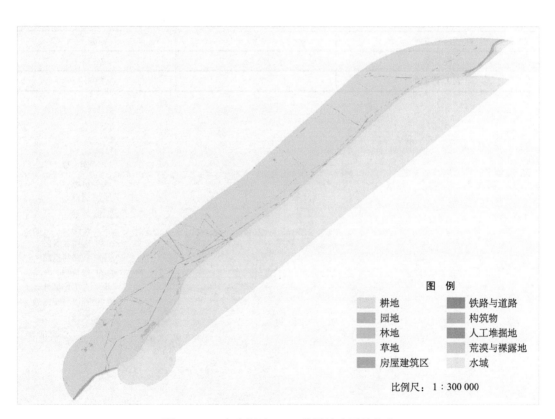

图 6-23　贝尔湖沿岸 3 km 范围地表覆盖分布

　　乌梁素海是河套灌区水利工程的重要组成部分，它接纳了河套地区 90%以上的农田排水，经过湖泊的生物生化作用后，排入黄河，起到改变水质、调控水量、控制河套地区盐碱化的作用。乌梁素海湿地生态系统对维护周边地区生态平衡起着相当重要的作用。

　　对乌梁素海湖岸向陆地 3 km 缓冲范围内地表覆盖的分类面积进行数理统计，统计结果见表 6-23，分布见图 6-24。从表 6-23 和图 6-24 可以看出，乌梁素海湖岸向陆地 3 km 缓冲范围内 10 个地类都有分布。湖岸周边耕地密布，耕地面积占比高达 64.72%，耕地围湖现象突出；人类活动较为密集，人工地表总面积占 7.43%，其中，房屋建筑区、铁路与道路、构筑物、人工堆掘地分别占 1.11%、1.04%、3.33%、1.95%。

表 6-23　乌梁素海湖岸向陆地 3 km 缓冲范围内地表覆盖分类面积

类型	面积/km²	构成比/%
耕地	242.75	64.72
园地	0.65	0.17
林地	45.00	12.00
草地	47.81	12.75
水域	7.74	2.06
荒漠与裸露地	3.30	0.88
房屋建筑区	4.16	1.11
铁路与道路	3.89	1.04
构筑物	12.49	3.33
人工堆掘地	7.31	1.95

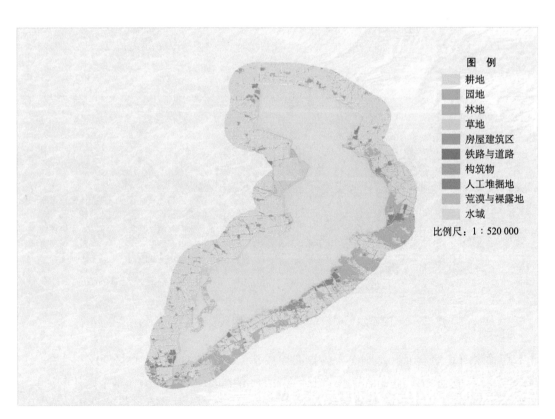

图 6-24　乌梁素海沿岸 3 km 范围地表覆盖分布

4. 达里诺尔湖

达里诺尔湖又称达里湖，是内蒙古地区四大名湖之一，内蒙古赤峰市最大的湖泊。位于内蒙古赤峰市克什克腾旗，分布着被风化的玄武岩或花岗岩，是低浓度盐水湖。达里诺尔湖湖周长百余千米，呈海马状，属高原内陆湖，湖水无外泄，面积 192.57 km^2。

1997 年，成为以保护珍稀鸟类及其赖以生存的湖泊、湿地、草原、林地等多样的生态系统为主的综合性国家级自然保护区。

对达里诺尔湖湖岸向陆地 3 km 缓冲范围内地表覆盖的分类面积进行数理统计，统计结果见表 6-24，分布见图 6-25。从表 6-24 和图 6-25 可以看出，达里诺尔湖湖岸向陆地 3 km 缓冲范围内分布有除耕地、园地、人工堆掘地外的 7 类地类，主要类型为草地和林地，分别占 69.42%、22.43%，靠近湖岸有荒漠与裸露地分布，占 6.71%，主要分布在湖的东部、北部和西部。

表 6-24　达里诺尔湖湖岸向陆地 3 km 缓冲范围内地表覆盖分类面积

类型	面积/km^2	构成比/%
耕地	—	—
园地	—	—
林地	49.80	22.43
草地	154.12	69.42
水域	0.24	0.11
荒漠与裸露地	14.89	6.71
房屋建筑区	0.86	0.39
铁路与道路	1.50	0.68
构筑物	0.60	0.27
人工堆掘地	—	—

5. 哈达乃浩来

哈达乃浩来又称新达赉诺尔、新达赉湖，位于内蒙古达赉湖渔场双山子分场东南新巴尔虎左旗吉布胡郎图苏木境内。由一条狭窄的水道与呼伦湖相连。历史最大湖泊面积 200 km^2（1999 年）。该湖 1962 年因呼伦湖水位上升导致东南岸决口而首次出现，后又因呼伦湖水位下降于 1979 年干涸。1984 年该湖重新出现，水位逐渐上升，面积不断扩大。目前整个湖区水面辽阔，面积 166.88 km^2，芦苇丛生，已成为鱼类的生息繁衍之地和鸟类乐园。哈达乃浩来的重新出现是因呼伦湖水位上升与海拉尔河水位相同，致使湖水不能外溢进入海拉尔河，而循 1962 年的故道重新流入东北角低洼盆地，由此形成了现在的湖泊。

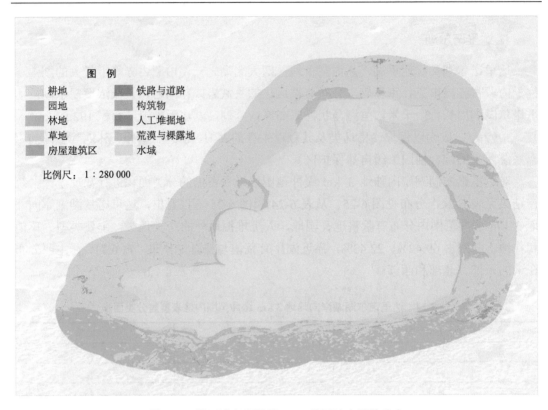

图 6-25   达里诺尔湖沿岸 3 km 范围地表覆盖分布

对哈达乃浩来湖湖岸向陆地 3 km 缓冲范围内地表覆盖的分类面积进行数理统计，统计结果见表 6-25，分布见图 6-26。从表 6-25 和图 6-26 可以看出，哈达乃浩来湖湖岸向陆地 3 km 缓冲范围内分布有除园地、人工堆掘地、荒漠与裸露地外的 7 类地类，主要类型为草地，占 98.72%。

表 6-25   哈达乃浩来湖湖岸向陆地 3 km 缓冲范围内地表覆盖分类面积

类型	面积/km²	构成比/%
耕地	0.00	0.00
园地	—	—
林地	1.09	0.52
草地	206.17	98.72
水域	0.72	0.35
荒漠与裸露地	—	—
房屋建筑区	0.04	0.02
铁路与道路	0.76	0.36
构筑物	0.06	0.03
人工堆掘地	—	—

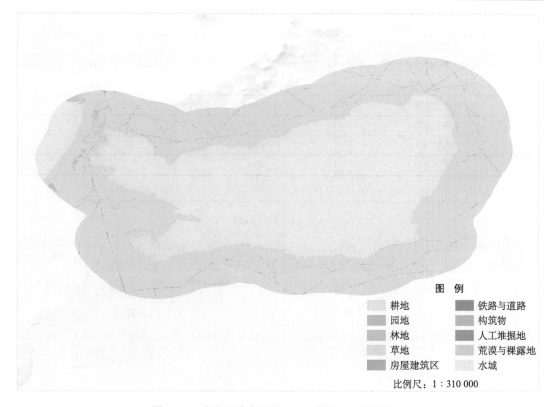

图 6-26　哈达乃浩米沿岸 3 km 范围地表覆盖分布

6. 乌兰盖戈壁

乌兰盖戈壁又名乌拉盖高壁，是内蒙古高原东北部的集水湖泊，坐落于东乌珠穆沁旗东南部的一个盆地内部，属于内流区咸水湖，面积 114.29 km²，湖泊西南部有一个岛屿。乌兰盖戈壁水系有乌拉盖尔河、布尔嘎斯台郭勒、彦吉嘎高勒、高日罕高勒、巴拉嘎尔郭勒、伊和吉林郭勒，湖泊周围风景秀丽，堪称草原明珠。

对乌兰盖戈壁湖岸向陆地 3 km 缓冲范围内地表覆盖的分类面积进行数理统计，统计结果见表 6-26，分布见图 6-27。从表 6-26 和图 6-27 可以看出，乌兰盖戈壁湖岸向陆地 3 km 缓冲范围内分布有除耕地、园地、林地外的 7 类地类，主要类型为草地，占 84.55%；荒漠与裸露地面积占比较高，占 14.42%，主要分布于湖岸周围的东部、南部。

表 6-26　乌兰盖戈壁湖岸向陆地 3 km 缓冲范围内地表覆盖分类面积

类型	面积/km²	构成比/%
耕地	—	—
园地	—	—
林地	—	—
草地	275.44	84.55

类型	面积/km²	构成比/%
水域	1.88	0.58
荒漠与裸露地	46.98	14.42
房屋建筑区	0.06	0.02
铁路与道路	0.88	0.27
构筑物	0.05	0.02
人工堆掘地	0.49	0.15

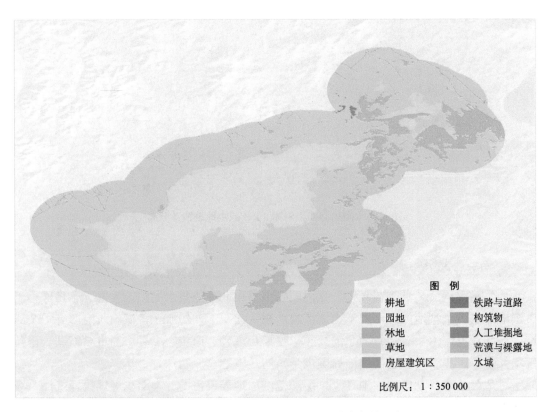

图 例	
耕地	铁路与道路
园地	构筑物
林地	人工堆掘地
草地	荒漠与裸露地
房屋建筑区	水域

比例尺：1∶350 000

图 6-27　乌兰盖戈壁沿岸 3 km 范围地表覆盖分布

7. 岱海

古文"代"与"岱"同音,西汉初年属代国,故名岱海。在乌兰察布市凉城县东约 3 km。属于典型的内陆咸水湖泊,系全区闻名的四大水产基地之一,其水源由周围 20 多条河流和中层地下水汇聚而成。岱海形状呈长椭圆形,为南西西—北东东走向,面积 84.44 km²。

对岱海湖岸向陆地 3 km 缓冲范围内地表覆盖的分类面积进行数理统计,统计结果见表 6-27,分布见图 6-28。从表 6-27 和图 6-28 可以看出,岱海湖岸向陆地 3 km 缓冲范围内 10 个地类都有分布。湖岸周边耕地密布，耕地面积占比达 41.51%，耕地围湖现象较突出；湖岸周边林草覆盖以草地为主，草地、林地分别占 35.48%、11.16%；人类活动较为密集，人工地表总面积占 7.94%，其中，房屋建筑区、铁路与道路、构筑物、人工堆掘地分别占 2.88%、1.43%、3.00%、0.63%。

表 6-27　岱海湖岸向陆地 3 km 缓冲范围内地表覆盖分类面积

类型	面积/km²	构成比/%
耕地	63.31	41.51
园地	2.09	1.37
林地	17.03	11.16
草地	54.11	35.48
水域	2.12	1.39
荒漠与裸露地	1.78	1.17
房屋建筑区	4.39	2.88
铁路与道路	2.18	1.43
构筑物	4.57	3.00
人工堆掘地	0.96	0.63

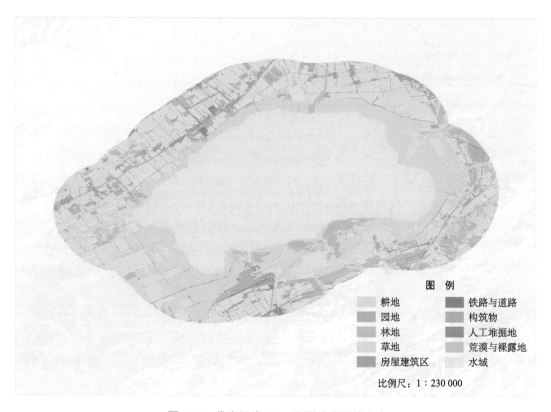

图 6-28　岱海沿岸 3 km 范围地表覆盖分布

8. 察汗淖

跨内蒙古商都县与河北省尚义县,属碳酸盐型盐湖,面积 69.77 km²。湖区属温带大陆性半干旱气候,主要入湖河流有巴音河、六台河等季节性河流。

对察汗淖湖岸向陆地 3 km 缓冲范围内地表覆盖的分类面积进行数理统计,统计结果见表 6-28,分布见图 6-29。从表 6-28 和图 6-29 可以看出,察汗淖湖岸向陆地 3 km 缓冲范围内 10 个地类都有分布。湖岸周边林草覆盖占 77.23%,其中草地占 48.73%;其次为荒漠与裸露地、耕地,分别占 8.72%、7.33%;构筑物占 3.37%,集中分布湖岸周围的西部。

表 6-28 察汗淖湖岸向陆地 3 km 缓冲范围内地表覆盖分类面积

类型	面积/km²	构成比/%
耕地	36.47	7.33
园地	1.55	0.31
林地	141.81	28.50
草地	242.46	48.73
水域	2.22	0.45
荒漠与裸露地	43.41	8.72
房屋建筑区	3.62	0.73
铁路与道路	4.67	0.94
构筑物	16.78	3.37
人工堆掘地	4.52	0.91

9. 东居延海

东居延海又名索果诺尔,亦称东海子。清雍正年间因土尔特人在水中发现了水獭而名,索果诺尔系蒙语,意为有水獭的湖泊。位于内蒙古自治区最西部的额济纳旗境内。地势平坦,为额济纳旗仅次于西居延海(嘎顺诺尔,蒙语意"苦海"),地势最低的内陆盆地,面积 63.49 km²。水源由额济纳河供给。该河由甘肃省流入额济纳旗后,分为两支,东河(纳林河)和西河(穆林河),由南向北分别注入索果诺尔和嘎顺诺尔。水的源头系祁连山的融雪、雨季山洪和泉水汇集而来。

对东居延海湖岸向陆地 3 km 缓冲范围内地表覆盖的分类面积进行数理统计,统计结果见表 6-29,分布见图 6-30。从表 6-29 和图 6-30 可以看出,东居延海湖岸向陆地 3 km 缓冲范围内分布有除耕地、园地外的 8 类地类,虽然周围林地面积占 35.76%,但荒漠与裸露地面积占比高达 62.44%,绿化工作急需加强。

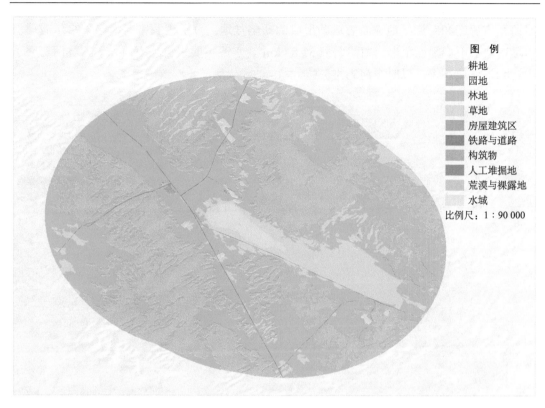

图 6-29　察汗淖沿岸 3 km 范围地表覆盖分布

表 6-29　东居延海湖岸向陆地 3 km 缓冲范围内地表覆盖分类面积

类型	面积/km²	构成比/%
耕地	—	—
园地	—	—
林地	48.40	35.76
草地	0.85	0.63
水域	0.05	0.03
荒漠与裸露地	84.52	62.44
房屋建筑区	0.01	0.01
铁路与道路	0.66	0.48
构筑物	0.12	0.09
人工堆掘地	0.75	0.56

10. 黄旗海

黄旗海蒙语为昂盖淖尔(又称乞尔海子),因清代在正黄旗境内而得名,北魏时称南池、乞伏袁池,辽代称白水泺,金代称白水泊,明代称集宁海子,清代始称黄旗海。黄旗海系古近纪和新近纪地壳断裂运动形成的断陷盆地。位于内蒙古自治区察哈尔右翼前旗境内，呈不规则三角形，湖泊面积 51.84 km²，水源主要来自坝王河、泉玉林河、磨子山河和隆盛庄和等，以时令河为主。

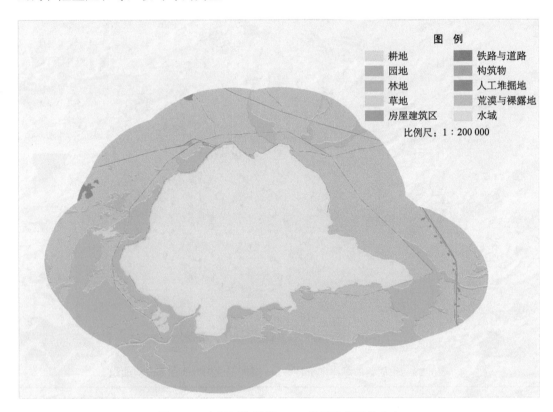

图例

耕地　　　　铁路与道路
园地　　　　构筑物
林地　　　　人工堆掘地
草地　　　　荒漠与裸露地
房屋建筑区　水域

比例尺：1∶200 000

图 6-30　东居延海沿岸 3 km 范围地表覆盖分布

黄旗海为一个相对封闭的湖泊，完全靠地表径流与大气降水补给，蒸发是湖水支出的唯一途径。处于东亚季风影响区边缘地带的黄旗海，冬季寒冷而干燥，夏季温暖而湿润。

对黄旗海湖岸向陆地 3 km 缓冲范围内地表覆盖的分类面积进行数理统计，统计结果见表 6-30，分布见图 6-31。从表 6-30 和图 6-31 可以看出，黄旗海湖岸向陆地 3 km 缓冲范围内 10 个地类都有分布。湖岸周边林草覆盖占 59.43%，其中草地占 54.24%；耕地面积占比 29.06%，耕地围湖现象较突出；湖岸荒漠化明显，荒漠与裸露地占 6.59%，主要分布在湖的北岸。

表 6-30　黄旗海湖岸向陆地 3 km 缓冲范围内地表覆盖分类面积

类型	面积/km²	构成比/%
耕地	43.16	29.06
园地	0.27	0.18

续表

类型	面积/km²	构成比/%
林地	7.71	5.19
草地	80.57	54.24
水域	0.37	0.25
荒漠与裸露地	9.79	6.59
房屋建筑区	2.19	1.48
铁路与道路	1.58	1.06
构筑物	2.43	1.64
人工堆掘地	0.47	0.32

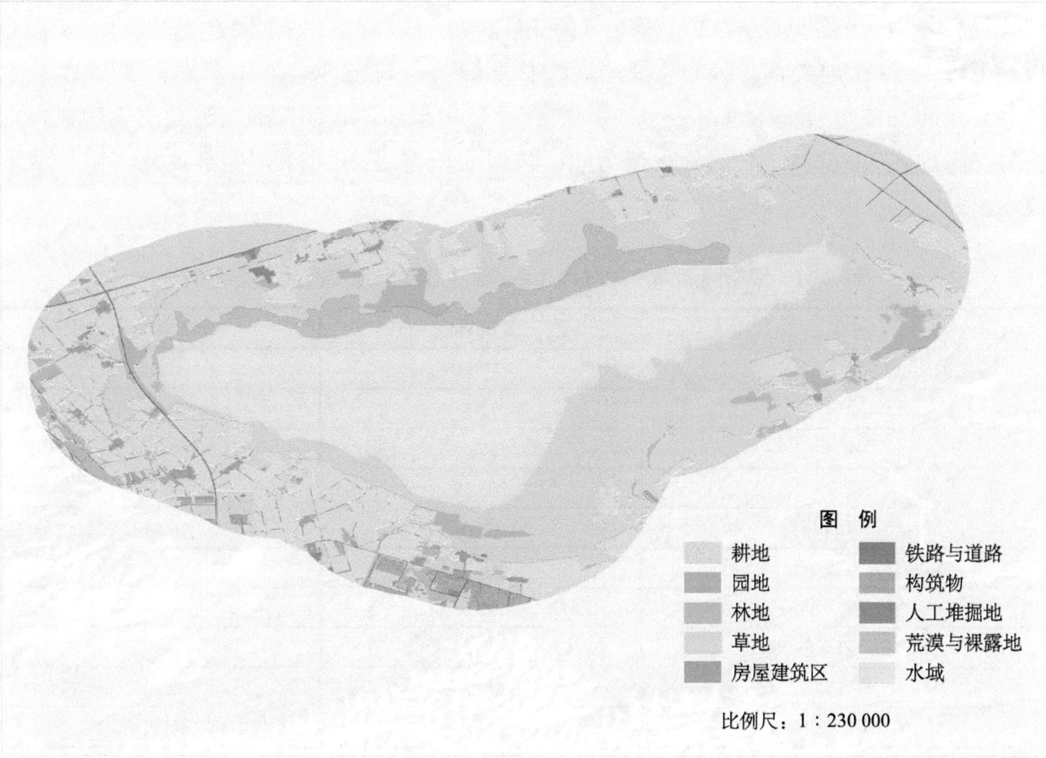

图 6-31　黄旗海沿岸 3 km 范围地表覆盖分布

6.2.2　新疆维吾尔自治区的 9 个湖泊

选取了位于新疆维吾尔自治区的博斯腾湖、阿牙克库木湖、艾比湖、布伦托海、台特马湖、赛里木湖、鲸鱼湖、玛纳斯湖、艾丁湖等 9 个湖泊。

1. 博斯腾湖

又名巴喀喇赤海，蒙语称"博斯腾尔"，维吾尔语称为"巴格拉什库勒"，意为"绿洲"，《汉书·西域传》称"焉耆近海"，北魏郦道元在《水经注》中称为"敦薨浦"。位于中国新疆维吾尔自治区焉耆盆地东南面博湖县境内，焉耆盆地东南部最洼处，滨湖为海拔 2 000～3 000 m 的山地环绕，面积 1 040 km²，是中国最大的内陆淡水吞吐湖。博斯腾湖属于山间陷落湖，主要补给水源是开都河。2002 年，博斯腾湖湖区被评为国家重点风景名胜区，属天然湖泊水域风光型自然风景区，涉及博湖、焉耆、和硕、库尔勒三县一市。2014 年 5 月，博斯腾湖景区被评为国家 5A 级旅游景区，成为新疆第八家国家 5A 旅游景区。

对博斯腾湖湖岸向陆地 3 km 缓冲范围内地表覆盖的分类面积进行数理统计，统计结果见表 6-31，分布见图 6-32。从表 6-31 和图 6-32 可以看出，博斯腾湖湖岸向陆地 3 km 缓冲范围内 10 个地类都有分布。湖岸周边林草覆盖占 62.62%，其中草地占 37.59%，主要分布在西部、南部，林地占 25.03%，主要分布在东部、北部；湖周围荒漠化明显，荒漠与裸露地占 20.66%，主要分布在南部；耕地面积占比 10.13%，西部、北部耕种现象较突出。

表 6-31　博斯腾湖湖岸向陆地 3 km 缓冲范围内地表覆盖分类面积

类型	面积/km²	构成比/%
耕地	71.00	10.13
园地	1.15	0.16
林地	175.40	25.03
草地	263.39	37.59
水域	32.48	4.64
荒漠与裸露地	144.79	20.66
房屋建筑区	1.15	0.16
铁路与道路	4.15	0.59
构筑物	4.92	0.70
人工堆掘地	2.35	0.34

2. 阿牙克库木湖

又名阿雅格库木库里，位于新疆维吾尔自治区巴音郭楞蒙古自治州若羌县东南部，阿尔金山与昆仑山间库木库里盆地东部最洼处。面积 1 013.11 km²，属硫酸镁亚型盐湖。湖水主要依赖冰雪融水径流补给，入湖河流为依协克帕提河、色斯克亚河。

该湖属于 1983 年建立的国内最大的阿尔金山国家级自然保护区。主要保护对象为高原有蹄类：藏野驴、野牦牛、藏羚、藏原羚、盘羊、岩羊等，鸟类中的黑颈鹤、玉带海雕、藏雪鸡、暗腹雪鸡等也受到保护。湖中无鱼，但水生无脊椎动物资源丰富，生物量极大，其中鱼虫等作为高蛋白饵料，有待开发。大片沼泽草甸草原是若羌县的重要牧草基地之一。

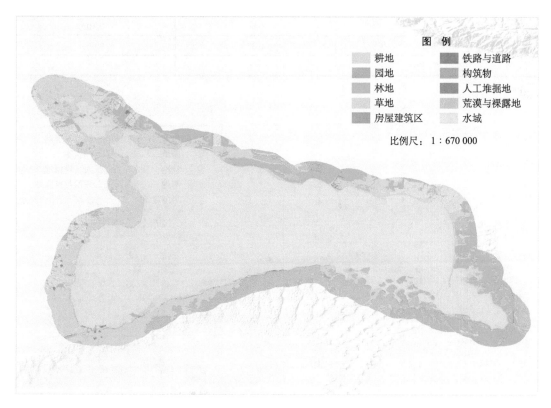

图 6-32　博斯腾湖沿岸 3 km 范围地表覆盖分布

对阿牙克库木湖湖岸向陆地 3 km 缓冲范围内地表覆盖的分类面积进行数理统计，统计结果见表 6-32，分布见图 6-33。从表 6-32 和图 6-33 可以看出，阿牙克库木湖湖岸向陆地 3 km 缓冲范围内没有耕地、园地、房屋建筑区、人工堆掘地分布。湖岸周边林草覆盖占 85.92%，林地为主，占 69.73%，草地占 16.19%；湖周围荒漠化明显，荒漠与裸露地占 13.66%。

表 6-32　阿牙克库木湖湖岸向陆地 3 km 缓冲范围内地表覆盖分类面积

类型	面积/km²	构成比/%
耕地	—	—
园地	—	—
林地	447.29	69.73
草地	103.86	16.19
水域	1.72	0.27

续表

类型	面积/km²	构成比/%
荒漠与裸露地	87.60	13.66
房屋建筑区	—	—
铁路与道路	0.66	0.10
构筑物	0.35	0.06
人工堆掘地	—	—

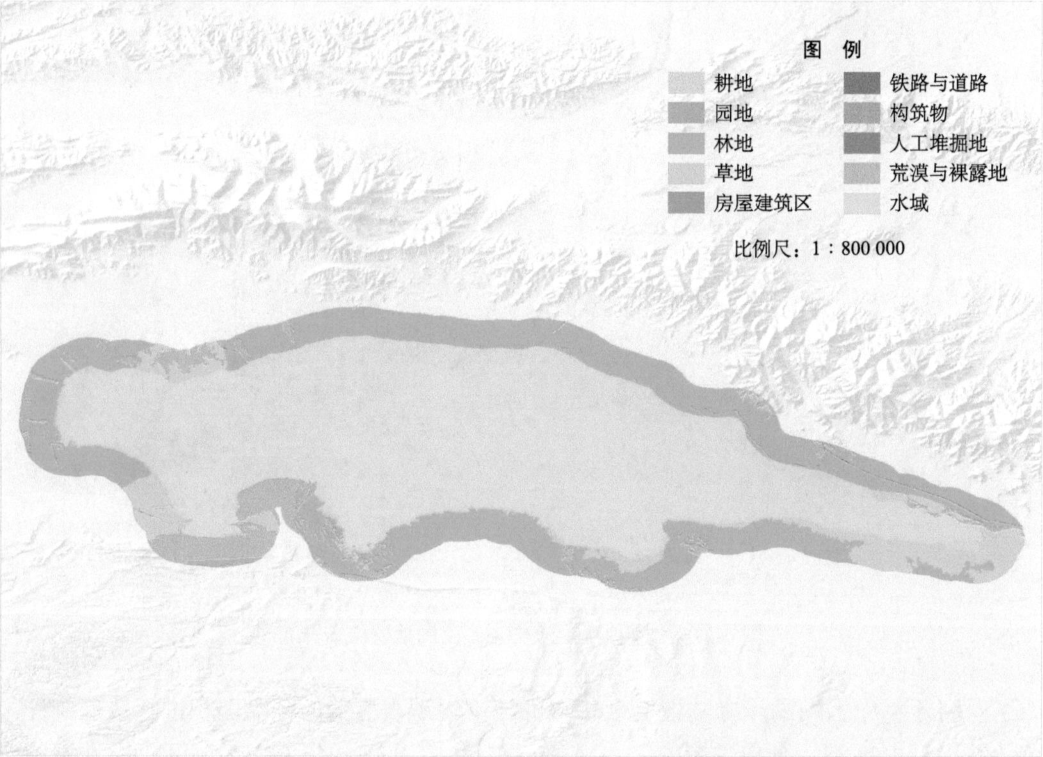

图 6-33　阿牙克库木湖沿岸 3 km 范围地表覆盖分布

3. 艾比湖

又名库尔湖，艾比系蒙语音译名，指当地一种地方风名。在博尔塔拉蒙古族自治州北部。滨湖北、西、南三面环山，东面为平坦的奎屯河冲积和湖积平原。面积 983.59 km²，属硫酸钠亚型盐湖。湖水主要依赖地表径流补给，主要入湖河流有奎屯河、四棵树河、精河、阿卡尔河、大河沿子河、博尔塔拉河和时令河 23 条。

艾比湖是一个资源蕴藏丰富的湖泊。湖区中有丰富的盐、芒硝、硫酸镁、硼、溴、碘等非金属矿藏。艾比湖独特的湿地生态环境，是数百种动、植物生息繁衍的场所，有着其生物资源的多样性。在生物资源中，首屈一指的要数卤虫，被艾比湖周围的人称为"软黄金"。已被列为新疆维吾尔自治区"湿地自然保护区"。

对艾比湖湖岸向陆地 3km 缓冲范围内地表覆盖的分类面积进行数理统计，统计结果
见表 6-33，分布见图 6-34。从表 6-33 和图 6-34 可以看出，艾比湖湖岸向陆地 3 km 缓冲
范围内 10 个地类都有分布。湖岸周边林草覆盖占 59.86%，其中林地占 33.12%，主要分
布在北部，草地占 26.74%，主要分布在西部、南部；湖周围荒漠化明显，荒漠与裸露地
占 34.21%，主要分布在东部。

表 6-33　艾比湖湖岸向陆地 3 km 缓冲范围内地表覆盖分类面积

类型	面积/km²	构成比/%
耕地	6.04	1.32
园地	0.16	0.04
林地	151.38	33.12
草地	122.20	26.74
水域	5.07	1.11
荒漠与裸露地	156.36	34.21
房屋建筑区	0.13	0.03
铁路与道路	4.11	0.90
构筑物	6.26	1.37
人工堆掘地	5.37	1.17

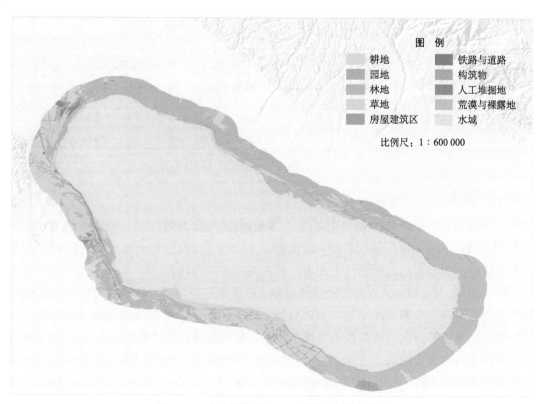

图 6-34　艾比湖沿岸 3 km 范围地表覆盖分布

4. 布伦托海

又名乌伦古湖、喀勒尔扎巴什淖尔、大海子。布伦托系维吾尔语音译名，为小树枝之意。在阿勒泰地区福海县，准噶尔-北天山褶皱系福海山间拗陷内。湖形似三角形，面积 857.42 km^2。湖水主要依赖地表水补给，入湖河流为乌伦古河。

布伦托海广阔的水域也为当地人的水上交通运输提供了便利条件。良好的自然条件和景观又为人们提供了旅游、休憩、疗养的场所，也为科研教学提供了必要场所。

对布伦托海湖岸向陆地 3 km 缓冲范围内地表覆盖的分类面积进行数理统计，统计结果见表 6-34，分布见图 6-35。从表 6-34 和图 6-35 可以看出，布伦托海湖岸向陆地 3 km缓冲范围内 10 个地类都有分布。湖岸周边林草覆盖占82.23%，其中草地占65.68%，主要分布在西部、北部，林地占16.55%，主要分布在南部；湖周围耕地占7.14%，主要分布在南部。

表 6-34　布伦托海湖岸向陆地 3 km 缓冲范围内地表覆盖分类面积

类型	面积/km^2	构成比/%
耕地	34.21	7.14
园地	0.01	0.00
林地	79.23	16.55
草地	314.51	65.68
水域	43.70	9.13
荒漠与裸露地	2.54	0.53
房屋建筑区	0.33	0.07
铁路与道路	1.88	0.39
构筑物	0.44	0.09
人工堆掘地	2.01	0.42

5. 台特马湖

台特马湖是塔里木河和车尔臣河(其主要水源)的尾闾湖泊，在若羌县城的北方百里左右，面积 639.13 km^2。塔里木河未断流前，下游的主流河水曾一度东流入孔雀河再流到若羌县境内的罗布泊，后来河水改道，流入东南方向台特马湖。

自 2010 年入夏以来，受周边地区强降水，以及车尔臣河、若羌河上游泄洪等因素影响，台特马湖湖面面积不断增加，湖区周边红柳、胡杨、芦苇等植物面积明显增加，野鸭、野兔、水鸟等野生动物数量也呈增多趋势，生态环境得到改善。

对台特马湖湖岸向陆地 3 km 缓冲范围内地表覆盖的分类面积进行数理统计，统计结果见表 6-35，分布见图 6-36。从表 6-35 和图 6-36 可以看出，台特马湖湖岸向陆地 3 km缓冲范围内分布有除耕地、园地外的 8 个地类。湖岸周围荒漠化严重，占比高达85.95%；

林草覆盖占比偏低，仅占 11.40%，其中草地、林地分别占 5.71%、5.69%，草地集中分布在西南部，林地集中分布在北部。

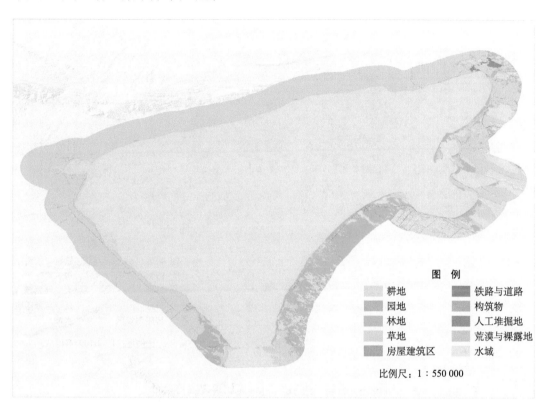

图 6-35　布伦托海沿岸 3 km 范围地表覆盖分布

表 6-35　台特马湖湖岸向陆地 3 km 缓冲范围内地表覆盖分类面积

类型	面积/km²	构成比/%
耕地	—	—
园地	—	—
林地	73.69	5.69
草地	74.03	5.71
水域	22.56	1.74
荒漠与裸露地	1 114.11	85.95
房屋建筑区	0.05	0.00
铁路与道路	1.46	0.11
构筑物	8.64	0.67
人工堆掘地	1.67	0.13

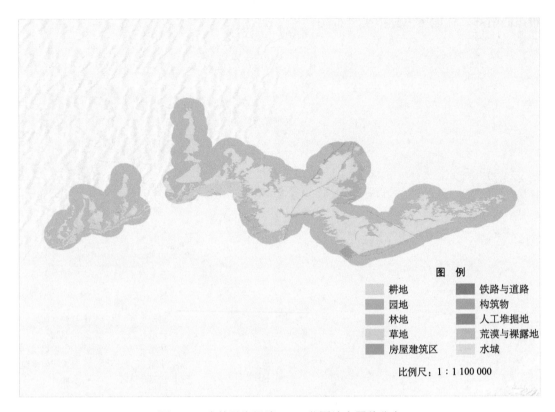

图例

	耕地		铁路与道路
	园地		构筑物
	林地		人工堆掘地
	草地		荒漠与裸露地
	房屋建筑区		水域

比例尺：1∶1 100 000

图 6-36　台特马湖沿岸 3 km 范围地表覆盖分布

6. 赛里木湖

又名三台海子，以湖东岸三台(即鄂勒著依图博木军)得名，现名系哈萨克语音译名，为祝愿之意，以祈求古丝绸之路，行人路途平安得名。在博尔塔拉蒙古族自治州博乐市，面积 464 km²。湖水主要依赖潜水补给，入湖河流 39 条，萨嘎克勒河最大。

湖区四周群山环绕，并有冰川存在，构成封闭的高山盆地水系。湖水清澈蔚蓝，湖区雪峰耸峙，森林如屏，绿草如茵，风光优美。

对赛里木湖湖岸向陆地 3 km 缓冲范围内地表覆盖的分类面积进行数理统计，统计结果见表 6-36，分布见图 6-37。从表 6-36 和图 6-37 可以看出，赛里木湖湖岸向陆地 3 km 缓冲范围内分布有除园地外的 9 个地类。湖岸周边林草覆盖良好，占 97.01%，主要类型为草地，占 82.87%；湖周围极少部分区域有荒漠化现象，荒漠与裸露地占 1.03%，主要分布在东南部。

表 6-36 赛里木湖湖岸向陆地 3 km 缓冲范围内地表覆盖分类面积

类型	面积/km²	构成比/%
耕地	0.12	0.04
园地	—	—
林地	41.16	14.14
草地	241.26	82.87
水域	0.21	0.07
荒漠与裸露地	2.99	1.03
房屋建筑区	0.15	0.05
铁路与道路	2.04	0.70
构筑物	1.25	0.43
人工堆掘地	1.94	0.67

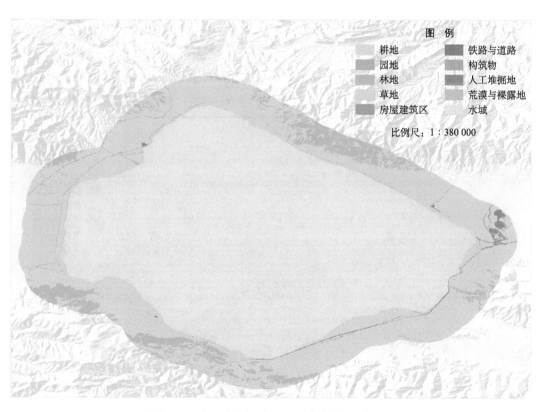

图 例

耕地　　　　铁路与道路
园地　　　　构筑物
林地　　　　人工堆掘地
草地　　　　荒漠与裸露地
房屋建筑区　水域

比例尺：1 : 380 000

图 6-37 赛里木湖沿岸 3 km 范围地表覆盖分布

7. 鲸鱼湖

湖形酷似鲸鱼，故名。在巴音郭楞自治州若羌县南缘，青藏高原北缘阿尔金山与昆仑山之间库木库里盆地南部，东南与青、藏两省(区)接壤，面积 346.12 km²，是一个咸水湖。湖水主要依赖冰雪融水径流补给，主要入湖河流有玉浪河、泉水河等，源于昆仑山魏雪山脉，汇冰雪融水，水量较丰。

对鲸鱼湖湖岸向陆地 3 km 缓冲范围内地表覆盖的分类面积进行数理统计，统计结果见表 6-37，分布见图 6-38。从表 6-37 和图 6-38 可以看出，鲸鱼湖湖岸向陆地 3 km 缓冲范围内仅分布有草地、铁路与道路、荒漠与裸露地、水域等 4 个地类。湖岸周边分布的主要类型为草地，占 69.64%；湖周围荒漠化现象明显，荒漠与裸露地占 29.93%，较均匀地分布在湖泊周围。

表 6-37　鲸鱼湖湖岸向陆地 3 km 缓冲范围内地表覆盖分类面积

类型	面积/km²	构成比/%
耕地	—	—
园地	—	—
林地	—	—
草地	295.59	69.64
水域	1.73	0.41
荒漠与裸露地	127.05	29.93
房屋建筑区	—	—
铁路与道路	0.07	0.02
构筑物	—	—
人工堆掘地	—	—

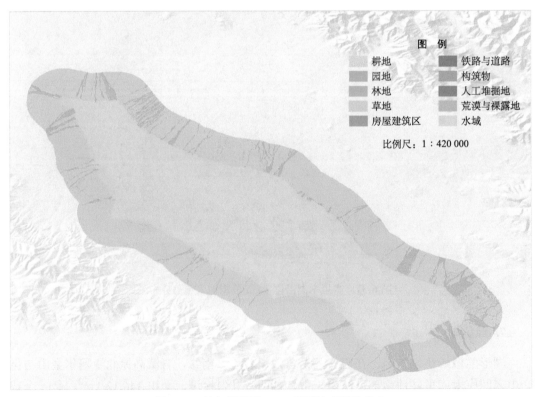

图 6-38　鲸鱼湖沿岸 3 km 范围地表覆盖分布

8. 玛纳斯湖

又名阿兰诺尔、阿雅尔诺尔、伊赫哈克明湖。在伊犁哈萨克自治州和布克赛尔蒙古族自治县南部,准噶尔拗陷内,面积 320.93 km² ,属硫酸镁亚型盐湖。湖水主要依赖冰雪融水径流补给,入湖河流主要为玛纳斯河。

对玛纳斯湖湖岸向陆地 3 km 缓冲范围内地表覆盖的分类面积进行数理统计,统计结果见表 6-38,分布见图 6-39。从表 6-38 和图 6-39 可以看出,玛纳斯湖湖岸向陆地 3 km 缓冲范围内分布有除耕地、园地外的 8 个地类。湖岸周边林草覆盖比例较低,仅占 14.61%,主要类型为林地,占 14.02%;湖周围荒漠化现象严重,荒漠与裸露地占 84.95%。

表 6-38　玛纳斯湖湖岸向陆地 3 km 缓冲范围内地表覆盖分类面积

类型	面积/km²	构成比/%
耕地	—	—
园地	—	—
林地	52.40	14.02
草地	2.20	0.59
水域	0.31	0.08
荒漠与裸露地	317.55	84.95
房屋建筑区	0.03	0.01
铁路与道路	0.52	0.14
构筑物	0.79	0.21
人工堆掘地	0.02	0.00

9. 艾丁湖

又名觉洛浣,我国海拔最低的湖泊。艾丁湖系维吾尔语音译名,意为月光湖,以湖水似月光一般皎洁美丽而得名。在吐鲁番市东南约 30 km,吐鲁番盆地最洼处。面积 39.30 km² ,属硫酸钠亚型卤水盐湖。湖水主要依赖地下水补给,入湖河流除西部的阿拉沟河、白杨河外,其余呈向心状,渗漏于冲积、洪积层中,以地下水形式汇入。

对艾丁湖湖岸向陆地 3 km 缓冲范围内地表覆盖的分类面积进行数理统计,统计结果见表 6-39,分布见图 6-40。从表 6-39 和图 6-40 可以看出,艾丁湖湖岸向陆地 3 km 缓冲范围内分布有除耕地、园地外的 8 个地类。湖岸周边林草覆盖比例较低,仅占 12.33%,主要分布在东部,其中林地占 7.42%、草地占 4.91%;湖周围荒漠化现象严重,荒漠与裸露地占 86.88%。

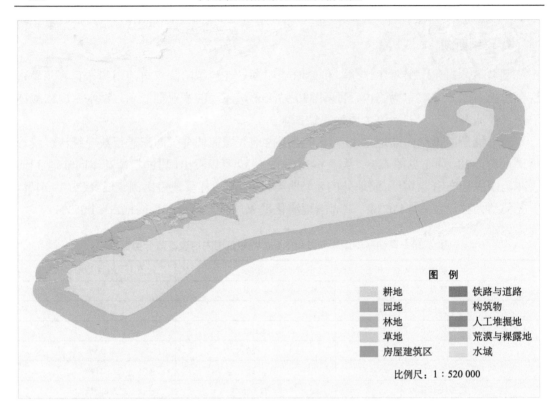

图 6-39 玛纳斯湖沿岸 3 km 范围地表覆盖分布

表 6-39 艾丁湖湖岸向陆地 3 km 缓冲范围内地表覆盖分类面积

类型	面积/km²	构成比/%
耕地	—	—
园地	—	—
林地	11.13	7.42
草地	7.37	4.91
水域	0.02	0.01
荒漠与裸露地	130.37	86.88
房屋建筑区	0.00	0.00
铁路与道路	0.55	0.37
构筑物	0.25	0.17
人工堆掘地	0.36	0.24

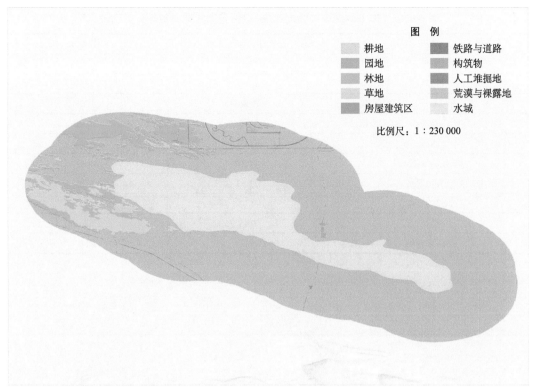

图 6-40　艾丁湖沿岸 3 km 范围地表覆盖分布

6.2.3　甘肃省的 3 个湖泊

选取了位于甘肃省的大苏干湖、小苏干湖、尕海湖等 3 个湖泊。

1. 苏干湖

又称苏干淖尔，位于酒泉市阿克塞哈萨克族自治县海子草原西北端，阿尔金山南麓山脚下，是甘肃省最大的内陆湖泊，有大苏干湖、小苏干湖两湖。其中，小苏干湖面积 32.88 km^2，大苏干湖面积 84.43 km^2。

苏干湖为山间断陷盆地，海拔 2 700～2 800 m，水源来自哈尔腾流域地表水的汇集。地表水先注入小苏干湖，再由小苏干湖注入大苏干湖，因而小苏干湖为淡水湖，大苏干湖为咸水湖。

2003 年，国家启动了湿地保护项目，阿克塞哈萨克族自治县大、小苏干湖湿地被列入中国重要湿地名录。

对大苏干湖湖岸向陆地 3 km 缓冲范围内地表覆盖的分类面积进行数理统计，统计结果见表 6-40，分布见图 6-41。从表 6-40 和图 6-41 可以看出，大苏干湖湖岸向陆地 3 km 缓冲范围内分布有除耕地、园地外的 8 个地类。湖岸周边林草覆盖比例较低，仅占 23.88%，主要分布在东部，其中主要类型为草地，占 21.66%，林地仅占 2.22%；湖周围荒漠化现象严重，荒漠与裸露地占 46.82%；湖周围人类活动密集，房屋建筑区占 19.30%。

表 6-40　大苏干湖湖岸向陆地 3 km 缓冲范围内地表覆盖分类面积

类型	面积/km²	构成比/%
耕地	—	—
园地	—	—
林地	3.86	2.22
草地	37.63	21.66
水域	16.71	9.62
荒漠与裸露地	81.34	46.82
房屋建筑区	33.53	19.30
铁路与道路	0.12	0.07
构筑物	0.45	0.26
人工堆掘地	0.10	0.06

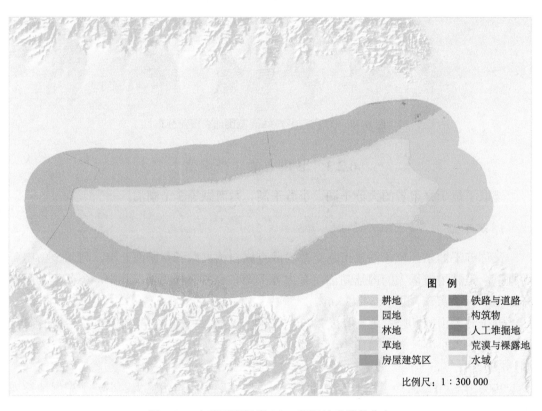

图 6-41　大苏干湖沿岸 3 km 范围地表覆盖分布

　　对小苏干湖湖岸向陆地 3 km 缓冲范围内地表覆盖的分类面积进行数理统计，统计结果见表 6-41，分布见图 6-42。从表 6-41 和图 6-42 可以看出，小苏干湖湖岸向陆地 3 km 缓冲范围内分布有除耕地、园地、林地外的 7 个地类。湖岸周边草地覆盖度较高，占 61.68%；湖外围荒漠化现象严重，荒漠与裸露地占 34.09%。

表 6-41　小苏干湖湖岸向陆地 3 km 缓冲范围内地表覆盖分类面积

类型	面积/km²	构成比/%
耕地	—	—
园地	—	—
林地	—	—
草地	72.98	61.68
水域	4.66	3.94
荒漠与裸露地	40.34	34.09
房屋建筑区	0.01	0.01
铁路与道路	0.19	0.16
构筑物	0.08	0.06
人工堆掘地	0.07	0.06

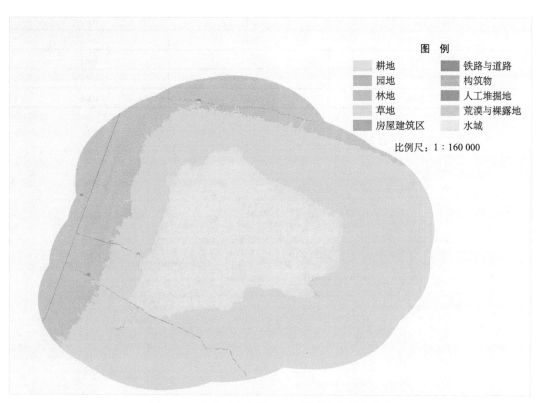

图 6-42　小苏干湖沿岸 3 km 范围地表覆盖分布

2. 尕海湖

尕海湖是甘南第一大淡水湖，位于甘南藏族自治州碌曲县，面积 28.84 km²。是青藏高原东部的一块重要湿地，被誉为高原上的一颗明珠，1982 年被评为省级候鸟自然保护区。尕海湖所在的地域，藏胞称之为"措宁"，就是"牦牛走来走去的地方"。尕海湖水草丰茂，许多南迁北返的珍稀鸟类在此落脚和繁殖，黑颈鹤、灰鹤、天鹅等珍禽遍布湖边草滩。

对尕海湖湖岸向陆地 3km 缓冲范围内地表覆盖的分类面积进行数理统计，统计结果见表 6-42，分布见图 6-43。从表 6-42 和图 6-43 可以看出，尕海湖湖岸向陆地 3km 缓冲范围内分布有除耕地、园地外的 8 个地类。湖岸周边林草覆盖良好，占 92.08%，其中主要类型为草地，占 84.08%，林地仅占 8.00%；其次铁路与道路面积占了 6.67%。

表 6-42　尕海湖湖岸向陆地 **3 km** 缓冲范围内地表覆盖分类面积

类型	面积/km²	构成比/%
耕地	—	—
园地	—	—
林地	9.02	8.00
草地	94.79	84.08
水域	0.48	0.43
荒漠与裸露地	0.01	0.01
房屋建筑区	0.49	0.43
铁路与道路	7.51	6.67
构筑物	0.36	0.32
人工堆掘地	0.07	0.06

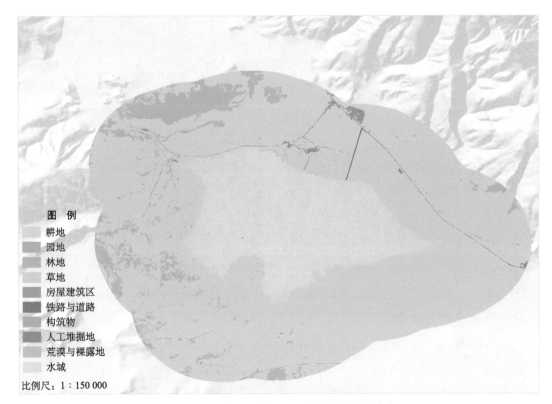

图 6-43　尕海湖沿岸 3 km 范围地表覆盖分布

6.2.4　陕西省的 3 个湖泊

本书选取了位于陕西省的红碱淖、苟池、花马池等 3 个湖泊。

1. 红碱淖

跨陕西省神木县和内蒙古伊金霍洛旗,陕蒙两省(区)界湖,处于黄土高原与内蒙古高原过渡地带、毛乌素沙漠与鄂尔多斯盆地交汇处,面积 30.87 km²,是微咸水湖。湖面大致呈三角形状,沿岸有七条季节性河流注入,红碱淖是中国最大沙漠湖泊。湖水依赖时令河、湖面降水和地下水补给,入湖主要间歇性河流有尔林兔、七步素、毛盖兔、孙道沟、塔河子、木侧里和庙壕等,无出流。

红碱淖是清代起逐渐积水而成的年轻湖泊。21 世纪初,因旅游开发及生态问题受到关注,而为人所知。同时,红碱淖是当地主要渔场,湖水也可为陕北煤田开发提供水源,因此对陕北经济的发展有重要作用。

对红碱淖湖岸向陆地 3 km 缓冲范围内地表覆盖的分类面积进行数理统计,统计结果见表 6-43,分布见图 6-44。从表 6-43 和图 6-44 可以看出,红碱淖湖岸向陆地 3 km 缓冲范围内 10 类地表覆盖都有分布。湖岸周边林草覆盖良好,占 78.98%,其中主要类型为林地,占 51.11%,草地占 27.87%;湖周围开垦种植现象明显,耕地占 13.25%。

表 6-43　红碱淖湖岸向陆地 3 km 缓冲范围内地表覆盖分类面积

类型	面积/km²	构成比/%
耕地	15.97	13.25
园地	1.81	1.50
林地	61.60	51.11
草地	33.59	27.87
水域	0.93	0.77
荒漠与裸露地	0.43	0.36
房屋建筑区	1.37	1.13
铁路与道路	1.69	1.40
构筑物	2.77	2.30
人工堆掘地	0.36	0.30

2. 苟池

苟池位于榆林市定边县周台子乡境内,西与宁夏吴忠市盐池县接壤,地处陕北黄土高原和毛乌素沙漠过渡地带,是一个封闭性的闭水盆地,湖水靠降水和潜水补给,面积 8.38 km²,为氯化物型盐湖。

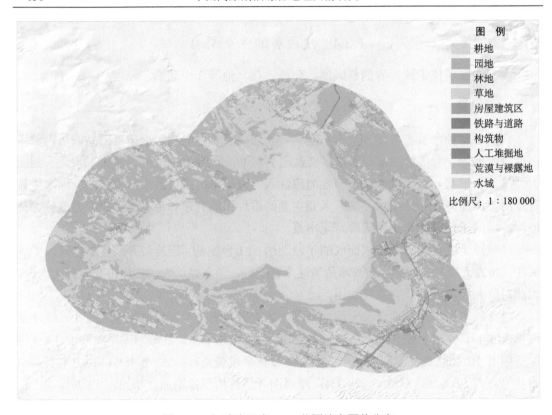

图 6-44　红碱淖沿岸 3 km 范围地表覆盖分布

对苟池湖岸向陆地 3 km 缓冲范围内地表覆盖的分类面积进行数理统计，统计结果见表 6-44，分布见图 6-45。从表 6-44 和图 6-45 可以看出，苟池湖岸向陆地 3 km 缓冲范围内 10 类地表覆盖都有分布。湖岸周边林草覆盖良好，占 77.69%，其中主要类型为草地，占 48.39%，林地占 29.30%；湖周围存在开垦种植现象，耕地占 8.24%，主要分布在东部、南部；湖周围人类活动密集，人工地表面积占 9.94%，其中主要类型为构筑物，占 6.97%。

表 6-44　苟池湖岸向陆地 3 km 缓冲范围内地表覆盖分类面积

类型	面积/km²	构成比/%
耕地	6.96	8.24
园地	0.01	0.01
林地	24.75	29.30
草地	40.88	48.39
水域	1.78	2.10
荒漠与裸露地	1.71	2.02
房屋建筑区	0.88	1.05
铁路与道路	1.29	1.53
构筑物	5.89	6.97
人工堆掘地	0.33	0.39

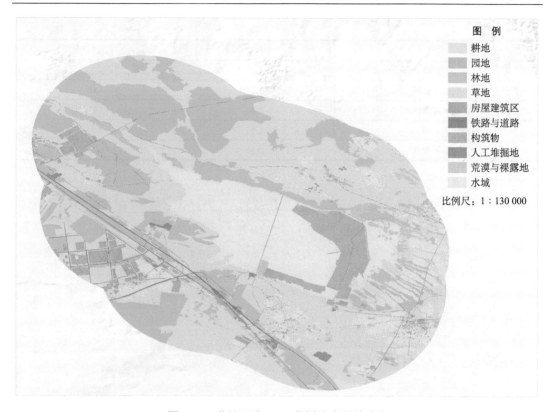

图 6-45　苟池沿岸 3 km 范围地表覆盖分布

3. 花马池

花马池，俗称大池，为陕西省内池盐最大产地，在陕西省定边县城西北 12 km 处，面积 6.26 km^2。

对花马池湖岸向陆地 3 km 缓冲范围内地表覆盖的分类面积进行数理统计，统计结果见表 6-45，分布见图 6-46。从表 6-45 和图 6-46 可以看出，花马池湖岸向陆地 3 km 缓冲范围内 10 类地表覆盖都有分布。湖岸周边林草覆盖良好，占 80.63%，其中草地占42.49%，林地占 38.14%；湖周围存在开垦种植现象，耕地占 7.93%，主要分布在东部、南部；湖周围有荒漠化现象，荒漠与裸露地占 5.22%。

表 6-45　花马池湖岸向陆地 3 km 缓冲范围内地表覆盖分类面积

类型	面积/km²	构成比/%
耕地	8.54	7.93
园地	1.41	1.31
林地	41.09	38.14
草地	45.77	42.49
水域	0.49	0.46

续表

类型	面积/km²	构成比/%
荒漠与裸露地	5.62	5.22
房屋建筑区	1.08	1.01
铁路与道路	1.81	1.68
构筑物	1.54	1.43
人工堆掘地	0.36	0.33

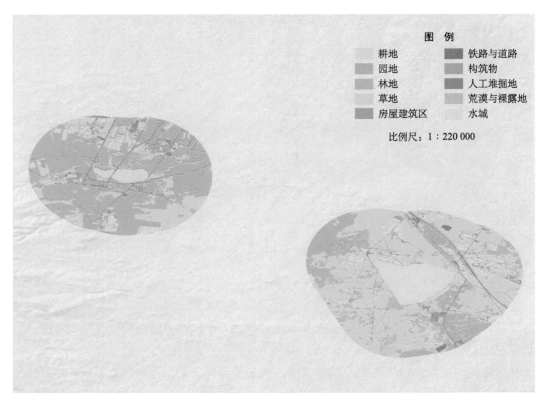

图 6-46　花马池沿岸 3 km 范围地表覆盖分布

6.2.5　宁夏回族自治区的 3 个湖泊

选取了位于宁夏回族自治区的沙湖、星海湖、阅海湖等 3 个湖泊。

1. 沙湖

由于湖周沙地广泛分布，因此得名沙湖。沙湖地处石嘴山市与平罗县之间，距石嘴山市区约 26 km，距首府银川约 56 km，面积 36.42 km²。

沙湖是古河道型湖泊，由黄河古河道洼地经过山洪刨蚀、地下水溢出汇集，并接受大气降水和地表水的补给而形成。其特点是：湖体外形受洼地形状控制，呈不规则状。由于湖泊周围地势低洼，地下水位埋藏浅，故土壤盐渍化潜育化较重。

对沙湖湖岸向陆地 3 km 缓冲范围内地表覆盖的分类面积进行数理统计，统计结果见表 6-46，分布见图 6-47。从表 6-46 和图 6-47 可以看出，沙湖湖岸向陆地 3 km 缓冲范围内 10 类地表覆盖都有分布。湖岸周边林草覆盖不到一半，占 46.21%，其中主要类型为草地，占 39.59%，林地占 6.62%；湖周围开垦种植现象严重，耕地 33.34%；湖周围人类活动密集，人工地表面积占 10.50%，其中房屋建筑区、道路、构筑物、人工堆掘地分别占 3.47%、2.43%、4.24%、0.36%。

表 6-46　沙湖湖岸向陆地 3 km 缓冲范围内地表覆盖分类面积

类型	面积/km^2	构成比/%
耕地	54.48	33.34
园地	1.47	0.90
林地	10.81	6.62
草地	64.70	39.59
水域	9.96	6.09
荒漠与裸露地	4.84	2.96
房屋建筑区	5.68	3.47
铁路与道路	3.98	2.43
构筑物	6.93	4.24
人工堆掘地	0.58	0.36

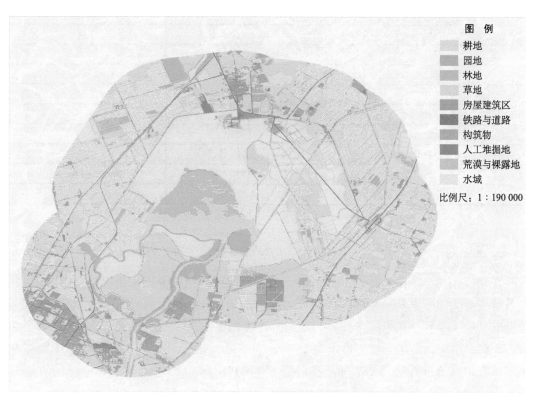

图 6-47　沙湖沿岸 3 km 范围地表覆盖分布

2. 星海湖

又名北沙湖，位于石嘴山市大武口城区东部，山水大道、星光大道穿湖而过，面积 24.64 km²。这里曾是明代古沙湖遗址，原为城市边缘的一片沼泽湿地，污水横流、垃圾成堆、沼泽遍布。以原有湿地抢救性保护和合理利用为出发点，以防洪调洪、蓄水补水、调节气候为目的，以营造"水在城中、城在林中"的山水园林城市为表现形式，以防洪工程、中水自然氧化处理工程、湿地整治工程、退耕还湖(林)工程为依托，以整治形成的湿地景观改善生态环境、完善城市功能、打造城市水文化、提升城市形象为经济发展的着力点综合整治而成。

对星海湖湖岸向陆地 3 km 缓冲范围内地表覆盖的分类面积进行数理统计，统计结果见表 6-47，分布见图 6-48。从表 6-47 和图 6-48 可以看出，星海湖湖岸向陆地 3 km 缓冲范围内 10 类地表覆盖都有分布。湖岸周边林草覆盖度不高，占 39.79%，其中草地占 28.03%，林地占 11.76%；湖周围存在开垦种植现象，耕地占 12.65%，园地占 3.54%；湖周围人类活动密集，人工地表占比高达 38.44%，其中房屋建筑区、道路、构筑物、人工堆掘地分别占 15.24%、6.81%、13.36%、3.03%。

表 6-47　星海湖湖岸向陆地 3 km 缓冲范围内地表覆盖分类面积

类型	面积/km²	构成比/%
耕地	17.80	12.65
园地	4.98	3.54
林地	16.56	11.76
草地	39.47	28.03
水域	6.99	4.96
荒漠与裸露地	0.87	0.62
房屋建筑区	21.45	15.24
铁路与道路	9.59	6.81
构筑物	18.81	13.36
人工堆掘地	4.27	3.03

3. 阅海湖

在宁夏银川金凤区，面积 10.13 km²，处于西北地区第一个国家级湿地公园内。阅海湖前身主要为池子湖和金陵湖。1949 年之后，此二湖分别称大西湖、小西湖。阅海湿地公园有鸟类 113 种，其中国家一、二级保护动物 24 种。一级保护动物有黑鹳、中华秋沙鸭、大鸨、小鸨、白尾海雕等。鱼类 18 种，有草鱼、鲤鱼、鲫鱼、鸽子鱼、叉尾鮰、鲟鱼等。湿地高等维管植物 157 种，最常见为芦苇和蒲草。

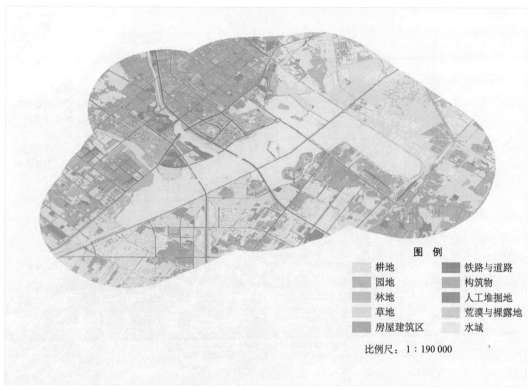

图 6-48 星海湖沿岸 3 km 范围地表覆盖分布

　　对阅海湖湖岸向陆地 3 km 缓冲范围内地表覆盖的分类面积进行数理统计,统计结果见表 6-48,分布见图 6-49。从表 6-48 和图 6-49 可以看出,阅海湖湖岸向陆地 3 km 缓冲范围内 10 类地表覆盖都有分布。湖岸周边林草覆盖度不高,仅占 28.92%,其中草地占 17.09%,林地占 11.83%;湖周围存在开垦种植现象,耕地占 18.37%,园地占 2.84%;湖周围人类活动密集,人工地表占比高达 41.49%,其中房屋建筑区、道路、构筑物、人工堆掘地分别占 14.20%、9.28%、6.62%、11.39%。

表 6-48 阅海湖湖岸向陆地 3 km 缓冲范围内地表覆盖分类面积

类型	面积/km²	构成比/%
耕地	17.63	18.37
园地	2.73	2.84
林地	11.36	11.83
草地	16.40	17.09
水域	8.04	8.38
荒漠与裸露地	0.00	0.00
房屋建筑区	13.63	14.20
铁路与道路	8.91	9.28
构筑物	6.35	6.62
人工堆掘地	10.93	11.39

图 例

　耕地
　园地
　林地
　草地
　房屋建筑区
　铁路与道路
　构筑物
　人工堆掘地
　荒漠与裸露地
　水域

比例尺：1∶150 000

图 6-49　阅海湖沿岸 3 km 范围地表覆盖分布

6.3　云贵高原湖区的 15 个湖泊

6.3.1　云南省的 9 个湖泊

选取了位于云南省的滇池、洱海、抚仙湖、程海、杞麓湖、星云湖、异龙湖、阳宗海、泸沽湖等 9 个湖泊。

1. 滇池

古称大泽、滇南泽，又称昆明湖、昆阳海。在昆明市西南郊，东南临呈贡、晋宁两区，西北近西山、官渡两区。《汉书地理志》载"益州郡，滇池县，大泽在西，滇池泽在西北"；《水经注》又载"北郡有池，周围二百余里，水源深广，末更浅狭，有似倒流，故曰滇池"；另据近人考证，滇与甸同音，系古代彝民所指"坝子"之谐音，意"坝子中的湖泊"。滇池为西南第一大湖，面积 300.53 km^2。

湖水主要依赖地表径流和湖面降水补给，主要入湖河流有位于东北部的盘龙江、东白沙河、宝象河、马料河，东部的洛龙河、捞鱼河、梁王河，东南部的大河、柴河和西南部的东大河等，西部来水全为短小溪流。

滇池是昆明市的下游湖泊和盆地汇水中心，水资源不丰富，出口受人工控制，湖泊换水周期长，自净能力弱。

　　对滇池湖岸向陆地 3 km 缓冲范围内地表覆盖的分类面积进行数理统计，统计结果见表 6-49，分布见图 6-50。从表 6-40 和图 6-50 可以看出，滇池湖岸向陆地 3 km 缓冲范围内 10 类地表覆盖都有分布。湖岸周边林草覆盖度不高，占 37.96%，主要分布在西部，其中草地占 11.87%，林地占 26.09%；湖周围存在开垦种植现象，耕地占 6.77%，园地占 5.42%；湖周围人类活动密集，人工地表占比高达 46.86%，其中房屋建筑区、道路、构筑物、人工堆掘地分别占 13.13%、7.64%、18.16%、7.93%。

表 6-49　滇池湖岸向陆地 3 km 缓冲范围内地表覆盖分类面积

类型	面积/km²	构成比/%
耕地	25.49	6.77
园地	20.41	5.42
林地	98.19	26.09
草地	44.66	11.87
水域	11.03	2.93
荒漠与裸露地	0.18	0.05
房屋建筑区	49.42	13.13
铁路与道路	28.76	7.64
构筑物	68.36	18.16
人工堆掘地	29.83	7.93

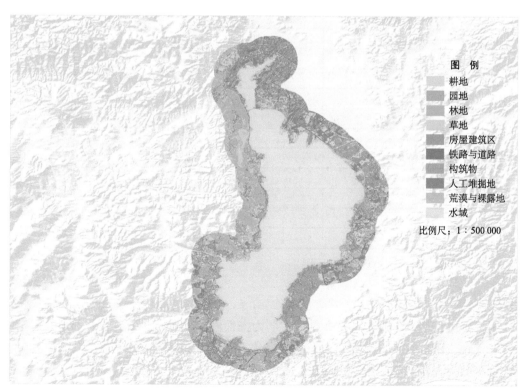

图 6-50　滇池沿岸 3 km 范围地表覆盖分布

2. 洱海

古代称为叶榆泽，汉朝称昆明池，唐代名西洱海，历史上还称西洱海、昆弥川等。在历史名城大理市郊区，因湖形似耳状，故名洱海。面积 248.32 km²，为云南省第二大淡水湖。

洱海水产资源丰富，盛产鲤鱼、弓鱼、鳔鱼、细鳞鱼、鲫鱼、草鱼、鲢鱼、青鱼、虾、蟹等十余种，其中以弓鱼最为著名，身形长瘦，鳞细肉鲜，号称"鱼魁"，当地称为"鱼土锅"，是洱海的特产。

洱海是白族人民的"母亲湖"，白族先民称之为"金月亮"，是一个风光秀媚的高原淡水湖泊，具有优越的区位优势，显著的综合功能，厚重的历史文化，良好的发展环境，是大理政治、经济、文化的摇篮，也是自治州经济可持续发展的基础。

对洱海湖岸向陆地 3 km 缓冲范围内地表覆盖的分类面积进行数理统计，统计结果见表 6-50，分布见图 6-51。从表 6-50 和图 6-51 可以看出，洱海湖岸向陆地 3 km 缓冲范围内 10 类地表覆盖都有分布。湖岸周边林草覆盖度不高，占 39.34%，其中草地占 5.53%，林地占 33.81%，主要分布东部、北部；湖周围开垦种植现象明显，耕地占 30.58%，园地占 5.16%，主要分布在西部；湖周围人类活动密集，人工地表占 23.53%，其中房屋建筑区、道路、构筑物、人工堆掘地分别占 12.94%、4.78%、3.05%、2.76%。

表 6-50　洱海湖岸向陆地 3 km 缓冲范围内地表覆盖分类面积

类型	面积/km²	构成比/%
耕地	104.65	30.58
园地	17.67	5.16
林地	115.71	33.81
草地	18.94	5.53
水域	4.27	1.25
荒漠与裸露地	0.43	0.13
房屋建筑区	44.30	12.94
铁路与道路	16.36	4.78
构筑物	10.43	3.05
人工堆掘地	9.46	2.76

3. 抚仙湖

宋大理时代名罗伽湖，为罗伽部地，明为抚仙湖。相传有二仙倒映湖中，并肩搭手倚立；又说玉山抚其上，宛如仙人，故名。我国第三深水湖，地跨澄江、江川、华宁三县，湖平面呈南北向的葫芦形，面积 215.92 km²。

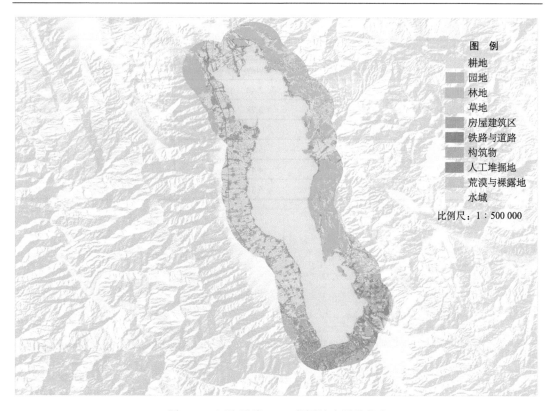

图 6-51　洱海沿岸 3 km 范围地表覆盖分布

　　抚仙湖的形成，大约起始于地质年代新近纪末，是云贵高原抬升过程中形成的断陷型深水湖泊。湖水主要依赖湖面降水和地表径流补给，主要入湖河流除星云湖经隔河（又名海门河）来水外，尚有西龙潭、梁王河、东大河、西大河、尖山河等。出水口为湖东的海口河，又名清水河，注入南盘江。

　　抚仙湖景色优美，别具一格，现为云南省级旅游度假示范区。

　　对抚仙湖湖岸向陆地 3 km 缓冲范围内地表覆盖的分类面积进行数理统计，统计结果见表 6-51，分布见图 6-52。从表 6-51 和图 6-52 可以看出，抚仙湖湖岸向陆地 3 km 缓冲范围内 10 类地表覆盖都有分布。湖岸周边林草覆盖度约占一半，占 51.17%，其中主要类型为林地，占 42.22%，草地占 8.95%；湖周围开垦种植现象明显，耕地占 33.25%，园地占 4.06%；湖周围人类活动比较密集，人工地表占 10.32%，其中房屋建筑区、道路、构筑物、人工堆掘地分别占 4.29%、2.00%、1.66%、2.37%。

表 6-51　抚仙湖湖岸向陆地 3 km 缓冲范围内地表覆盖分类面积

类型	面积/km²	构成比/%
耕地	89.34	33.25
园地	10.92	4.06
林地	113.44	42.22

续表

类型	面积/km²	构成比/%
草地	24.06	8.95
水域	2.40	0.89
荒漠与裸露地	0.78	0.29
房屋建筑区	11.53	4.29
铁路与道路	5.39	2.00
构筑物	4.47	1.66
人工堆掘地	6.37	2.37

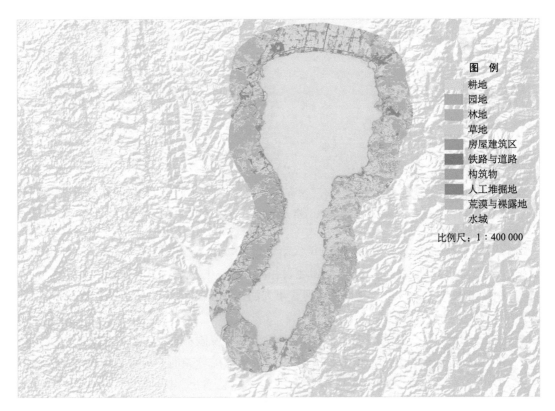

图 6-52　抚仙湖沿岸 3 km 范围地表覆盖分布

4. 程海

又名黑伍海，因湖北岸的黑伍尔而得名。在丽江市永胜县城永北镇南 20 km 处，程海湖面呈现狭长形、南连期纳河谷，北临三川盆地，面积 75.08 km²。

湖水主要依赖地表径流和湖面降水补给，入湖全是季节性河流，较大的仅季家村河。程海湖是一个天然的内陆封闭湖泊，自身的水质净化功能相对比较脆弱。

程海是永胜县得天独厚的渔业生产基地，湖中生长着 15 种土著鱼类，有鲤鱼、白鲦鱼、牙鲦鱼、丁钩鱼、小花鱼、鲫鱼等。程海蓝藻，为湖区特产。程海蓝藻的形成，与程海湖区的特殊环境有关。程海位于金沙江干热河谷地带，气候干燥，光照充足。

　　对程海湖岸向陆地 3 km 缓冲范围内地表覆盖的分类面积进行数理统计，统计结果见表 6-52，分布见图 6-53。从表 6-52 和图 6-53 可以看出，程海湖岸向陆地 3 km 缓冲范围内 10 类地表覆盖都有分布。湖岸周边林草覆盖占 66.30%，其中林地占 58.85%，草地占 7.45%；湖周围开垦种植现象明显，耕地占 22.71%，园地占 4.35%；湖周围房屋建筑密度较高，占 3.71%。

表 6-52　程海湖岸向陆地 3 km 缓冲范围内地表覆盖分类面积

类型	面积/km²	构成比/%
耕地	35.84	22.71
园地	6.87	4.35
林地	92.90	58.85
草地	11.76	7.45
水域	0.34	0.22
荒漠与裸露地	0.13	0.08
房屋建筑区	5.86	3.71
铁路与道路	1.54	0.97
构筑物	1.58	1.00
人工堆掘地	1.04	0.66

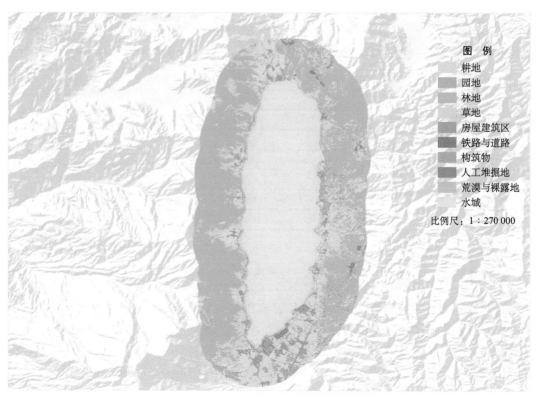

图 6-53　程海湖沿岸 3 km 范围地表覆盖分布

5. 杞麓湖

又名通湖，古称海河和双湖。在玉溪市通海县北约 2 km，以杞麓山(今凤凰山)得名；蒙古语"杞麓"意即湖里长出石头。相传昔日水涝不通，有僧以杖穿穴泄其水，唐代时称为"海河"，后又称"通湖"。位于云南省通海县境内。湖泊形似葫芦状，北、西和南部岸线由大堤控制，东部紧逼山麓，面积 37.09 km²。

湖水依赖湖面降水、地表径流、泉水和地下水补给，主要入湖河流有中河、窑冲河、大新河等 10 余条间歇性小河。

杞麓湖是通海县较重要的水资源，杞麓湖流域是通海县社会经济发展的主体，是通海县生存发展的基础，通海人民把杞麓湖称为"母亲湖"。

对杞麓湖湖岸向陆地 3 km 缓冲范围内地表覆盖的分类面积进行数理统计，统计结果见表 6-53，分布见图 6-54。从表 6-53 和图 6-54 可以看出，杞麓湖湖岸向陆地 3 km 缓冲范围内 10 类地表覆盖都有分布。湖岸周边林草覆盖度不高，仅占 23.83%，其中林地占 20.80%，草地占 3.03%；湖周围开垦种植现象严重，耕地占 48.27%，园地占 1.66%；湖周围人类活动密集，人工地表占 25.07%，其中房屋建筑区、道路、构筑物、人工堆掘地分别占 13.86%、3.60%、4.88%、2.73%。

表 6-53　杞麓湖湖岸向陆地 3 km 缓冲范围内地表覆盖分类面积

类型	面积/km²	构成比/%
耕地	54.50	48.27
园地	1.87	1.66
林地	23.48	20.80
草地	3.43	3.03
水域	1.29	1.14
荒漠与裸露地	0.04	0.03
房屋建筑区	15.64	13.86
铁路与道路	4.06	3.60
构筑物	5.51	4.88
人工堆掘地	3.09	2.73

6. 星云湖

又名江川海子，俗称星海、浪广海，古称利水，位于玉溪市江川区城北 2 km 处。据《江川县志》记载："夜间星皎洁，银河在宇"，以景名湖。与抚仙湖仅一山之隔，一河相连，属古抚仙湖的一部分，后因牛摩古水道随着周围山体抬升，古抚仙湖被分割，才形成相对独立的水体。为高原断层淡水湖，呈肾形，面积为 35.24 km²。

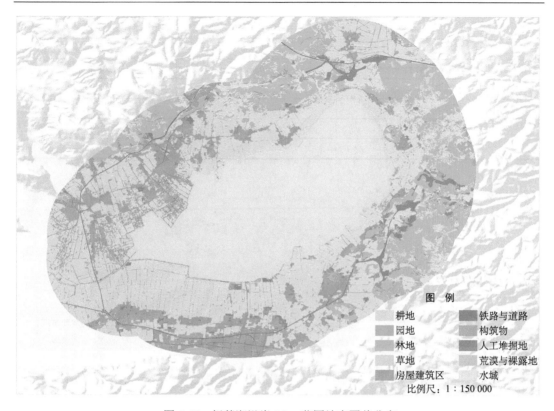

图例

耕地　　　　铁路与道路
园地　　　　构筑物
林地　　　　人工堆掘地
草地　　　　荒漠与裸露地
房屋建筑区　水域
比例尺：1∶150 000

图 6-54　杞麓湖沿岸 3 km 范围地表覆盖分布

　　湖水依赖地表径流和湖面降水补给，入湖河流主要有东河、西河、侯家沟河、小街河、周官河、大街河、旧州河和螺蛳河等。星云湖属营养性湖泊，是发展水产养殖业的天然场所，也是云南省较早有专业部门繁殖和放养鱼类的湖泊。

　　对星云湖湖岸向陆地 3 km 缓冲范围内地表覆盖的分类面积进行数理统计，统计结果见表 6-54，分布见图 6-55。从表 6-54 和图 6-55 可以看出，星云湖湖岸向陆地 3km 缓冲范围内 10 类地表覆盖都有分布。湖岸周边林草覆盖度不高，仅占 34.95%，其中林地占 29.29%，草地占 5.66%；湖周围开垦种植现象严重，耕地占 43.14%，园地占 2.62%；湖周围人类活动较为密集，人工地表占 17.75%，其中房屋建筑区、道路、构筑物、人工堆掘地分别占 9.40%、2.44%、3.83%、2.08%。

表 6-54　星云湖湖岸向陆地 3 km 缓冲范围内地表覆盖分类面积

类型	面积/km²	构成比/%
耕地	48.59	43.14
园地	2.95	2.62
林地	32.99	29.29
草地	6.37	5.66
水域	1.68	1.50

续表

类型	面积/km²	构成比/%
荒漠与裸露地	0.05	0.04
房屋建筑区	10.58	9.40
铁路与道路	2.74	2.44
构筑物	4.31	3.83
人工堆掘地	2.34	2.08

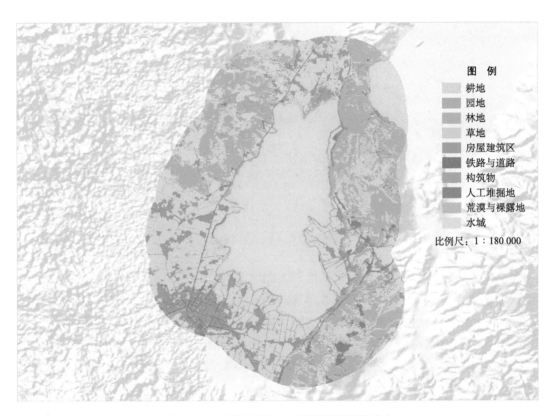

图 6-55　星云湖沿岸 3 km 范围地表覆盖分布

7. 异龙湖

又名石屏海、邑罗黑，位于红河哈尼族彝族自治州的石屏县东南 3 km 处。邑罗黑系彝语音译，意为"龙吐水形成之湖"，后演变为异龙湖。形呈葫芦状，面积为 35.12 km²。

湖水依赖地表径流、湖面降水和地下水补给，入湖河流有城河、城南河、城北河，入湖河流中除城河有常年流水外，其他均为季节河。

对异龙湖湖岸向陆地 3 km 缓冲范围内地表覆盖的分类面积进行数理统计，统计结果见表 6-55，分布见图 6-56。从表 6-55 和图 6-56 可以看出，异龙湖湖岸向陆地 3 km 缓冲范围内 10 类地表覆盖都有分布。湖岸周边林草覆盖度接近一半，占 46.87%，其中林地占 43.52%，主要分布在北部，草地占 3.35%；湖周围开垦种植现象明显，耕地占 21.26%，园地占 17.47%，主要分布在南部；湖西北部房屋建筑密集，房屋面积占 6.36%。

表 6-55　异龙湖湖岸向陆地 3 km 缓冲范围内地表覆盖分类面积

类型	面积/km²	构成比/%
耕地	26.97	21.26
园地	22.15	17.47
林地	55.19	43.52
草地	4.25	3.35
水域	2.03	1.60
荒漠与裸露地	0.02	0.01
房屋建筑区	8.06	6.36
铁路与道路	4.32	3.41
构筑物	2.51	1.98
人工堆掘地	1.32	1.04

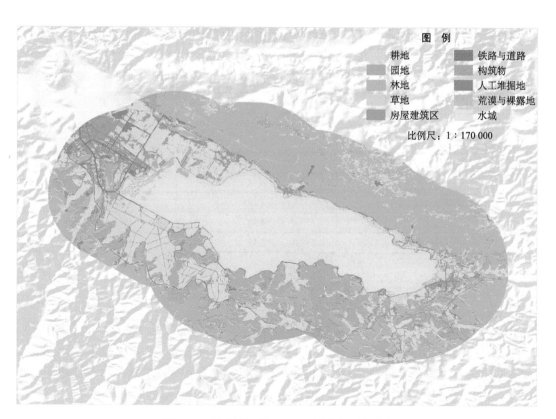

图 6-56　异龙湖沿岸 3 km 范围地表覆盖分布

8. 阳宗海

古称明湖，又名大泽、铁池、汤池、大池，跨宜良、澄江、呈贡三县。因湖水清澈，深碧如明镜，故称明湖。宋代段氏立大理国在此设强宗部，后讹传阳宗。小江断裂西支穿过阳宗海盆地，因受左旋拉张的应力作用断陷形成。湖面呈纺锤形，面积 30.79 km^2。

湖水依赖地表径流和湖面降水补给，主要入湖河流有阳宗河、七里河，以及东西两侧山地的暂时性溪流。

阳宗海湖光山色，景色秀丽，随着旅游业的发展，已成为昆明至石林旅游线路中的一处旅游景点。

对阳宗海湖岸向陆地 3 km 缓冲范围内地表覆盖的分类面积进行数理统计，统计结果见表 6-56，分布见图 6-57。从表 6-56 和图 6-57 可以看出，阳宗海湖岸向陆地 3 km 缓冲范围内 10 类地表覆盖都有分布。湖岸周边林草覆盖度超过一半，占 54.33%，其中林地占 35.91%，草地占 18.42%；湖周围开垦种植现象明显，耕地占 20.65%，园地占 8.56%；湖周围人类活动较为密集，人工地表占 14.96%，其中房屋建筑区、道路、构筑物、人工堆掘地分别占 5.34%、3.62%、3.90%、2.10%。

表 6-56　阳宗海湖岸向陆地 3 km 缓冲范围内地表覆盖分类面积

类型	面积/km^2	构成比/%
耕地	23.89	20.65
园地	9.91	8.56
林地	41.56	35.91
草地	21.32	18.42
水域	1.50	1.29
荒漠与裸露地	0.24	0.20
房屋建筑区	6.18	5.34
铁路与道路	4.19	3.62
构筑物	4.52	3.90
人工堆掘地	2.43	2.10

9. 泸沽湖

古称鲁窟海子，又名左所海，俗称亮海。纳西族摩梭语"泸"为山沟，"沽"为里，意即山沟里的湖；因位于左所附近，故名左所海。川滇两省界湖，是高原断层溶蚀陷落湖泊，面积 26.17 km^2。位于四川省凉山彝族自治州盐源县与云南省丽江市宁蒗彝族自治县之间，四川的湖岸线比云南的湖岸线长，约占 2/3，湖东为盐源县泸沽湖镇（原左所区），湖西为宁蒗县永宁区。

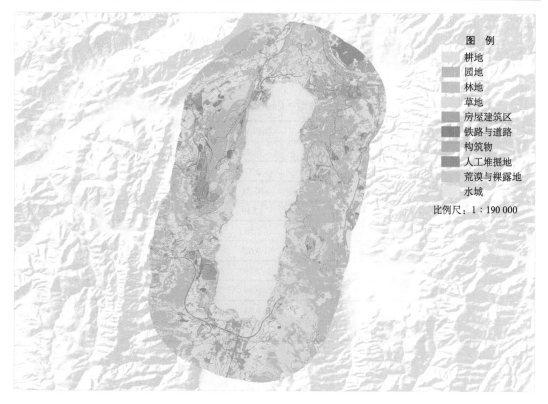

图 6-57　阳宗海沿岸 3 km 范围地表覆盖分布

　　泸沽湖在地貌区划上属横断山系切割山地峡谷区，横断山北段高山峡谷亚区和滇东盆地山原区，滇西北中山山源亚区交界地带。泸沽湖湖岸多弯曲，形成深渊的小港湾，湖中有大小岛屿七个，都是石灰岩残丘。沿湖有四个较大的半岛伸入湖中，其中由东至西伸到湖中的长岛长达 4 km，把湖面阻隔成马蹄形。东部湖底有长形深槽，北部和长岛两侧的湖坡陡峻。湖北面有狮子山，东北面有肖家火山，西南为狗钻洞山地，泸沽湖如明镜镶嵌于高原群山之中。

　　泸沽湖是一个外流淡水湖泊，湖水依赖地表径流和湖面降水补给，入湖河流共 18 条(云南部分 11 条，四川部分 7 条)，其中常流河共 9 条(云南部分 5 条，四川部分 4 条)，分别为大渔坝河、乌马河、幽谷河、王家湾河、蒗放河、凹垮河、蒙垮河、大嘴河和八大队河。湖水的出口在东岸，每年 6～10 月，湖水经东侧的大草海注入前所河，再注入盖祖河(下游称永宁河)，再注入卧龙河(又名卧落河、盐源河)，入流理塘河，最后排入长江上游干流段金沙江的支流雅砻江。

　　1986 年，云南省人民政府批准建立泸沽湖省级自然保护区；1999 年，四川省凉山州人民政府批准建立泸沽湖州级自然保护区。

　　对泸沽湖湖岸向陆地 3 km 缓冲范围内地表覆盖的分类面积进行数理统计，统计结果见表 6-57，分布见图 6-58。从表 6-57 和图 6-58 可以看出，泸沽湖湖岸向陆地 3 km 缓冲范围内 10 类地表覆盖都有分布。湖岸周边林草覆盖度高，占 83.46%，主要类型为林地，占 73.73%；湖周围存在开垦种植现象，耕地占 9.94%，园地占 2.21%，主要分布在东部。

表 6-57 泸沽湖湖岸向陆地 3 km 缓冲范围内地表覆盖分类面积

类型	面积/km²	构成比/%
耕地	12.45	9.94
园地	2.77	2.21
林地	92.31	73.73
草地	12.19	9.73
水域	1.55	1.24
荒漠与裸露地	0.62	0.50
房屋建筑区	2.10	1.67
铁路与道路	0.79	0.63
构筑物	0.33	0.26
人工堆掘地	0.10	0.08

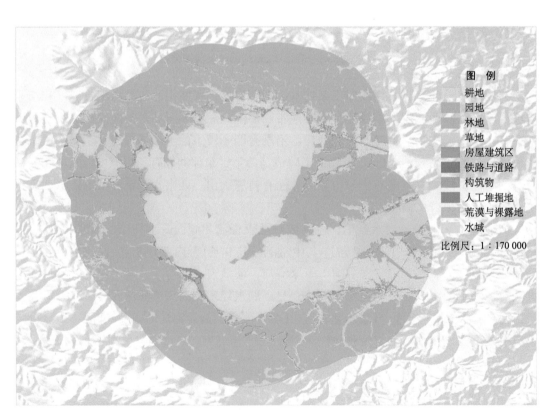

图 6-58 泸沽湖沿岸 3 km 范围地表覆盖分布

6.3.2 贵州省的 1 个湖泊

选取了位于贵州省的草海 1 个湖泊。

草海又名松坡湖、南海子、八仙海，在威宁彝族回族自治县西南部，因湖中水草繁茂故名草海。我国面积最大的构造岩溶湖，素有高原明珠之称，面积 27.65 km²。

湖水依赖地表径流和湖面降水补给，主要入湖河流有北门河、东山河、卯家海子河、大中河和白马河等。

草海是一个典型的高原湿地生态系统，是黑颈鹤等 228 种鸟类的重要越冬地和迁徙中转站。是贵州最大的高原天然淡水湖泊、中国 I 级重要湿地、国家 AAAA 级旅游景区；世界十大观鸟基地，被美国国家地理杂志评选为世界上最受欢迎的旅游胜地。

对草海湖岸向陆地 3 km 缓冲范围内地表覆盖的分类面积进行数理统计，统计结果见表 6-58，分布见图 6-59。从表 6-58 和图 6-59 可以看出，草海湖岸向陆地 3 km 缓冲范围内 10 类地表覆盖都有分布。湖岸周边林草覆盖度低，仅占 20.14%，其中林地占 14.52%，草地占 5.62%；种植土地围湖现象突出，严重压缩了"湖-岸"生态系统的自然延展性，耕地占比高达 58.58%，园地占 0.42%；湖周围人类活动较为密集，人工地表占 19.63%，其中房屋建筑区、道路、构筑物、人工堆掘地分别占 9.81%、2.98%、3.54%、3.30%。

表 6-58 草海湖岸向陆地 3 km 缓冲范围内地表覆盖分类面积

类型	面积/km²	构成比/%
耕地	63.03	58.58
园地	0.45	0.42
林地	15.63	14.52
草地	6.04	5.62
水域	1.21	1.12
荒漠与裸露地	0.11	0.10
房屋建筑区	10.55	9.81
铁路与道路	3.21	2.98
构筑物	3.81	3.54
人工堆掘地	3.55	3.30

6.3.3 四川省的 5 个湖泊

选取了位于四川省的邛海、兴伊错、马湖、哈丘错干、唐家山堰塞湖等 5 个湖泊。

1. 邛海

邛海，属更新世早期断陷湖，形成于距今约 180×10⁴ 年前，位于四川省凉山彝族自治州西昌市，因"邛都夷"在沿岸繁衍生息而得名。《汉书》《后汉书》分别以"邛池泽"

和"邛河"之名而载入史册。唐代以后民间普遍称邛海，文人雅士多称邛池。《南中志》云："邛都县(今西昌)东南数里有邛河，纵广二十里，深百余丈，多大鱼，长一二丈，头特大，遥视如戴铁釜然。"元代意大利旅行家马可·波罗曾游历邛海，《马可波罗行纪》中记述邛海有"珍珠无数"，"惟大汗自欲时，则命人采之。"体现了邛海悠久的文化。

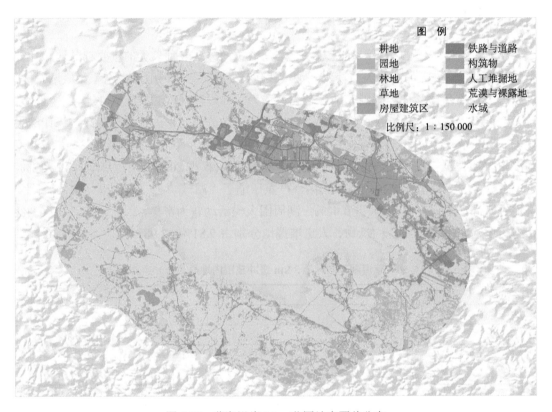

图 6-59　草海沿岸 3 km 范围地表覆盖分布

　　邛海其形状如蜗牛，东、南、西三面环山。西为素称"川南胜景"的泸山；东接与昭觉县之间的界山；南为螺髻山北坡低山；北至西昌市区所在的东、西河谷地。南北最长约 11.5 km，东西最宽约 5.5 km，面积 27.80 km²。

　　邛海是高原半封闭大淡水湖，常年水面海拔 1 507 m，终年无冰冻。水源补给以地表径流为主，湖周冲积扇层间地下水为主、喀斯特裂隙水次之。周边数条山溪河支流如鸟爪状注入其中，尤以官坝河、鹅掌河为大，汇流面积 307 km²，多年平均径流量 1.2×10^8 m³。降水直接补给，多年平均湖面降水量 $2\,650 \times 10^4$ m³。邛海属安宁河水系，汇集小箐河、官坝河、天鹅掌河等河，由海河排泄，海河自邛海西北角流出后，在西昌城东和城西纳入东河、西河后转向西南注入安宁河。邛海地区属于中亚热带高原季风湿润气候区，素有小"春城"之称，蕴藏着丰富的气候资源，对发展工农业、航天业、旅游业都十分有利。

　　对邛海湖岸向陆地 3 km 缓冲范围内地表覆盖的分类面积进行数理统计，统计结果见表 6-59，分布见图 6-60。从表 6-59 和图 6-60 可以看出，邛海湖岸向陆地 3 km 缓冲范围内 10 类地表覆盖都有分布。湖岸周边林草覆盖度超过一半，占 52.38%，其中林地占45.99%，草地占 6.39%；湖周围存在开垦种植现象，耕地占 15.61%，园地占 5.50%；湖周围人类活动较为密集，人工地表占 23.94%，其中房屋建筑区、铁路与道路、构筑物、人工堆掘地分别占 10.71%、2.24%、8.94%、2.05%。

表 6-59　邛海湖岸向陆地 3 km 缓冲范围内地表覆盖分类面积

类型	面积/km²	构成比/%
耕地	18.10	15.61
园地	6.37	5.50
林地	53.31	45.99
草地	7.40	6.39
水域	2.10	1.81
荒漠与裸露地	0.88	0.76
房屋建筑区	10.37	10.71
铁路与道路	2.60	2.24
构筑物	10.37	8.94
人工堆掘地	2.37	2.05

图 6-60　邛海沿岸 3 km 范围地表覆盖分布

2. 兴伊错

兴伊错藏语意为"献湖"之意，它是海子山最大的湖泊，位于海子山中部，面积 7.14 km²，淡水湖。

湖底成锅底形，一般深 3 m 左右，最深处达数十米。其成因是古冰体侵蚀堆堆集而成，湖下方有冰退终碛环绕。是稻城河主要源头，湖周地势平坦，牧草茂盛，是桑堆乡牧民的放牧基地。

兴伊错海拔 4 420 m，湖中盛产高原黄鱼，湖面栖息着成群的黄鸭，常有野猪、野羊、白唇鹿等出现。1982 年，湖附近发现过恐龙牙齿化石。

对兴伊错湖岸向陆地 3 km 缓冲范围内地表覆盖的分类面积进行数理统计，统计结果见表 6-60，分布见图 6-61。从表 6-60 和图 6-61 可以看出，兴伊错湖岸向陆地 3 km 缓冲范围内分布有除耕地、园地外的 8 个地类。湖岸周边林草覆盖度高，占 94.06%，其中林地占 81.43%，草地占 12.63%。

表 6-60　兴伊错湖岸向陆地 3 km 缓冲范围内地表覆盖分类面积

类型	面积/km²	构成比/%
耕地	—	—
园地	—	—
林地	61.06	81.43
草地	9.47	12.63
水域	2.23	2.98
荒漠与裸露地	1.97	2.62
房屋建筑区	0.00	0.00
铁路与道路	0.25	0.33
构筑物	—	—
人工堆掘地	0.01	0.01

3. 马湖

马湖位于四川凉山彝族自治州雷波县境内，明朝设置马湖府，即是以马湖而取名。马湖上部原系一条古河道，下部为深沟峡谷，由于强烈地震，山谷崩塌，造成今日之堆石坝和美丽的湖泊。

马湖属高原大型天然深水湖泊，水域面积 7.11 km²。东、西、南三面为高山屏障，北面为玄武岩、石灰岩碎块堆积而成的天然石坝。湖区港湾深幽，湖岸曲折多变，湖底灰岩层光滑细腻，无淤泥，湖水四季盈盈，清澈透明，无任何污染。湖周沿岸由茶园和森林环绕，林木苍翠，湖光山色交相辉映，风光秀美绮丽。

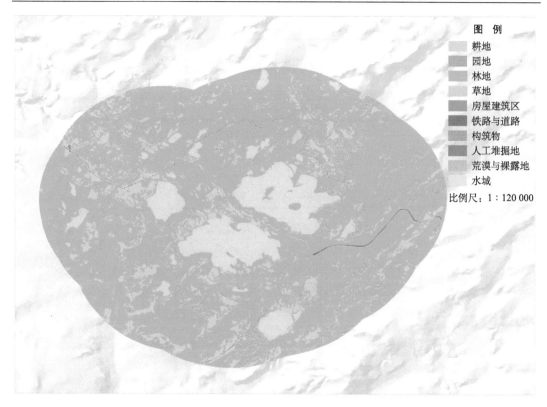

图例

耕地
园地
林地
草地
房屋建筑区
铁路与道路
构筑物
人工堆掘地
荒漠与裸露地
水域

比例尺：1：120 000

图 6-61　兴伊错沿岸 3 km 范围地表覆盖分布

　　湖区属北亚热带高原季风气候，年均气温 13.6 ℃。湖内有浮游动物 33 种，其中原生生物 6 种，轮虫 17 种，枝角类 8 种，桡足类 2 种。鱼类区系单纯，仅见鲤、鲫、鲶、泥鳅和黄鳝 5 种。

　　对马湖湖岸向陆地 3 km 缓冲范围内地表覆盖的分类面积进行数理统计，统计结果见表 6-61，分布见图 6-62。从表 6-61 和图 6-62 可以看出，马湖湖岸向陆地 3 km 缓冲范围内分布有 10 个地类地表覆盖都有分布。湖岸周边林草覆盖占 68.02%，主要类型为林地，占 59.91%；开垦种植现象明显，耕地占 27.67%，园地占 0.52%，主要分布在南部、北部。

表 6-61　马湖湖岸向陆地 3 km 缓冲范围内地表覆盖分类面积

类型	面积/km²	构成比/%
耕地	19.63	27.67
园地	0.37	0.52
林地	42.50	59.91
草地	5.75	8.11
水域	0.38	0.54
荒漠与裸露地	0.02	0.03
房屋建筑区	1.71	2.41

类型	面积/km²	构成比/%
铁路与道路	0.42	0.60
构筑物	0.13	0.18
人工堆掘地	0.02	0.02

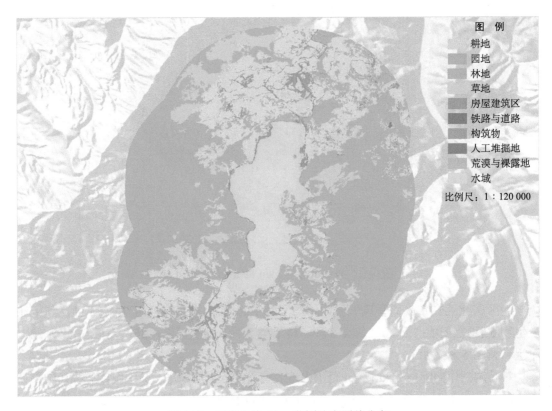

图例

耕地
园地
林地
草地
房屋建筑区
铁路与道路
构筑物
人工堆掘地
荒漠与裸露地
水域

比例尺：1∶120 000

图 6-62　马湖沿岸 3 km 范围地表覆盖分布

4. 哈丘错干

哈丘错干位于四川省阿坝藏族自治州若尔盖县境内，湖区水位 3 436 m，最大湖宽 2.8 km，面积 6.66 km²。

对哈丘错干湖岸向陆地 3 km 缓冲范围内地表覆盖的分类面积进行数理统计，统计结果见表 6-62，分布见图 6-63。从表 6-62 和图 6-63 可以看出，哈丘错干湖岸向陆地 3 km 缓冲范围内分布有除耕地、园地、人工推掘地外的 7 个地类。湖岸周边林草覆盖度非常高，占 99.34%，主要类型为草地，占 98.72%。

表 6-62　哈丘错干湖岸向陆地 3 km 缓冲范围内地表覆盖分类面积

类型	面积/km²	构成比/%
耕地	—	—
园地	—	—
林地	0.38	0.62
草地	59.89	98.72
水域	0.11	0.18
荒漠与裸露地	0.06	0.09
房屋建筑区	0.00	0.00
铁路与道路	0.07	0.11
构筑物	0.18	0.29
人工堆掘地	—	—

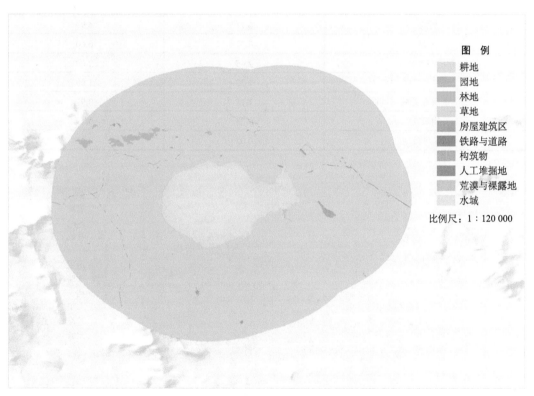

图 例
耕地
园地
林地
草地
房屋建筑区
铁路与道路
构筑物
人工堆掘地
荒漠与裸露地
水域

比例尺：1∶120 000

图 6-63　哈丘错干沿岸 3 km 范围地表覆盖分布

5. 唐家山堰塞湖

　　唐家山堰塞湖位于中国四川省北川羌族自治县境内，其堰塞坝位于北川老县城曲山镇上游 4 km 处。2008 年 5 月 12 日发生的汶川大地震造成唐家山大量山体崩塌，两处相邻的巨大滑坡体夹杂巨石、泥土冲向湔江河道，形成巨大的堰塞湖。

　　唐家山堰塞湖是汶川大地震后形成的最大堰塞湖，是北川灾区面积最大、危险最大的一个堰塞湖。坝体顺河长约 803 m，横河最大宽约 611 m，湖水面积 3.46 km^2。由石头和山坡风化土组成，湖上游集雨面积 3 550 km^2。

对唐家山堰塞湖湖岸向陆地 3 km 缓冲范围内地表覆盖的分类面积进行数理统计，统计结果见表 6-63，分布见图 6-64。从表 6-63 和图 6-64 可以看出，唐家山堰塞湖湖岸向陆地 3 km 缓冲范围内 10 个地类都有分布。湖岸周边林草覆盖度良好，占 84.18%，其中林地占 79.19%，草地占 4.99%；存在开垦种植现象，耕地占 9.57%，园地占 1.55%；荒漠与裸露地占 2.00%，主要分布在湖的东端。

表 6-63　唐家山堰塞湖湖岸向陆地 3 km 缓冲范围内地表覆盖分类面积

类型	面积/km^2	构成比/%
耕地	11.73	9.57
园地	1.90	1.55
林地	97.05	79.19
草地	6.11	4.99
水域	0.73	0.60
荒漠与裸露地	2.45	2.00
房屋建筑区	1.22	1.00
铁路与道路	1.11	0.91
构筑物	0.23	0.19
人工堆掘地	0.03	0.03

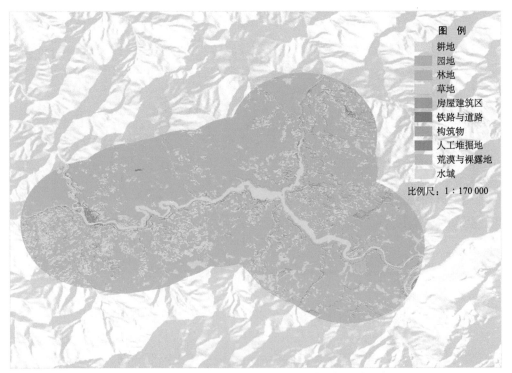

图 6-64　唐家山堰塞湖沿岸 3 km 范围地表覆盖分布

6.4　典型湖泊地理国情监测

6.4.1　抚　仙　湖

在开展第一次全国地理国情普查的同时，为进一步推动地理国情监测工作，国务院第一次全国地理国情普查领导小组办公室(以下简称"国普办")下发了《关于在开展地理国情普查的同时做好普查成果应用及地理国情监测工作的通知》(国地普办〔2014〕7号)，《关于印发<地理国情监测内容指南>的通知》(国地普办〔2014〕15 号)，要求各地制订地理国情监测方案，加快普查成果应用，力争在 2014 年年底前形成两项以上监测成果。然而，由于气候变暖和人类经济活动的增加，近年来抚仙湖水位呈下降趋势，水域面积逐渐缩小，抚仙湖流域生态环境正面临着越来越严重的威胁。依据《云南省抚仙湖保护条例》和玉溪市抚仙湖管理局对抚仙湖保护的需求，云南省测绘地理信息局决定选择抚仙湖流域生态环境动态监测作为试点工作之一，由云南省基础地理信息中心负责项目的实施。

对抚仙湖流域水体与流域土地利用变化、水土流失等进行监测，构建流域综合数据库和土地利用变化驱动力模型，开展流域环境承载力分析与评价研究，建立抚仙湖流域生态环境动态监测综合信息平台，揭示抚仙湖面积与体积变化的特征、原因，及其与流域生态环境变化、社会经济发展之间的关系，充分发挥云南省第一次全国地理国情普查成果的应用，为抚仙湖流域综合管理提供决策支持，为云南省开展九大高原湖泊生态环境监测奠定基础，也是"十三五"开展常态化地理国情监测的有益探索。

地球表面能够存储水资源的形式有冰川、积雪、河流、地下水、水库、湖泊等，其中湖泊是最典型的陆面蓄水方式，是生态系统的重要组成部分，其面积变化直接或间接地反映了湖区气候的变化和人类的活动。而随着时间的推移，湖泊的数量、大小的变化也会作用于人类活动和气候变化(毋亭和侯西勇，2016)。遥感技术能够实时、低成本、高效率地获取湖泊变化的动态数据，而且受人为和自然因素影响较小，遥感与地理信息系统的有效结合作为一种新的技术支撑着湿地研究的开展(陈晓英等，2015)。

目前，对于湖泊面积变化的监测主要借助遥感影像来提取湖面信息进而分析湖泊的时间和空间变化特征。例如，Muabar 和 Chandrasekar(2013)、李磊等(2014)等不仅讨论了岸线的定义和分类，而且总结了岸线信息的提取技术，展望其发展方向及研究趋势，给以后的岸线研究提供参考。张郝哲(2012)以 1999~2009 年的 TM 和 ETM 遥感影像为信息源，对内蒙古达里诺尔湖泊的现状进行调查，通过湖泊面积、空间分异性、岸线变化三个方面，以及和其他湖泊的对比，发现湖泊正在萎缩，并且具有典型的代表性，能够反映地区的气候、生态变化情况，提出气温和降水是导致湖泊变化的主要原因，畜牧业的过度发展也是不可避免的原因之一。刘佳丽和刘旭(2016)等利用 1990~2015 年覆盖青藏高原的 Landsat TM 遥感影像对青藏高原湖泊星罗棋布的变迁情况进行监测，研究表明湖泊在逐年扩张，且气温变化、冰水融水量的增加、降水量的增多是引起湖面变化的原因。贾恪(2014)选取科尔沁沙地沙丘与草甸相间地区为研究区，基于遥感影像提取1986～2013年湖泊个数和湖面信息，分析其变化规律和空间分异特征，采用偏相关分析方法对驱动因子进行分析。

从上述研究可以看出，多数研究者在青藏高原、新疆、内蒙古以及沿海地区采用GIS和RS结合的方式，提取湖面信息并分析其时间和空间变化规律，主要基于偏相关分析、层次分析、主成分分析等方法进行驱动力研究。高原湖泊是国际湖泊研究热点，抚仙湖地处低纬度、高海拔的云贵高原，是独具特色的高原湖泊生态系统，因受东亚和西南季风影响，成为全球变化响应最为敏感的代表性湖泊之一。然而，由于气候变暖和人类经济活动的增加，近年来水位呈下降趋势，水域面积逐渐缩小，抚仙湖面临着越来越严重的威胁(Li et al.，2016)。利用遥感技术及空间分析技术对其面积变化和驱动因子分析鲜见报道。为此，开展近40年抚仙湖面积遥感动态监测，分析其湖岸线和面积的时空变化情况、辨识其驱动因子，以期能为政府及相关部门对抚仙湖流域的保护及资源开发、管理提供决策支持。

1. 监测区概况

抚仙湖位于云南省玉溪市境内，居滇中盆地中部，位于昆明市东南60 km处，跨澄江、江川和华宁三县，地理位置为24°21′28″～24°38′00″N，102°49′12″～102°57′26″E(图6-65)。抚仙湖处于滇中湖群五大湖泊(抚仙湖、星云湖、杞麓湖、阳宗海和滇池)的中心部位，与滇池、杞麓湖、阳宗海的水平距离分别为17 km、18 km、27 km，南部有2.5 km长的隔河与星云湖相通。

抚仙湖流域属滇中红土高原湖盆区，以高原地貌为主，受构造盆地影响，区域内地势周围高、中间低，相对高差较大，且其位于亚热带季风气候区，属典型的中亚热带半湿润季风气候，流域内分布有红壤、棕壤、紫色土和水稻土4个类型，其中以红壤面积最大，占总面积的61%。

抚仙湖群山环抱，周围湖积平原狭窄，除东大河流域面积50 km²外，其余多在30 km²以下，约有1/2以上的河流流域面积不超10 km²。河长多在20 km以内，河床比降达10‰～100‰，常以坡面漫流和细小沟溪直接汇入湖泊，导致河水暴涨暴落，枯季断流，河川径流的调节性极差。

抚仙湖流域是玉溪市森林覆盖率最低的区域之一。由于长期人为的砍烧，仅在交通不便的偏僻地区还残留有小片常绿阔叶林。目前流域范围内的植被以云南松林、华山松林、灌丛、灌草丛等次生植被为主。云南松林和华山松林的覆盖面积达到了9.74%和11.53%，灌草丛的覆盖面积达到了8.29%，受人为干扰破坏后生长的半湿润常绿阔叶灌丛覆盖面积达到7.43%。整个禁控区的森林覆盖率为23.70%，导致土壤侵蚀趋于严重。

抚仙湖流域地处滇中地区，历史上开发较早，经济社会较为发达，是云南省综合经济实力较强的地区之一，产业发展基础较为厚实。流域内第一产业主要以粮食和经济作物、畜牧业为主；第二产业主要以磷化工为主，形成了磷化工、烤烟及配套、建筑建材、

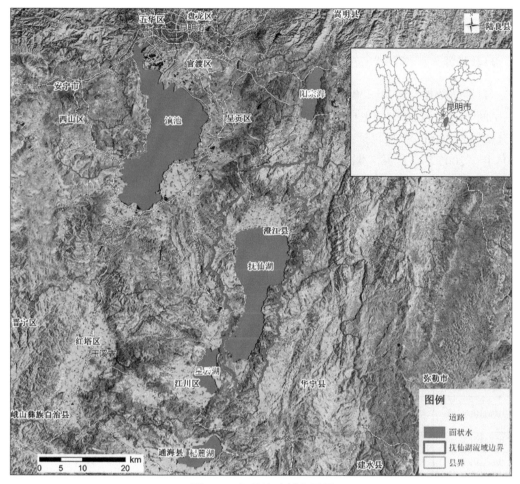

图 6-65　抚仙湖流域位置图

生物资源加工等特色支柱产业；第三产业主要以批发零售、交通运输、仓储及邮政、房地产、金融保险和旅游业为主。

　　抚仙湖属贫营养型淡水湖泊，总体水质保持Ⅰ类，平均透明度为 5～6 m，最大可达 12.5 m，水域面积 216.6 km²，平均水深 95.2 m，最大水深 158.9 m，蓄水量 206.2×10⁸ m³，占云南九大高原湖泊蓄水总量的 68.3%，占全国淡水湖泊总蓄水量的 9.16%，占全部国控重点湖泊Ⅰ类水质的 91.4%，占全国优于Ⅱ类水质湖泊淡水资源量的 50% 以上，是太湖蓄水量的 4.5 倍、巢湖的 6.4 倍，是珠江源头第一大湖，是目前地球上同一纬度唯一保持Ⅰ类水质的湖泊，也是我国内陆湖中最深、水质最好、蓄水量最大的深水型贫营养湖泊，是国家重要的战略储备资源，以及滇中地区及泛珠三角区域的战略水资源和社会经济可持续发展的重要资源保障，同时也是珠江流域和西南片区具有重大战略意义的饮用水源。在玉溪市乃至全省全国经济社会可持续发展中占有举足轻重的地位，因此加强抚仙湖流域土地退化及生态安全的研究意义重大。

2. 数据和研究方法

1) 数据源

(1)遥感数据。1974～2014 年，对抚仙湖面积监测主要采用了多源遥感低分辨率数据(空间分辨率为 60 m，主要包括 1974 年和 1977 年一共 2 期数据)，中分辨率数据(空间分辨率为 30 m，主要包括：1987 年、1993 年、1996 年、2000 年、2001 年、2002 年、2004 年、2005 年，一共 8 期数据)，高分辨率数据(彩红外航空像片，QuickBird 数据，WorldView-2 数据，主要包括 2006 年、2009 年、2012 年、2014 年和 2015 年一共 5 期数据)，部分数据具体来源见表 6-64。

表 6-64　抚仙湖流域数据列表

卫星传感器	时相(年-月-日)	空间分辨率/m	列	行	来源
Landsat MSS	1977-01-05	79	139	43	http://glovis.usgs.gov/
Landsat TM	1987-01-07	30	129	44	http://glovis.usgs.gov/
Landsat TM	1996-01-16	30	130	44	http://glovis.usgs.gov/
Landsat ETM+	2000-02-20	30	129	44	http://glovis.usgs.gov/
QuickBird	2006-03-09	0.61	—	—	云南省第二次土地调查影像成果(DOM)
QuickBird	2009-12-18	0.61	—	—	卫星代理商购买
WorldView-2	2012-01-29	0.5	—	—	云南省第一次全国地理国情普查影像成果(DOM)
WorldView-2	2014-01-26	0.5	—	—	卫星代理商购买
WorldView-2	2015-03-28	0.5	—	—	卫星代理商购买

(2)气象数据。数据包括从气象局获取的抚仙湖流域各测站的年降水、月降水数据、年蒸发、月蒸发数据，以及 1975～2012 年澄江县、江川县和华宁县的气象观测资料。从水利局获取的 1987～2012 年的人口经济数据，以及监测出来的 1974～2014 年的土地利用数据，利用统计分析方法进行计算。

2) 研究方法

(1)湖岸线提取和湖面面积计算。多源遥感影像水体信息提取采用计算机自动分类与人工判读解译结合的方式。在 ERDAS 图像处理软件的支持下对影像进行几何精校正，几何误差控制在 1 个像元内，空间参考使用 2000 国家大地坐标系，投影类型采用中央经线为 105°E、高斯-克吕格 6°分带投影。

对中等分辨率遥感影像数据，采用归一化水体指数对水体信息进行自动化提取，人工判读辅助进行修改，将提取的水体信息转化成矢量湖边界信息，最后面积的计算通过统计水体区域的像元个数，将像元个数与影像分辨率进行相乘计算获得。Landsat 影像数据提取湖岸线中，误差控制在 1 个像元内。目前提取水体指数的方法主要有归一化水体指数法和改进的归一化水体指数法(张飞等,2015)。归一化水体指数的原理是根据光学特征,利用波段比值法,用目标地物的反射率除以背景地物的反射率,使得水体得到增强,其他背景地物弱化,从而提取出水体信息。

对于水体信息复杂的高分辨率影像和彩红外航片,直接通过人工解译对水体信息进行提取。对提取的湖边缘线采用矢量的方式进行湖面面积计算。高分辨率影像在提取湖岸线过程中,误差控制在 5 个像元内。

(2)湖岸线分形维数。作为海岸线分形理论中常用的定量指数,分形维数的大小可表达海岸线形状复杂程度,值越大海岸线形状越复杂(徐进勇等,2013)。分形维数的计算方法有量规法和网格法。刘鹏等基于 Matlab,采用网格法计算了黄河三角洲岸线的分形维数(Jabaloy-Sánchez et al.,2014;刘鹏等,2015)。网格法的思想是用不同尺度的网格覆盖海岸线,不同尺度对应不同网格总数,取网格数的对数与网格尺度的对数斜率的绝对值作为海岸线的分形维数(Grassberger,1983)。

(3)色关联度分析。 对于定量地去描述事物之间关联程度的大小,前人们提出了许多形式的相关系数,如典型的相关系数等,其原理都是以数理统计的方法为基础,可靠性取决于是否具备大量的数据,而无法支撑数据量少的统计研究,灰色关联度从某些程度上弥补了这种缺陷,其分析方法是灰色系统理论的一个分支(布买日也木·买买提等,2016)。对于灰色关联分析方法来说,序列曲线几何形状的相似程度决定了各因素之间的关联。曲线越接近,关联程度就越大,反之越小(张有利等,2010;叶绍明等,2010)。灰色关联分析可以弥补传统数理统计方法的不足,对样本量的多少和样本有无规律同样适用(段旭等,2010;伊丽努尔·阿力甫江等,2015)。

(4)岸线提取精度地面验证。为了进一步对提取的岸线信息精度进行验证,以 2015 年的影像数据提取的岸线为检核数据,地面验证时间选择了与影像获取时间相对同步,于 2015 年 4 月 1~3 日沿湖边选择 26 个水位点进行实测,采用高精度双频大地型 GPS 接收机,观测模式为基于云南省卫星定位连续运行基准站(YNCORS)的区域静态网观测模式,测量水位点的 2000 大地坐标,将实测的点位值与采集的岸线的垂直距离进行对比,26 个实测点的误差见表 6-65。

表 6-65 2015 年实测水位点误差表

水位点	实拍数据	影像数据	误差/m
sw01			+1.409
sw02			0
sw03			0

水位点	实拍数据		影像数据	误差/m
sw04				0
sw05				+0.8554
sw06				+1.0598
sw07				−9.684
sw08				+2.7919
sw09				−3.0649
sw10				+3.1337
sw11				0
sw12				+3.7501
sw13				0
sw14				+2.7647
sw15				+1.2567
sw16				+1.4276
sw17				0
sw18				0
sw19				0

水位点	实拍数据		影像数据	误差/m
sw20				−1.577
sw21				−1.268
sw22				−6.7602
sw23				0
sw24				0
sw25				0
sw26				0

从表 6-65 可以看出，误差控制在较好的范围内，精度良好，可以确定本书所用的岸线面积提取方法具有可靠性。

3. 结果与分析

1）湖岸线变化分析

（1）长度和变化强度。采用计算机自动分类与人工判读解译结合的方式，将采用归一化水体指数法提取的水体信息转化成矢量湖边界信息，通过 GIS 软件统计出各岸线的长度如表 6-66 所示。

表 6-66　抚仙湖湖岸线 1974～2015 年长度统计表

年份	长度/km	年份	长度/km	年份	长度/km
1974	108.616 4	2000	113.911 5	2006	109.922 1
1977	109.915 1	2001	112.174 8	2009	115.904 8
1987	111.780 1	2002	111.911 2	2012	102.828 0
1993	111.777 1	2004	112.225 8	2014	100.088 1
1996	112.575 5	2005	112.016 7	2015	98.380

从表 6-66 可得出，抚仙湖湖岸线变化分为四个阶段，1974～2000 年湖岸线处于持续变长的趋势，2000 年长度最长，为 113.911 5 km。2000～2005 年湖岸线长度在 111～113 km

变化,变化幅度不明显。在 2006～2014 年,湖岸线以较大的幅度在变动,先变长后变短,在 2009 年出现自 1974 年以来的最长长度,达 115.904 8 km,然而在 2015 年,湖岸线仅为 98.380 km。从这些数据中可以看出抚仙湖湖岸线长度变化在近几年很不稳定。

为了客观地比较各时段湖岸线长度变化速度的时空差异,采用某一时间段内湖岸线长度的年均变化百分比来表示湖岸线的变化强度。根据公式(林乃峰等,2012)分四个时段计算出了湖岸线的变化强度如表 6-67 所示。

表 6-67　抚仙湖湖岸线长度变化强度表

年份	1974～1987	1987～1996	1996～2005	2005～2015
变化强度/%	0.224 1	0.079 4	0.055 2	1.386

从表 6-67 中可以看出,2005～2015 年变化强度最大,达到 1.386%,与湖岸线长度在此期间不稳定的变化趋势趋于一致。1974～1987 年抚仙湖湖岸线以 0.2241%的强度在变长,仅次于 2005～2015 年。1996～2005 年变化强度最小,为 0.0552%。

(2)分形维数。基于网格法(Jabaloy-Sánchez et al.,2014)利用 GIS 软件的创建渔网功能,以及最小二乘线性回归分析原理计算出各时期抚仙湖湖岸线的分形维数如表 6-68 所示(分辨系数为 0.5),R^2均在 0.99 以上,说明分形维数可以作为表征抚仙湖湖岸线特征的良好参数。

表 6-68　抚仙湖湖岸线各时期分形维数表

年份	R^2	分形维数	年份	R^2	分形维数	年份	R^2	分形维数
1974	0.998 2	1.234 5	2000	0.998 8	1.274 8	2006	0.996 1	1.059 1
1977	0.997 9	1.263 8	2001	0.999	1.221 9	2009	0.996 9	1.044 1
1987	0.998 3	1.273 3	2002	0.998 4	1.244 1	2012	0.998 2	1.018 1
1993	0.997 9	1.258	2004	0.998 2	1.266 6	2014	0.998 6	1.037 3
1996	0.998 6	1.249 5	2005	0.998 3	1.239 7	2015	0.999 8	1.043 6

分形维数值越大形状越复杂,计算出各时期抚仙湖湖岸线的分形维数,如表 6-68 所示:2005 年作为一个转折点,在 2005 年之前,维数以小幅度在变化,但分形维数都大于 1.2,说明相比于一般的湖泊,抚仙湖的形状相对比较复杂,而且整体属于上升的趋势。然而 2005 年以后,值突然减小,2012 年最小,值仅为 1.0181。湖岸线分形维数整体属于减小的趋势,而 2014 年以后又有所回升。从整体来看,分形维数并不总是保持同一趋势,说明近 40 年来抚仙湖的湖岸线具有一定的复杂性。

2)面积变化分析

面积计算通过统计水体区域的像元个数,将像元个数与影像分辨率进行相乘计算获得,1974～2015 年面积计算结果统计如图 6-66 所示。

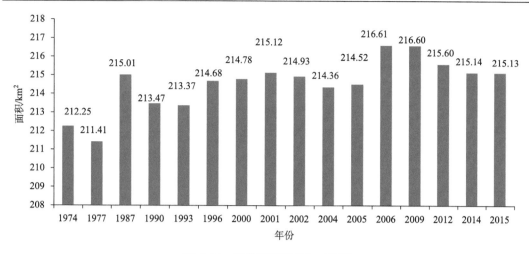

图 6-66　抚仙湖面积变化对比图

从图 6-66 中可以看出，1974～2015 年抚仙湖最小面积 211.41 km²(1977 年)，最大面积 216.61 km²(2006 年)。1974～1977 年抚仙湖面积从 212.25 km² 萎缩到 211.41 km²，萎缩了 0.84 km²，然而到 1987 年湖面面积又扩张到 1974～2000 年以来的最大值 215.01 km²，达到了 1974～2014 年以来的第一个峰值。1987 年之后，抚仙湖面积进入一个萎缩、扩张又萎缩的过程，直到 2006 年，面积增加到 216.61 km²，出现 1974～2014 年以来的第二个峰值，也是 40 年来的最大值。2006～2015 年，面积开始小幅度回落，到 2015 年，面积减小为 215.13 km²。

3) 空间分异分析

(1) 空间分异特征。湖面面积的变化不仅体现在时间尺度上的变化，更体现在空间位置上的变化。为了能更直观地体现面积的变化，本书借鉴几何学中的象限分析方法(许宁等，2016)。将平面分为 45° 的八个象限来分析湖面的空间分异特征，即以 1974 年的湖面重心(102°53′10.916″E，24°31′10.588″N)作为起点，以东西方向为横轴，南北方向为纵轴按照象限方位将平面划分为八个象限，以 10 年为间隔计算不同时间段内的面积在每个象限内的变化量，如表 6-69 所示。

表 6-69　抚仙湖各时间段面积在各象限内的变化情况

象限	一	二	三	四	五	六	七	八
1974～1977 年	−0.119 7	−0.173 6	−0.102 6	−0.417 5	0.077 3	0.033 0	0.042 5	−0.171 0
1977～1987 年	0.636 3	0.400 3	0.280 1	0.577 6	1.076 8	0.006 5	0.088 1	0.646 6
1987～1996 年	−0.170 1	−0.001 8	0.032 8	0.173 2	0.010 0	0.056 6	0.039 2	−0.053 5
1996～2005 年	0.032 1	−0.041 0	−0.093 4	−0.128 5	−0.132 4	−0.011 7	−0.024 4	−0.022 5
2005～2015 年	0.281 3	0.244 2	0.089 9	0.420 8	0.159 8	0.001 4	0.009 6	0.075 9
总计	0.659 9	0.428 1	0.206 8	0.625 7	1.191 5	0.085 8	0.155 0	0.475 5

注：正的为面积扩张，负的为面积萎缩

同时为了方便直接地展现各时段不同方位的变化差异和主导方向变化，绘制了湖泊不同时段变化的综合玫瑰图，如图6-67所示。

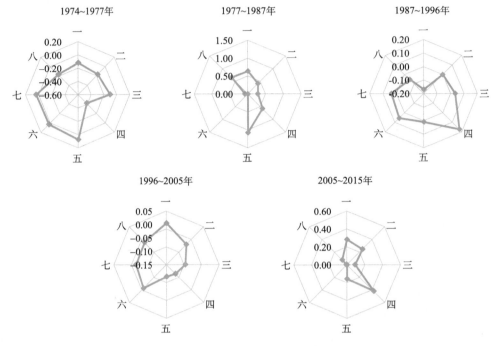

图6-67 抚仙湖各时间段方向面积变化统计图

从1974～1977年和1996～2005年的变化玫瑰图可以看出这两个时间段内的湖面总体在萎缩，东南方向萎缩最明显。1977～1987年以及2005～2015年这两个时间段湖面则在扩张，分别在正南方和东南方有大幅度的扩张。而1987～1996年湖面面积有扩张有萎缩，在正北方向萎缩最明显，在东南方向扩张最明显。这些变化都与湖泊总面积变化的结果一致。

（2）湖泊重心转移轨迹。湖泊重心的转移反映了湖泊面积、湖底地形、湖底沉积的动态变化（董芳，2003）。近40年间，由于湖泊面积在不同方向上的扩张缩小比例不均衡，导致湖泊重心的不断转移。为了对湖泊重心偏移情况进行有效分析，以10年为间隔计算了重心经纬度（表6-70），提取了湖泊的偏移轨迹如图6-68所示。

表6-70 抚仙湖各时期重心经纬度表

年份	经度	纬度	年份	经度	纬度
1974	102° 53′10.92″E	24° 31′10.59″N	1996	102°53′10.52″E	24° 31′9.47″N
1977	102° 53′10.35″E	24° 31′10.92″N	2005	102°53′10.48″E	24° 31′9.91″N
1987	102° 53′10.55″E	24° 31′10.02″N	2015	102°53′11″E	24° 31′9.63″N

根据表6-70计算可以得出湖泊重心从1974～1977年，仅3年时间向东南偏东偏移了18.8285 m，1977～1987年重心偏移最大，向正南偏东方向偏移了28.1896 m，位置从

(102°53′10.35″E，24°31′10.92″N)偏移到(102°53′10.55″E，24°31′10.02″N)。1996~2005
年重心偏移最小，偏移量仅为 13.666 2 m。2005~2015 年，重心向东南方向偏移了 17.074 2
m，位置由(102°53′10.48″E，24°31′9.91″N)偏移到(102°53′ 11″ E，24°31′9.63″N)。结合
表 6-70 和图 6-68,可以得出湖泊的重心偏移方向与其象限区域变化密切相关。抚仙湖的
重心偏移方向与面积在各方向上的变化基本一致，对重心偏移的分析为面积变化提供了
一种佐证。

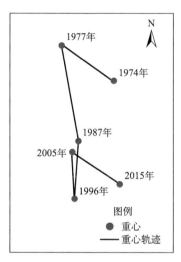

图 6-68　抚仙湖近 40 年重心移动轨迹

4)驱动力分析

湖面的变化可以认为是自然因素和人为因素共同作用的结果，即直接因素和间接因
素。采用土地利用、气温、降水及蒸发量四个因素来定量描述抚仙湖湖面变化的驱动力。

(1)土地利用因素。土地利用变化是人类经济活动最直接的反映，人类对大自然的干
扰能直接体现在土地利用变化上，而湖泊就是第一承受者。因此，土地利用/土地覆被变化
必然会影响湖泊的变化。研究通过对获取的影像采用监督分类和非监督分类结合的方式进行
分类，并进行转移矩阵计算，提取耕地、房屋建筑区、林地面积、草地在各时期的面积，以
及转移面积较大的几个地类(图 6-69~图 6-71)，提取部分有用信息的转移矩阵如表 6-71 所示。

表 6-71　抚仙湖流域 1974~2012 年土地利用面积转移矩阵表　　　　　(单位：hm²)

项目	耕地	林地	草地	房屋建筑区	水域
耕地	4 600.6	1 022.96	240.92	700.26	77.94
林地	7 252.81	18 761.12	3 410.34	384.87	103.03
草地	1 816.59	2 611.23	1 226.62	84.27	16.57
房屋建筑区	157.28	24.15	10.21	311.43	2.9
水域	13.19	53.26	52.07	5.19	21 638.86

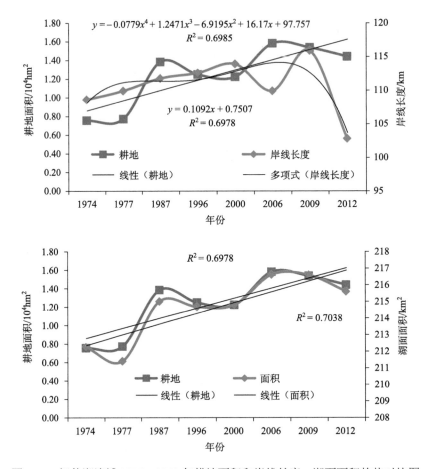

图 6-69　抚仙湖流域 1974～2012 年耕地面积和岸线长度、湖面面积趋势对比图

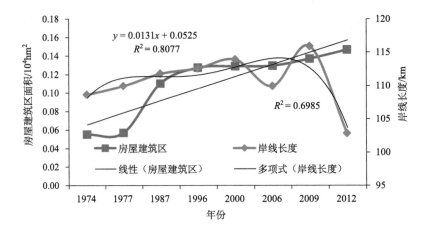

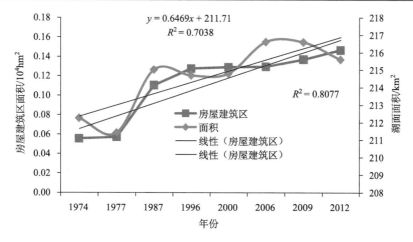

图 6-70　抚仙湖流域 1974～2012 年房屋建筑区面积和岸线长度、湖面面积趋势对比图

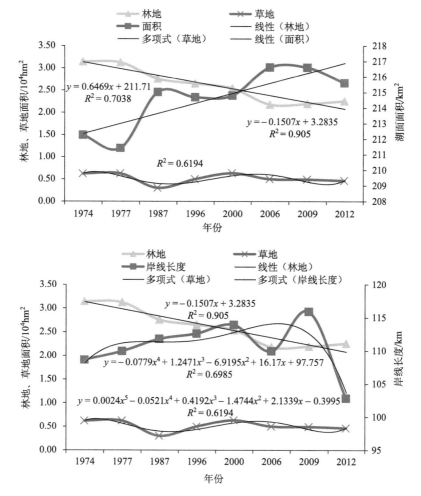

图 6-71　抚仙湖流域 1974～2012 年林地、草地面积和湖面面积、岸线长度趋势对比图

从图 6-69～图 6-71 可以看出，土地利用的数据与岸线和面积叠加分析，趋势高度一致。可以将变化分为两个时段，在 2009 年之前岸线长度和面积整体处于上升趋势，之后都处于减小的趋势。耕地面积从 1974 年的 0.76×10^4 hm^2 增加到 2009 年的 1.54×10^4 hm^2，2009 年之后岸线长度和湖泊面积同时减小。从转移矩阵可以看出变化最明显的是 7 252.81 hm^2 的林地转换为耕地，而耕地仅有 2 042.08 hm^2 转换为了林地、草地、房屋建筑区和水域。房屋建筑区自 1974 年以来一直在增加，2009 年以后尽管岸线长度和湖泊面积减小，其仍在增加，从 552.38 hm^2 增加到 1 465.69 hm^2，然而从转移矩阵中可以看出其他研究地类转换成房屋建筑区的面积并不大，可以推断是其自身的增长。林地与岸线长度和面积呈负相关关系，2000 年以前林地面积在减少，岸线和面积在增加，2000 年以后趋势相反，但 2009 年以后再次出现交点，说明林地面积是引起岸线和面积变化的主要因素之一。结合灰色关联分析结果，我们可以看到草地无论岸线和面积怎么变化它都以平稳的趋势在变化，其对岸线和面积的变化影响较小。

(2) 人口和经济因素。抚仙湖流域的经济和人口都处于逐年增长的状态，而流域旅游业的发展也极大地促进了经济的增长速度，旅游业的增长必定会增加人类社会的经济活动。抚仙湖流域的人口从 1987 年的 13.9×10^4 人增加到 20.9×10^4 人，以每年 0.18×10^4 人的速度在增加，人口的增长导致城镇及乡村生活用水量的增加，水利工程项目增多，高密度和高强度的人类活动对岸线造成威胁，岸线趋于复杂，长度变长，2009 年达到最大值。分析 2006 年玉溪市 GDP 构成，第一产业产值为 45.6×10^8 元，占 GDP 总量的 20.9%，第二产业产值为 62.8×10^8 元，占 GDP 总量的 28.8%。GDP 的增长需要水资源的支持，在生产用水量中，第一产业用水量 5.822×10^8 m^3，占生产用水的 68.0%；第二产业用水量 2.559×10^8 m^3，占生产用水的 29.9%；第三产业用水量 0.1759×10^8 m^3，占生产用水的 2.1%。同时旅游业的发展，经济持续快速增长，给湖泊带来极大的压力，在 2009 年以后湖岸线开始变短，面积开始变小。然而人口和经济因子对抚仙湖岸线和面积是否有直接影响仍需进一步研究。

(3) 蒸发量和降水量。从图 6-72 可以看出年平均降水量与湖岸线呈现正相关关系，而年平均蒸发量与其呈现较强的负相关关系，降水量与蒸发量之差与面积变化趋势刚好相反。平均蒸发量、降水量与蒸发量之差两条曲线在 1987 年、2001 年、2005 年、2009 年、2012 年相继出现拐点，而湖岸线和面积在此时也出现拐点，充分说明它们之间的相互影响关系。

抚仙湖流域的年平均蒸发量总体处于上升趋势，2000 年出现最低值，低达 128.48 mm，2000 年之后增长趋势越来越大，2012 年达到最大值 186.66 mm，高出平均值 37.85 mm，湖岸线的长度随着年平均蒸发量的增减而减小。近 40 年抚仙湖流域的年平均降水量的平均值为 70.39 mm，标准差最大为 14.91 mm。降水量的变化趋势可分为两个时间段，2001 年以前，年平均降水量呈上升趋势，从 73 mm 上升到 86.92 mm，同时达到 1974 年以来的峰值；2001～2012 年一直在下降，以每年 2.86 mm 的速度在减小，2012 年达到最小值 55.48 mm。

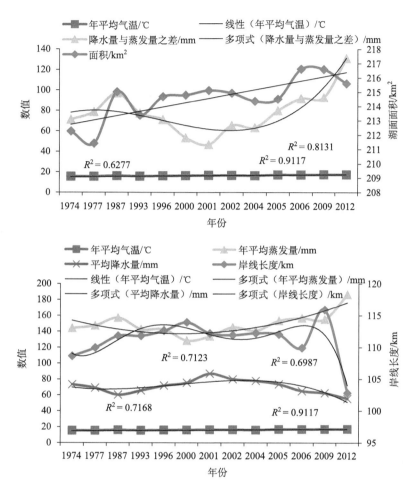

图 6-72　抚仙湖流域 1974～2012 年年平均气温、蒸发量、降水量和岸线长度、湖面面积趋势对比图

(4) 平均气温。在全球气温变暖的背景下，近 40 年抚仙湖流域的平均气温也呈较微弱的上升趋势，2014 年较 1974 年仅升高了 1.97 ℃，除了在 2006 年突然有小幅度降低，流域近 40 年气温一直在上升，尽管幅度很小。气温的变化影响着蒸发的过程，温度的升高导致蒸发面饱和水汽压的增大，若在其他条件稳定的情况下必定会加快蒸发，使湖面萎缩。因此尽管抚仙湖流域气温上升缓慢仍应引起重视。从趋势图中可以看出年平均气温与岸线和面积的变化趋势一致。

(5) 灰色关联分析。对趋势线的分析可以确定耕地、房屋建筑区、年平均降水量、年平均蒸发量及年平均气温都是引起抚仙湖湖面变化的因素。为了能够更准确地说明它们与湖面变化的相关性，采用灰色关联分析法计算各因素与湖岸线和面积的灰色关联度(表 6-72)。

表 6-72 灰色关联系数、关联度表

年份	耕地		房屋建筑区		林地		草地		年平均气温		年平均蒸发量		年平均降水量	
	岸线	面积	岸线	面积	岸线	面积	岸线	面积	岸线	面积	岸线	面积	岸线	面积
1974	1.000	1.000	1.000	1.000	0.795	0.794	0.651	0.645	0.946	0.997	0.729	0.648	0.834	0.950
1977	0.990	0.989	0.987	0.983	0.799	0.798	0.649	0.642	0.937	1.000	0.711	0.673	0.766	0.935
1987	0.709	0.707	0.673	0.639	0.867	0.866	1.000	1.000	0.929	0.990	0.647	0.714	0.663	0.887
1993	—	—	—	—	—	—	—	—	0.926	0.994	0.776	0.633	0.711	0.913
1996	0.757	0.755	0.611	0.573	0.889	0.888	0.752	0.747	0.923	0.991	0.785	0.626	0.768	0.933
2000	0.766	0.764	0.607	0.569	0.912	0.912	0.642	0.636	0.916	0.991	1.000	0.557	0.794	0.948
2001	—	—	—	—	—	—	—	—	0.929	0.991	0.890	0.579	1.000	1.000
2002	—	—	—	—	—	—	—	—	0.932	0.992	0.751	0.639	0.884	0.968
2004	—	—	—	—	—	—	—	—	0.928	0.993	0.800	0.618	0.849	0.961
2005	—	—	—	—	—	—	—	—	0.935	0.996	0.678	0.692	0.797	0.942
2006	0.650	0.648	0.603	0.567	1.000	1.000	0.748	0.744	0.948	0.988	0.637	0.700	0.725	0.899
2009	0.662	0.660	0.582	0.543	0.996	0.996	0.755	0.750	0.912	0.989	0.694	0.691	0.648	0.889
2012	0.691	0.689	0.550	0.515	0.979	0.979	0.782	0.778	1.000	0.993	0.449	1.000	0.702	0.867
关联度	0.778	0.777	0.702	0.674	0.905	0.904	0.747	0.743	0.935	0.993	0.734	0.675	0.780	0.930

注：表中"—"表示无原始数据无法计算出关联系数

将耕地面积、房屋建筑区面积、林地面积、草地面积、年平均降水量、年平均蒸发量及年平均气温作为灰色关联因子计算得到的关联系数和关联度如表 6-72 所示，可以看出这些因子与岸线和面积的关联度都大于 0.6，说明相关性良好，对湖面变化的影响都比较显著，同时也说明选择这些因子具有科学性和合理性，因此这 7 个因素完全可以作为影响湖面变化的主要因素。对于岸线来说，关联度排序为年平均气温>林地面积>年平均降水量>耕地面积>草地面积>年平均蒸发量>房屋建筑区面积。对于面积来说，这 7 个因子的关联度分别为 0.777、0.674、0.904、0.743、0.993、0.675 和 0.930，年平均气温影响最大，其次是年平均降水量，影响最小的是房屋建筑区面积。从整体来说，自然因子的影响大于人为因子。

4. 结论

(1)近 40 年内，抚仙湖的岸线长度在 2009 年以前都在 108~114 km 稳定上升下降，分形维数无规律的变化、变化强度突然增大说明抚仙湖变化具有一定的复杂性；面积整体在缓慢增长，在每个方向上都有扩张萎缩，重心偏移最大距离达到 28.189 6 m。湖泊的岸线与其面积在 2009 年都达到 1974 年以来的峰值，二者的时空动态变化大致可以分为两个阶段：1974~2009 年，抚仙湖岸线与面积呈平稳变化趋势，变化幅度小；2009~2015 年，抚仙湖岸线与面积呈下降趋势，下降趋势非常明显。

(2)抚仙湖的岸线和面积变化主要受人口、经济、耕地面积、房屋建筑区面积等人为因素和气温、地面蒸发量、降水量等气候要素的驱动和制约。

(3)抚仙湖作为云南九大高原湖泊的典型代表,深受季风气候及城市化双重因素的影响。将 GIS 和 RS 有效结合,准确又高效地从岸线的长度和分形维、面积和空间分异特征定量的描述抚仙湖近 40 年的湖面变化及其原因分析,能够弥补历年来对抚仙湖此项研究的缺失,也能够为抚仙湖以外的整个云贵高原地区对于湖泊变化的研究提供参考。

(4)湖泊面积变化是各种不确定性因素共同影响下的动态过程,驱动因素虽复杂且数量少,符合灰色关联分析法统计过程的性质。因此基于此方法,选取了几个主要的人为和自然要素与岸线和面积变化趋势展开了分析,其变化是气候和社会经济因子共同作用的结果,然而影响湖泊岸线和面积变化的因素具有复杂性,为全面弄清其变化的驱动因子,建议对抚仙湖流域进行长时间的变化监测。

6.4.2　青　海　湖

坚持人与自然和谐共生,建设生态文明是中华民族永续发展的千年大计。青海省是生态大省,青海最大的价值在生态,最大的责任在生态,最大的潜力也在生态,牢牢把握良好生态环境是最普惠的民生福祉。《青海省国民经济和社会发展第十三个五年规划纲要》中强调必须坚持生态保护优先,把生态文明理念贯穿到经济社会发展中,要筑牢国家生态安全屏障,把生态文明建设放在突出位置,切实以生态保护优先理念协调推进经济社会发展,着力解决生态文明意识还不够强、生态保护工作还不到位、生态文明制度还不完善等问题,加强山水林田湖草自然生态系统的保护和修复,完善“一屏两带”生态安全格局。

青海湖流域是青海省生态保护和建设的重点区域,生态功能显著。青海湖是青藏高原东北部的重要水汽源,面积演变在很大程度上反映着青藏高原整体生态环境的变化趋势,其中草地、湖泊等地表覆盖要素作为流域内最具有代表性的生态环境因子,构成了流域生态系统的主体,不仅对青海湖流域生态环境有着举足轻重的控制及调节作用,而且对保护东部生态环境具有重要作用。

结合青海省省情特点,将青海湖流域作为重要的地理省情监测区域,以“山、水、林、田、湖、草”为基本的自然资源要素,通过利用遥感技术进行青海湖面积动态监测,即包括主湖、四大子湖(洱海、尕海、新尕海及海晏湾),以及周边面积大于 $0.1~km^2$ 的所有湖泊面积,监测年份为 1975 年、1987 年、1992 年、1995 年、1999 年、2000~2018年,共计 24 期的湖面面积,其中 1975~2010 年监测了平水期的青海湖面积,2010 年以后分别监测各年度枯水期[①](4 月)、平水期[②](7 月)及丰水期[③](9 月)的青海湖面积监测。形成能反映青海湖流域生态状况的长时间序列监测数据,以反映整个生态区的生态环境状况,为优化国土空间开发格局、开展自然资源管理与监督、加强生态环境保护、制订

---

① 枯水期又称枯水季,指流域内地表水流枯竭,主要依靠地下水补给水源的时期,青海湖的枯水期为每年 12 月至次年 4 月。

② 平水期指水位处于河流年均水位位置的时期,青海湖平水期为每年 7 月。

③ 丰水期为每年 7~11 月,9 月水位最高。

和实施发展战略与规划、有效推进重大工程建设等提供重要依据。

1. 监测区概况

(1)地理位置。青海湖流域的东南部是我国最大的内陆咸水湖——青海湖,它是我国最大的湖泊之一,距离省会西宁市 136 km,地理坐标 36.32°～37.15°N,99.36°～100.47°E(图6-73)。青海湖为流域最低点,从相对高度 2 000 m 左右的山岭到湖面之间,相对落差较大,侵蚀构造地貌、堆积地貌和风积地貌在流域呈环带状发育,且宽窄不一。青海湖湖心有海心山和三块石两个小洲,周边小湖有尕海、新尕海、耳海、海晏湾。由于底层断陷、倒淌河倒流而形成了青海湖。青海湖是构造断陷湖,湖盆边缘多以断裂与周围山相接,距今 20×10⁴～200×10⁴ 年前成湖初期,形成初期原是一个淡水湖泊与黄河水系相通,那时气候温和多雨,湖水通过东南部倒淌河泄入黄河,是一个外流湖。至 13×10⁴ 年前,由于新构造运动,周围山地强烈隆起,使原来注入黄河的倒淌河被堵塞,迫使它由东向西流入青海湖,从而出现了尕海、耳海、海晏湾等子湖。由于外泄通道堵塞,青海湖逐渐演变成了闭塞湖,加上气候变干,青海湖也由淡水湖逐渐变成咸水湖。青海湖形成距今 21×10⁴～35×10⁴ 年,是喜马拉雅晚期新构造断陷湖泊,受控于北西西向、北北西向及近南北向三组断裂构造。

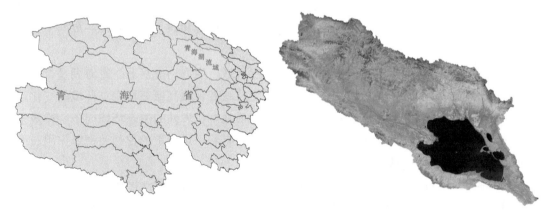

图 6-73　青海湖流域位置图

(2)地形地貌。青海湖流域是一个封闭的内陆流域,属秦祁昆仑地槽褶皱区。整个流域近似织梭形,周围地形西北高、东南低,呈北西西-南东东走向,全流域地势由西北向东南倾斜,四周山岭大部分在海拔 4 000 m 以上。流域内地貌类型复杂多样,由滨湖平原、冲积平原、低山、中山、沙地等组成,其中以滨湖平原为主(图6-74)。

青海湖流域地势高寒,土层较薄,土壤成土过程很缓慢,由于质地疏松,易流失和沙化。流域内地貌复杂多样,从低到高有湖滨平原、冲积平原和河谷平原,其中主要是以冲积洪积平原为主,大面积的沙漠化土地分布在流域东北部,整个流域地从西北向东南倾斜,形成了三级夷平面。青海湖的西部和北部河漫滩、三角洲及河流堆积阶地发育;

东北部分布有大面积风沙堆积；湖边及低洼地带有沼泽地；围湖有沙堤阶地。

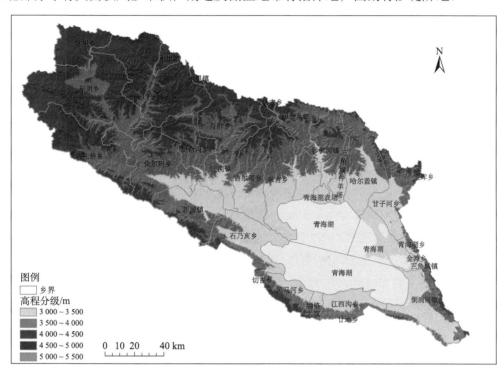

图 6-74　青海湖流域高程带分布地图

（3）气候。青海湖流域处于我国西北干旱区，属于高原大陆性气候，由于青海湖水体的气候调节作用，流域内具有地方小气候特点，即日照强烈、寒冷期长、温暖期短、干旱少雨、气温日差较大。1987～2015 年，年平均气温为 2.11 ℃，年平均气温呈现上升的趋势。从各气象站点平均气温来看，基本呈现南高北低的态势。2015 年与 1987 年气温相比，升高了 1 ℃。流域内气温偏低且垂直变化明显，青海湖东南部的倒淌河地区气温相对最高，西北部地区气温最低，整体表现为由东南向西北递减趋势。

（4）年平均降水量。青海湖流域年降水量平均值在 291～579 mm，受地形和湖区影响，降水分布极不均匀，在青海湖北岸降水从北向南递减，而湖南岸则相反；湖滨四周向湖中心递减，湖东则由东部向西部递减，湖西在布哈河下游河谷地带则向东递减。1987～2015 年，青海湖流域降水量的变化波动比较大，但总体上还是出现了递增的趋势，年平均降水量为 376.6 mm。年降水量最高值出现在 1989 年，为 484.03 mm，最低值出现在 1990 年，降水量为 289.47 mm。1989～1990 年年平均降水量变化最大，降水量减少 194.56 mm，比平均值低 87.13 mm。1990～1993 年连续 4 年降水量都在增加，1997～2000 年又出现降水量一直递减的现象。

（5）年平均日照时数。青海湖流域地处内陆高原，全年晴多云少，因而日照充足。年日照时数为 2 907～3 090 h，年日照百分率为 66%～70%。1987～2015 年，青海湖流域内日照时数波动变化较大，1997～2004 在 2 960 h 以上，但在 2005 年显著减少，降为

2 846 h，2012 年为历年最低值，日照时数仅为 2 704 h。虽然近 30 年来，日照时数波动幅度大，但总体上呈下降趋势，且趋势较为缓慢。

（6）蒸发量。青海湖流域属半干旱地区，常年蒸发量较大，达 1 300～2 000 mm。青海湖流域水面蒸发量的变化趋势是：由山区向平原递增，由北向南递减；水土流失严重，植被稀疏，干旱高温地区蒸发量大于植被良好、湿度较大的地区。由于流域气候干燥、多风，蒸发量大，多年平均蒸发量为 850～1050 mm。蒸发的年际变化不大，年内分配与降水量基本一致，但季节变化比较均匀，5～9 月蒸发量占全年蒸发量的一半。

（7）水文。青海湖流域为四周高山环抱的封闭盆地，其中山区面积约占流域总面积的68.6%，河谷与平原面积占 31.4%。地下水具有干旱-半干旱区内陆盆地典型的水平环状分布规律，即自周边山区向盆地中央依次为地下水的补给区、径流区和排泄区。同时，由于多年冻土的发育，也具有冻土水文的地质特征。

青海湖水补给来源是河水，其次是湖底的泉水和降水。流域内河网不规则分布，西北部河网发育，径流量大；东南部河网稀疏，径流量小。流入青海湖流域面积在 50 km^2 以上的河流有 33 条，主要有布哈河、甘子河、沙柳河、哈尔盖河、乌哈阿兰河、黑马河，其中发源于天峻县沙果林那穆吉水岭的布哈河是其最大的补给河流，全长约 300 km，集水面积14 337 km^2。湖北岸、西北岸和西南岸河流多，流域面积大，支流多；湖东南岸和南岸河流少，流域面积少。布哈河、沙柳河、乌哈阿兰河和哈尔盖河，这 4 条大河的年径流量达16.12×10^{8}m^3，占入湖径流量的 86%，是鱼类洄游产卵和鸟类较集中地区（图 6-75）。

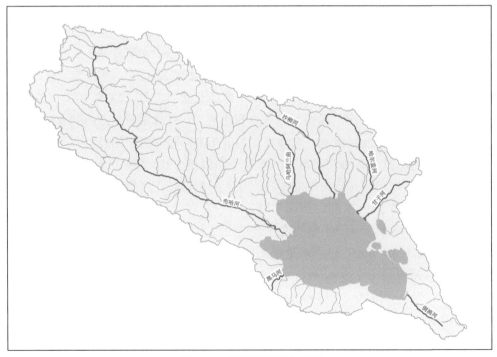

图 6-75　青海湖流域水系图

河流主要以降水和冰雪融水补给,其径流量年内分配及年际变化跟降水量密切相关,年内分配很不均匀,年际变化较大。流域内的现代冰川分布于布哈河上游的岗格尔肖合力,共有 22 条,分布面积为 13.29 km²,储量为 $5.9×10^8$ m³,年融水量 $0.1×10^8$ m³。青海湖每年入湖河补给 $13.35×10^8$ m³,降水补给 $15.57×10^8$ m³,地下水补给 $4.01×10^8$ m³,总补给为 $34.93×10^8$ m³。

(8)其他资源。青海湖鸟禽有 163 种,总数在 $10×10^4$ 只以上。湖中盛产全国五大名鱼之一的青海裸鲤和硬刺条鳅、隆头条鳅。青海湖流域已经开采的矿产资源当属煤炭资源,较大的煤矿有刚察县境内的省属热水煤矿(流域内)和江仓煤矿(流域外),天峻县境内的木里煤矿(流域外)。小规模开采的其他矿产有天峻县境内的硫磺矿、铅矿和锌矿各一处。

(9)社会经济状况。青海湖流域内有 5 个国有农场,包括青海省农牧厅管辖的三角城种羊场,三江源集团公司管理的湖东种羊场和铁卜加草原改良试验站,海北州管辖的青海湖农场,刚察县属黄玉农场。

青海湖由于良好的自然条件,自古以来就是游牧民聚居的地方,而且它又与青海经济发达、人口密集的湟水地区毗邻。因此,青海湖流域居住着藏、汉、蒙古、回、土、撒拉等 10 多个民族,且以藏族为主。大多数藏族和蒙古族以牧业为生,回族和汉族则广泛分布在青海湖区周围。青海湖流域是一个以畜牧业生产为主,兼有少量种植业的地区,地区工业基础薄弱,工业起步较晚,且规模不大,交通、医疗卫生、文化生活还比较落后。

2. 数据和研究方法

1)数据源

(1)遥感影像。数据主要为 30 m 分辨率的 Landsat TM、环境减灾卫星(HJ)数据、高分一号数据,数据获取时间为 1987～2017 年,月份为每年的 8 月,2010 年后增加 7 月为枯水期代表,9 月为丰水期代表。1974 年的监测数据为数字栅格图数据(DRG)。青海湖水涯线提取过程中还参考了相同时间的水位数据(表 6-73)。

表 6-73　青海湖变化监测使用影像统计表

时相 (年-月-日)	传感器	分辨率/m	时相 (年-月-日)	传感器	分辨率/m	时相 (年-月-日)	传感器	分辨率/m
1974	DRG		2009-06-24	TM	30	2014-07-16	TM	15
1987-08-15	TM	30	2010-04-08	TM	30	2014-09-02	TM	15
1992-08-28	TM	30	2010-07-29	TM	30	2015-04-22	TM	15
1995-08-21	TM	30	2010-09-07	TM	15	2015-07-27	TM	15
1999-08-08	TM	15	2011-04-03	TM	15	2015-09-13	TM	15
2000-07-01	TM	30	2011-07-16	TM	30	2016-04-24	TM	15
2001-07-04	TM	30	2011-09-26	TM	15	2016-07-29	TM	15
2002-07-23	TM	30	2012-04-21	TM	15	2016-09-15	TM	15
2003-08-03	TM	15	2012-06	HJ	30	2017-04-11	TM	15

续表

时相 (年-月-日)	传感器	分辨率/m	时相 (年-月-日)	传感器	分辨率/m	时相 (年-月-日)	传感器	分辨率/m
2004-09-14	TM	30	2012-09-12	TM	15	2017-07-16	TM	15
2005-07-15	TM	30	2013-04-16	TM	15	2017-10-04	TM	15
2006-07-26	TM	15	2013-07-29	TM	15	2018-04-16	GF1	2
2007-08-22	TM	30	2013-09-23	TM	15	2018-07-19	TM	15
2008-08-16	TM	15	2014-05-05	TM	15	2018-09-21	TM	15

(2)水文数据。青海湖为内流湖,受降水及蒸发等综合因素影响,年内水位变化明显,并具有较强规律性,通过1974~2016年各年度年内各月水位数据,分析青海湖年内及历年水位变化规律,通过水位分析,确定遥感监测的年度及各年度监测的关键月份(表6-74)。

表6-74　青海湖历年平均水位统计表　　　　　(单位:mm)

年份	年平均水位	年份	年平均水位	年份	年平均水位
1974	3 195.08	1989	3 193.99	2004	3 192.86
1975	3 195.08	1990	3 194.28	2005	3 193.04
1976	3 195.13	1991	3 194.10	2006	3 193.29
1977	3 195.00	1992	3 193.79	2007	3 193.29
1978	3 194.88	1993	3 193.79	2008	3 193.40
1979	3 194.56	1994	3 193.76	2009	3 193.44
1980	3 194.22	1995	3 193.55	2010	3 193.59
1981	3 194.02	1996	3 193.43	2011	3 193.72
1982	3 194.04	1997	3 193.34	2012	3 194.08
1983	3 194.13	1998	3 193.25	2013	3 194.31
1984	3 194.13	1999	3 193.27	2014	3 194.33
1985	3 193.92	2000	3 193.30	2015	3 194.44
1986	3 193.86	2001	3 193.06	2016	3 194.53
1987	3 193.80	2002	3 192.97		
1988	3 193.67	2003	3 192.93		

从图6-76所反映的青海湖历年平均水位趋势来看,1974~2016年青海湖平均水位波动幅度较大,水位最低值出现在2004年为3 192.86 mm,水位最高值出现在1976年,为3 195.13 mm。

将年内每月平均水位减去求得的年平均水位,计算出水位差,将水位差绝对值最小的月份分布情况进行统计可知,各年度7月其水位值基本都高于平均水位。因此,为了确定统一的监测标准,在青海湖面积监测过程中,解译尽量选择7月的遥感影像作为平水期的监测源。

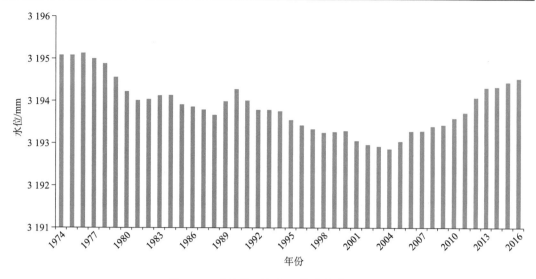

图 6-76　青海湖历年年平均水位统计图

2）研究方法

（1）数学基础。为保证监测面积变形最小，采用高斯-克吕格投影，中央经线设为 100°10′E，选择 1980 西安坐标系和 1985 国家高程基准，投影面选择 3 200 m。

（2）遥感影像解译方法。主要采用人工解译方式提取面积信息，解译过程中重点关注滩涂岸边水涯线的提取，同时参照同期的水位信息区分浅水区边界，平缓滩涂的水涯线不能交错。对于特殊湖泊，如人控湖汊、蝶形湖泊，如果其面积对整个湖泊面积的贡献大于 10% 以上，以人控湖汊、蝶形湖的内边界作为水涯线。同期数据由同一个工作人员解译，以尽可能减小不同人员之间的认知差异，保证水涯线的解译精度。

各年份影像套合中误差为 2 个像素，最大限差不超过中误差的 2 倍。为保证水体解译的准确性和一致性，本项目规定水体监测中，波段组合选用短波红外(红)、近红外(绿)和红(蓝)组合，如数据源为 Landsat 8，则波段组合采用 654 组合。

青海湖面积计算过程中，不扣除湖中间的洲面积。主要利用长时间序列同期面积信息、年内枯水期和丰水期面积信息对青海湖面积变化规律进行分析。

（3）多年度面积监测技术方法。利用人工解译的方法提取青海湖边线;利用水文数据结合实地验证的方法对成果进行验证并修正，形成监测成果。

3. 结果与分析

2018 年(监测期为 2018 年 1~12 月)，青海湖丰水期(9 月)水面面积达到 4 521.33 km²，枯水期(4 月)水面面积为 4 454.96 km²，丰水期的最大面积较枯水期面积多 66.37 km²。

1）2017 年青海湖流域湖泊现状

湖泊是青海湖流域重要的湿地类别之一，2017 年青海湖流域湖泊共有 313 个，总面积为 4 463.10 km²。其中，面积小于 1 km² 的湖泊有 330 个，总面积为 16.27 km²；面积处于 1～10 km² 的湖泊共有 3 个，总面积为 10.76 km²；面积处于 10～50 km² 的有 1 个，面积为 45.61 km²；面积大于 50 km² 有 1 个，面积为 4 390.53 km²。

从湖泊的分布状况来看，小面积湖泊较多且分布较为广泛，主要集中在流域西北部，大面积湖泊主要是青海湖，由于青海湖绝大部分处于共和县境内，共和县湖泊面积达 2 347.34 km²，占青海湖流域湖泊总面积的 52.59%。

2) 20 世纪 80 年代至 2017 年湖泊变化特点

从面积统计结果来看，青海湖流域湖泊总面积基本呈递增趋势，2017 年达到最大值，为 4 463.10 km²，监测的 10 期数据中，流域内湖泊总面积最低值出现在 2005 年，为 4 282.50 km²（表 6-75）。

表 6-75　青海湖面积变化统计表

年份	湖泊面积/km²	湖泊个数/个
20 世纪 80 年代	4 363.66	281
20 世纪 90 年代	4 361.43	231
2000	4 319.38	190
2005	4 282.50	280
2010	4 363.51	247
2013	4 425.17	316
2014	4 431.14	334
2015	4 428.91	335
2016	4 432.90	346
2017	4 463.10	313

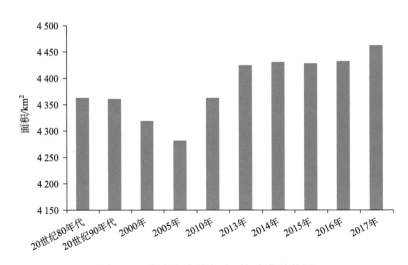

图 6-77　青海湖流域湖泊面积变化趋势图

湖泊动态变化率是指某研究区一定时间范围内湖泊面积(或数量)的变化,应用湖泊动态变化率分析湖泊的时空变化,可以真实反映区域湖泊面积(或数量)变化的剧烈程度。20 世纪 80 年代至 2017 年青海湖流域湖泊动态率如图 6-77、表 6-76 所示。

表 6-76　青海湖流域湖泊面积动态变化

年份	时段末面积/km²	面积变化/km²	变化比例/%	年平均变化速率	动态变化率
20 世纪 80 年代	4 363.66				
20 世纪 90 年代	4 361.43	−2.23	−0.05	−0.74	−0.02
1990~2000	4 319.38	−42.05	−0.96	−4.21	−0.10
2000~2005	4 282.50	−36.88	−0.85	−3.69	−0.17
2005~2010	4 363.51	81.01	1.89	16.20	0.38
2010~2013	4 425.17	61.66	1.41	20.55	0.47
2013~2014	4 431.14	5.97	0.14	5.97	0.20
2014~2015	4 428.91	−2.23	−0.05	−2.23	−0.05
2015~2016	4 432.90	3.99	0.09	3.99	0.09
2016~2017	4 463.10	30.20	0.68	30.20	0.68
20 世纪 80 年代至 2017 年		99.44	2.28	3.31	0.08

由表 6-76 可以看出,研究区内湖泊面积共增加了 99.44 km²,变化比例为 2.28%。20 世纪 80~90 年代湖泊面积减少了 2.23 km²,变化比例为 0.05%,1990~2000 年、2000~2005 年面积呈逐渐减小趋势,分别减少了 42.05 km²、36.88 km²;从 2005~2014 年流域内湖泊面积持续增长,其中 2005~2010 年面积变化最大,增长了 81.01 km²,其次为 2010~2013 年,增长面积为 61.66 km²。

从变化剧烈程度来看,2016~2017 年湖泊变化速度最快,动态变化率为 0.68;2010~2013 年湖泊变化情况次之,动态变化率为 0.47;20 世纪 80~90 年代及 1990~2000 年湖泊面积动态变化率较为接近,说明面积变化比较平稳。

3) 不同地区湖泊变化分析

从各地区历年湖泊面积统计结果来看,小面积湖泊主要集中在天峻县,从 20 世纪 80 年代至 2017 年,天峻县内湖泊平均面积为 10.88 km²;流域范围内共和县、刚察县和海晏县湖泊分布面积较大,三县湖泊面积平均值分别为 2 332.77 km²、1 485.53 km²、558.56 km²;大面积湖泊主要是青海湖,其中青海湖大部分范围分布在共和县(表 6-77)。

表 6-77　各地区湖泊面积统计表　　　　　　　　　　(单位:km²)

年份	天峻县	海晏县	共和县	刚察县
20 世纪 80 年代	10.86	548.73	2 326.08	1 478.01
20 世纪 90 年代	10.63	556.07	2 320.89	1 473.85

续表

年份	天峻县	海晏县	共和县	刚察县
2000	10.29	533.42	2 310.47	1 465.20
2005	11.39	510.52	2 304.39	1 456.20
2010	10.83	548.71	2 326.22	1 477.75
2013	10.55	573.63	2 343.85	1 497.15
2014	11.02	577.69	2 346.75	1 498.71
2015	11.00	574.48	2 345.69	1 497.73
2016	11.05	577.58	2 346.91	1 500.03
2017	11.19	584.77	2 356.49	1 510.65

4) 青海湖面积历年监测结果

(1)1975~2018 年青海湖面积变化分析。通过利用遥感技术进行青海湖面积动态监测,监测时间段为湖泊平水期,分析所涉及的面积计算数据以总湖为基础,即包括主湖、四大子湖及周边面积大于 0.1 km^2 的所有湖泊面积,不扣除海心山和三块石的面积。1975~2018 年青海湖面积监测结果如表 6-78 所示。

表 6-78　青海湖面积遥感监测数据表　　　　　　　　　(单位:km^2)

年份	主湖面积	总湖面积	年份	主湖面积	总湖面积
1975	4 467.47	4 526.46	2007	4 238.49	4 303.87
1987	4 291.82	4 363.91	2008	4 258.13	4 324.42
1992	4 312.71	4 367.79	2009	4 243.80	4 308.61
1995	4 256.67	4 334.10	2010	4 289.12	4 355.76
1999	4 243.25	4 315.87	2011	4 292.24	4 363.30
2000	4 239.95	4 311.30	2012	4 290.83	4 371.14
2001	4 216.07	4 287.83	2013	4 359.54	4 415.39
2002	4 120.71	4 284.58	2014	4 361.32	4 417.12
2003	4 113.35	4 275.18	2015	4 363.67	4 420.36
2004	4 115.67	4 274.48	2016	4 366.46	4　423.50
2005	4 117.88	4 276.09	2017	4 395.00	4 451.92
2006	4 242.85	4 309.72	2018	4 445.92	4 502.87

注:面积是投影到 3 200 m 的投影面统计所得

将图 6-78、图 6-79 进行趋势对比不难发现,1975~2018 年青海湖总湖面积与青海湖面积变化趋势整体趋于一致,呈现先减少后增大的态势。

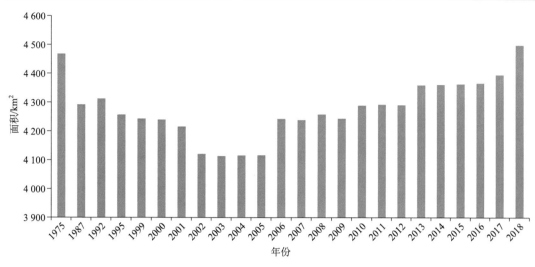

图 6-78　青海湖主湖面积变化趋势图

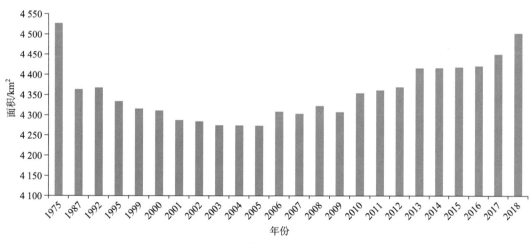

图 6-79　青海湖总湖面积变化趋势图

由表 6-78 和图 6-79 可以看出，1975～2004 年，青海湖面积整体呈下降趋势，2005～2018 年，面积又不断增大。1975～2018 年，其中 1975 年和 2004 年的青海湖水面面积变化量最大，总湖面积从 4 526.46 km² 减少到 4 274.48 km²，面积减少了 251.98 km²，约为 1975 年青海湖面积的 5.57%。2004 年以后，青海湖面积持续增加，截至 2018 年达到最大，总湖面积为 4 502.87 km²。

(2) 2010～2018 年青海湖年内面积变化分析。由于 2010 年以后，影像获取较易，其监测方法相对灵活，为了更好地分析面积变化特征，每年监测三期，即枯水期(4 月上旬)、丰水期(9 月上旬)及平水期(7 月上旬)，监测所获取的各期数据如表 6-79、表 6-80、图 6-80、图 6-81 所示。

表 6-79　2010～2018 年青海湖面积遥感监测各期数据表（总湖）　　（单位：km²）

时间	面积	时间	面积
2010 年 4 月	4 324.88	2014 年 9 月	4 430.56
2010 年 7 月	4 355.75	2015 年 4 月	4 401.01
2010 年 9 月	4 368.40	2015 年 7 月	4 420.36
2011 年 4 月	4 341.13	2015 年 9 月	4 431.25
2011 年 7 月	4 363.30	2016 年 4 月	4 400.94
2011 年 9 月	4 386.81	2016 年 7 月	4 423.50
2012 年 4 月	4 370.87	2016 年 9 月	4 440.82
2012 年 6 月	4 371.14	2017 年 4 月	4 433.64
2012 年 9 月	4 424.63	2017 年 7 月	4 451.92
2013 年 4 月	4 395.81	2017 年 10 月	4 484.83
2013 年 7 月	4 415.39	2018 年 4 月	4 454.96
2013 年 9 月	4 424.43	2018 年 7 月	4 502.87
2014 年 5 月	4 398.67	2018 年 9 月	4 521.33
2014 年 7 月	4 417.12		

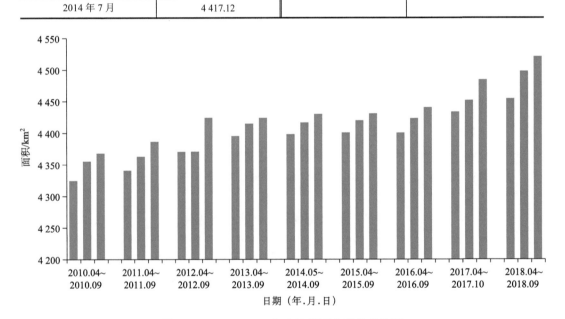

图 6-80　2010～2018 年青海湖面积变化趋势图

表 6-80　2010～2018 年各期面积最大变化量

年份	面积变化量/km²
2010	43.52
2011	45.68
2012	53.76
2013	28.62

续表

年份	面积变化量/km²
2014	31.89
2015	30.24
2016	39.88
2017	51.19
2018	66.37

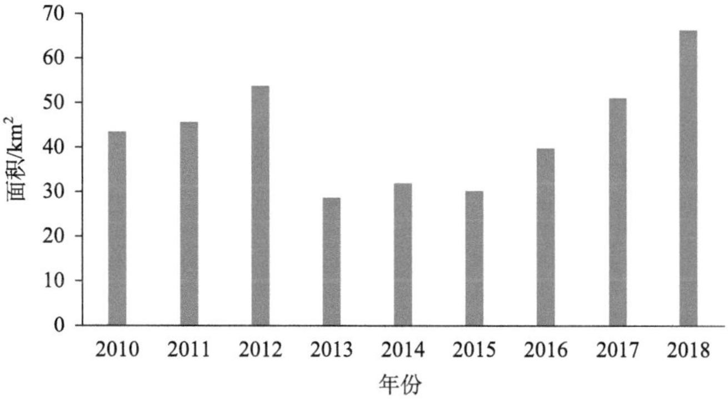

图 6-81　2010～2018 年青海湖面积年内变化趋势对比图

通过对年内各期面积监测结果的变化量分析，2018 年年内变化趋势最为明显，为 66.37 km²，2017 年青海湖年内面积变化次之；2013～2016 年，年内面积变化基本呈下降趋势，但变化较为稳定，其中，2013 年年内面积变化最小，为 28.62 km²。

4. 结论

(1)20 世纪 80 年代至 2017 年青海湖流域湖泊面积总体呈先减小后增大的趋势。通过对青海湖流域湖泊进行长时间序列监测得知，青海湖流域湖泊总面积基本呈先减小后增大趋势。监测的 10 期数据中，流域内湖泊总面积最低值出现在 2005 年，为 4 282.50 km²，2017 年湖泊面积最大，为 4 463.10 km²。就湖泊的分布状况来看，小面积湖泊较多且分布较为广泛，主要集中在青海湖流域西北部，大面积湖泊主要是青海湖。

从变化剧烈程度来看，2016～2017 年湖泊变化速度最快，动态变化率为 0.68；2010～2013 年湖泊变化情况次之，动态变化率为 0.47；20 世纪 80～90 年代及 1990～2000 年湖泊面积动态变化率较为接近，说明面积变化比较平稳。

(2)1975～2018 年青海湖主湖及总湖面积变化趋势一致，总体呈现先减后增趋势。1975～2004 年青海湖面积呈减小趋势，总湖面积从 4 526.46 km² 减少到 4 274.48 km²，面积减少了 251.98 km²，约为 1975 年湖面积的 5.57%。2005～2018 年，青海湖面积持续增加，截至 2018 年达到最大，总湖面积为 4 502.87 km²，但与 1975 年监测值相比，总湖面积还是减少了 23.59 km²。

（3）1974～2018 年青海湖东部沙岛总体呈现先增加后减小趋势，青海湖面积增大是引起沙岛面积下降的主因。青海湖流域东部沙岛主要分布在青海湖东部。通过对比青海湖东部沙岛 1974 年和 2018 年的边界，1974～2018 年 40 多年间，分布于青海湖东部的沙岛在向东移动。2005 年沙化面积达到最大，为 469.24 km^2，2005 年以后沙岛面积总体呈下降趋势，由 2005 年 469.24 km^2 下降至 2018 年 395.00 km^2，沙岛减少面积 74.24 km^2。

通过对青海湖面积与沙岛面积变化监测结果综合分析，青海湖东部沙岛面积整体呈下降趋势主要是由于青海湖面积增大所引起的。在剔除由于湖泊面积变化导致沙岛变化的情况下，青海湖东部沙岛仍呈现波动性增长趋势，但增长速率较小。青海湖最高水位界以东沙岛面积从 1974～2018 年共增加了 59.38 km^2，变化比例为 15.14%。从年平均变化速率结果来看，1975～1987 年沙岛面积扩张最大，变化速率最快，1999～2000 年沙岛扩张变化速率次之；2001～2002 年，沙岛面积减小，减小速率最大为–3.39。

参 考 文 献

布买日也木•买买提，丁建丽，孜比布拉•司马义. 2016. 克苏市城市化发展与建设用地结构变化之间的关联性研究. 冰川冻土，38(1)：279-290.

陈晓英，张杰，马毅，等. 2015. 近 40 年来三门湾海岸线时空变化遥感监测与分析. Marine Sciences，39(2)：43-49.

董芳. 2003. 基于陆地卫星 TM/ETM+和 GIS 的济南城区扩展动态监测研究. 山东农业大学.

段旭，王彦辉，于澎涛，等. 2010. 六盘山分水岭沟典型森林植被对大气降雨的再分配规律及其影响因子. 水土保持学报，24(5)：120-125.

贾恪. 2014. 科尔沁沙地沙丘草甸相间地区湖泊的演变规律及其驱动力分析. 内蒙古农业大学.

李磊，李艳红，陈成贺日，等. 2014. 1972～2011 年期间艾比湖面积变化研究. 湿地科学，12(2)：263-267.

林乃峰，沈渭寿，张慧，等. 2012. 近西藏那曲地区湖泊动态遥感与气候因素关联度分析. 生态与农村环境学报，28(3)：231-237.

刘佳丽，刘旭. 2016. 1990—2015 年青藏高原湖泊变化遥感监测分析. 工程科技与产业发展，11：102-105.

刘鹏，王庆，战超，等. 2015. 基于 DSAS 和 FA 的 1959～2002 年黄河三角洲海岸线演变规律及影响因素研究. 海洋与湖沼，46(3)：585-593.

毋亭，侯西勇. 2016. 国内外海岸线变化研究综述. 生态学报，36(4)：1-13.

徐进勇，张增祥，赵晓丽，等. 2013. 2000～2012 年中国北方海岸线时空变化分析. 地理学报，68(5)：651-660.

许宁，高志强，宁吉才. 2016. 基于分形维数的环渤海地区海岸线变迁及成因分析. 海洋学研究，34(1)：45-50.

叶绍明，温远光，杨梅，等. 2010. 连栽桉树人工林植物多样性与土壤理化性质的关联分析. 水土保持学报，24(4)：247-252.

伊丽努尔•阿力甫江，海米提•依米提，麦麦提吐尔逊•艾则孜，等. 2015. 1985～2012 年博斯腾湖水位变化驱动力. 中国沙漠，35(1)：240-246.

张飞，王娟，等. 2015. 1998—2013 年新疆艾比湖湖面时空动态变化及其驱动机制. 生态学报，35(9)：

2848-2859.

张郝哲. 2012. 基于 GIS 和 RS 的内蒙古高原封闭盐湖动态监测——以达里诺尔湖泊为例. 中国地质大学.

张有利, 张之一, 翟瑞常, 等. 2010. 土壤系统分类中均腐土土系质量评价——以灰色关联方法为例. 土壤通报, 41(3): 513-517.

Grassberger P. 1983. On efficient box counting algorithms. International Journal of Modern Physics C, (4/3): 515-523.

Jabaloy-Sánchez A, Lobo F J, Azor A, et al. 2014. Six thousand years of coastline evolution in the Guadalfeo deltaic system (southern Iberian Peninsula). Geomorphology, 374-391.

Li S H, Jin B X, Zhou J S, et al. 2016. Detection and analysis of Fuxian Lake Area and volume change from 1974 to 2014 based on remote sensing technology. International Journal of Earth Sciences and Engineering, (1): 230-236.

Muabar P S, Chandrasekar N. 2013. Shoreline change analysis along the coast between Kanyakumari and Tuticorin of India using remote sensing and GIS. Arabian Journal of Geosciences, 6(3): 647-664.

第7章　高原湖泊生态系统服务功能价值评估

生态系统是人类赖以生存和生息繁衍的基础，它为人类生存和经济社会的发展提供所需的环境和自然资源，湖泊生态系统是由湖泊内生物群落及生态环境共同组成的动态平衡过程，它是重要的生物栖息地，孕育着丰富的生物资源，通过与外界环境进行物质循环和能量流动维持其系统平衡。高原湖泊作为一种重要的水资源，是生态系统不可或缺的一部分，具有较高的生态价值，是人类生活的基本保障。生态系统服务功能，是指生态系统在物质流、能量流的生态过程中对外部显示的重要作用，除了提供物质产品(如渔类等水产品)外，生态系统还为人类提供其他各种服务功能，如调节生态环境等。生态系统服务一部分可以进入市场进行买卖；另一部分属于公共产品无法进入市场。

评价高原湖泊的服务价值具有重要的意义。湖泊是一个自然与社会密切相关的动态系统，高原湖泊生态系统良性运转及可持续发展的最终目标是在维持区域生态资源的供给和社会经济对生态资源的需求平衡的前提下实现生态经济协调发展。由于高原湖泊具有高度的生态脆弱性，所以其生态安全问题和社会经济发展的矛盾日益尖锐，协调高原湖泊生态环境与社会经济发展的关系是研究高原湖泊的关键环节。相关部门制定了保护高原湖泊的法律法规，并采取一系列的措施对污染的湖泊进行环境治理和保护，以保护高原湖泊的水体和生物。高原湖泊是当地居民生产和活动的主要场所，也是社会经济的繁荣之地。由于高原湖泊具有的生态景观价值，其常常作为著名的旅游景区吸引着大批游客的旅游观光，为人们提供了休闲娱乐的场所，带动当地旅游业等相关产业的发展，促进社会经济可持续发展，是区域社会经济发展的重要支撑。获取高原湖泊环境和自然资源的状况需通过评估其生态系统的服务价值，为了客观全面地反映高原湖泊的服务价值，本章从经济价值、生态价值和社会价值三个方面展开分析，为高原生态系统的服务价值评估提供参考框架。

7.1　高原湖泊价值构成

随着我国生态文明建设的推进，生态保护与利益补偿、产权明晰、市场培育等都要求对自然资源资产价值进行评估与认定。高原湖泊是我国重要的自然资源资产，高原湖泊的价值是多方面的，从可评估角度可分为经济价值、生态价值和社会价值三个方面。

1. 经济价值

水资源的经济功能使其产生了经济价值，湖泊水资源经济价值指的是水资源对经济社会发展和人民生活需求的满足程度和效益(吕翠美，2009)。它提供了人类生产过程所需要的生产资料，使湖泊水资源具有经济价值。根据高原湖泊的功能性，将高原湖泊水体经济功能分为经济产品、供水、航运、水力发电四个部分。

经济价值体现在供水及水产品的提供、航运和水力发电等方面。高原湖泊为人们提供水源，进行饮用、农业灌溉和生产活动；为人们提供丰富的生物资源比如鱼、虾、藕、菱等水产品，作为食品、药材或者农业饲料、工业原料等；为人们提供盐矿等，盐湖中储存大量盐类矿物；一些大型湖泊是水上运输的枢纽，纵横交错的航运网络为水上交通运输提供巨大便利；水力发电是将水的势能转化为机械能，进而转化为电能，高原湖泊流域内所具有的水位势差提供了水力发电的优势。

2. 生态价值

湖泊生态系统作为大自然对人类的赐予，给人类的生存和发展带来了巨大的财富，除了数量巨大的直接经济价值以外，生态价值也不可忽视。根据湖泊生态系统内涵和构成的论述，湖泊生态环境价值具体包括涵养水源、净化水体、生物多样性保护、调节大气、保持土壤等五项指标。由于湖泊生态系统包含了多个物种，且每个物种又具有多变性，导致了湖泊生态价值核算的复杂性。除此之外，由于湖泊生态系统质量对经济社会活动的影响关系错综复杂，当前并不存在相应市场反映湖泊生态系统的各种价值，其间又有许多难以确定的因素，效益的发挥没有得到应有的补偿和保护，故对湖泊生态系统服务功能价值的评估有着重要意义。

生态价值体现在维持水平衡、净化水体、调节大气及生物多样性等方面。湖泊在蓄水，调节河川径流，补给地下水和维持区域水平衡中发挥重要作用，是蓄水防洪的天然海绵(赵光洲等，2011)。湖泊中的藻类、微生物及动物等能将水体中的污染物转化为无害物，从而达到净化水体的功能；湖泊可以调节区域气候，湖泊的蒸发提供降水，湖泊的绿化和水体降低小气候温度，增大湿度；湖泊为水生生物提供生存环境，同时也是野生动物栖息和迁徙的基地，保护生物多样性是人类与自然和谐相处的必要环节。

3. 社会价值

湖泊作为一种水资源，为人类和动物提供水源，维持社会经济发展。社会价值涉及多个方面，高原湖泊能为社会提供非常多的效用价值，包括旅游、文化、科研等多个方面。高原湖泊作为区域生产和生活的一种基础的自然资源，是区域重要的生态系统之一，其社会属性体现在将湖泊作为一种旅游资源进行开发利用和针对湖泊展开文化科研活动两部分，采用定量研究方法，通过具体方法量化其社会价值，其社会价值的体现程度取决于社会对于高原湖泊的认识程度和需求程度。对高原湖泊生态系统服务功能的社会价值进行量化研究是高原湖泊社会价值研究的重点和难点。

社会价值体现在提供旅游休闲景区和文化科研场所。高原湖泊具有观光、休闲、娱乐等方面的功能，其独特的自然景观为人们提供良好的旅游资源，形成度假区和疗养胜地；湖泊是科研工作者的研究对象，供学者进行科学研究，制订合理的水资源规划目标，还可以起到宣传教育的作用，有利于教育人们形成与自然协调一致的生活方式。

7.2 高原湖泊经济价值评估

高原湖泊对于所在地具有重要的经济价值，它不仅能够提供水、渔业产品，还能提供水力发电、航运等经济活动。目前对高原湖泊的经济价值评估主要有经济产品价值、供水价值、内陆航运价值和水力发电价值的评估。

7.2.1 高原湖泊经济价值评估方法

1. 经济产品价值

人们通过从湖中直接和间接获得各类经济产品以此来满足他们生活生产所需，这样就使得湖泊水资源具有了产品价值。湖泊中有丰富的动植物资源，生活在周边的人们能够以湖泊为依托，通过养殖、捕捞等方式获得湖中具有经济价值的水生生物，湖泊水资源生态经济系统不仅能提供如鱼类、蟹类、贝类等水生动物，另外还有许多植物资源产品；湖泊中也存在工农业生产所需的原材料，如水葫芦可以作造纸的材料，也可以作优质的有机肥料，也能够综合土壤酸碱度；有的水生生物具有药用价值，如莲心、鳖、甲壳等；湖中存在的某些水生植物、螺、蚌等可作为家畜、家禽及鱼类等的饵料(胡金杰，2009)；还有一些水生植物能够发酵制成沼气或沤肥，主要包括水葫芦、水花生、水浮莲、藻类等，它们可以利用太阳能快速繁殖，可做沤肥，还可以厌氧分解，作为沼气的原料(陈奕蓉，2011)。

湖泊除了为生产生活提供丰富的生物资源外，还能提供盐矿这类产品。在我国青海、西藏、内蒙古等地区盐湖密集，青海柴达木盆地的察尔汗盐湖是我国最大的盐湖，储盐量多达 $600 \times 10^8 t$，据估计可供全球人民食用 2000 年以上，其中蕴涵的钾盐储量有 $1.45 \times 10^8 t$，是我国生产钾肥的主要原料供应地。盐湖中的盐类矿物有 100 多种，除了常见的天然碱、石盐、石膏等，还有硼、锂、铯、钡等稀有盐类。

湖泊生态系统提供的水产品经济价值核算采用市场价值法。市场价值法是根据市场价格对研究对象的经济价值进行评价的方法，主要针对生态系统提供的有市场价格的产品进行估算，估算的结果就是此功能产生的经济价值。此方法虽然操作简单，也能够用货币量直观地反映产品的经济价值，但也存在不足，它只考虑了直接经济价值和有形物质商品交换的价值，对间接效益和无形交换的经济价值没有考虑，因此根据市场价值法估算的经济价值比较片面，不具有全面性(柳易林，2005)。

将湖泊生态系统提供的水产品分为鱼类、甲壳类、贝类、藻类、其他和盐矿，通过获得各类水产品在该湖泊的产量，以及该类产品的市场均价，分别计算湖泊中各类水产品的经济价值，并求和。计算公式为

$$V_f = \sum_{i=1}^{m} Y_{f,\,i} P_{f,\,i} \qquad\qquad (7\text{-}1)$$

式中，V_f 为水产品价值；$Y_{f,\,i}$ 为第 i 类物质的产量；$P_{f,\,i}$ 为第 i 类物质的市场价格；m 为产品种类。

2. 供水价值

湖泊被称为天然蓄水库，它能够蓄积大量的淡水资源，是湖泊周围城市人民生活用水、农业灌溉用水和工业用水的重要的用水来源之一。城市生活用水通常是自来水厂供水，而自来水厂是以湖水作为水源，水中含有的对人体有益的矿物质和微量元素，使其成为多种食品和饮料的高级原料，城市人民付费使用该类型产品，因此产生了经济价值；湖泊还为周围农业灌溉提供水源保障，如云南滇池坝子作为全省重要的粮食产地，它的大部分农田是依赖滇池湖水进行灌溉，另外，农业用水不仅包括农田灌溉，还包括畜牧用水；城市工业生产更是离不开用水，特别是类似于火电站、化工厂等厂矿企业一般都是用水大户，它们通常都建在水源附近，便于取水。据统计，每吨工业产品的用水量，钢为 30～40 m³，纸为 200～300 m³，化纤为 3 000～5 000 m³ 等(胡金杰，2009)。用水主体改变用水方式会影响水资源的经济价值，如工业产业结构的调整、农业灌溉方式的改变、种植结构的变化等(吕翠美，2009)。

在传统的生态系统供水服务价值的评估中，一般使用市场价值法进行核算，由生态系统提供的水资源量乘市场水价得出，但是通过市场价值法估算的结果具有片面性，没有考虑水价会受很多因素影响，不能反映供水的真实经济价值。因此，采用经济学中 C-D 生产函数进行水资源供水价值的估算，将供水量纳入生产函数要素中，建立以 GDP 为因变量，以资本、劳动力和水资源为自变量的生产函数，计算单位供水价值，然后再根据湖泊的供水量分析它生态系统供水服务价值(胡金杰，2009)。

在使用 C-D 生产函数对湖泊供水功能的经济价值进行估算时，由于湖泊的供水区域涉及众多行政区域，因此需要选定典型区域建立供水 C-D 生产函数，一般是选定湖泊周围的一个市、县等。因此，根据典型区域的某年统计资料，将社会从业人员、固定资产投资和总用水量作为自变量，分别对应劳动力、资本和水资源，然后以 GDP 作为因变量，取对数经 Excel 回归分析后，得出水资源 GDP 的回归方程，然后利用该方程，以某年为例，求 GDP 对用水量偏导得出 GDP 单位供水价值，最后根据湖泊年供水量与单位供水价值的乘积估算其供水价值。

在估算湖泊的供水经济价值时，需要了解该湖泊的年供水量，以及周围市或县的固定资产投资、从业人员和总用水量等数据，这些数据的可获得性较高。湖泊供水经济价值估算的另一种方法是市场价值法，即分别计算湖泊的三种类型的供水经济价值，求和得出它的总供水量经济价值，但是由于湖泊对工业、农业和城市生活用水的单独供水量数据难以获得，所以本书主要采用 C-D 生产函数法计算，用湖泊的总供水量来估算其价值。

考虑了水资源的 C-D 生产函数为

$$Q = A_0 \left(1 + \lambda\right)^t K^\alpha L^\beta W^\gamma \tag{7-2}$$

其对数形式为

$$\ln Q = \ln A_0 + t \ln \left(1 + \lambda\right) + \alpha \ln K + \beta \ln L + \gamma \ln W \tag{7-3}$$

式中，Q 为国民生产总值；A_0 为常数；λ 为技术进步系数；t 为时间；K 为固定资产投资；L 为劳动力；W 为用水量；α 为固定资产投资弹性；β 为劳动力弹性；γ 为用水弹性。

根据历年数据求出某市的单位供水值，公式为

$$B_i = \frac{\partial Q}{\partial W} = \gamma \cdot \frac{Q}{W} \tag{7-4}$$

式中，B_i 为指某一年的单位供水价值；Q 为当年的国民生产总值；W 为当年的总用水量。

根据湖泊供水量与单位供水价值估算经济价值，公式为

$$V_s = Y_w P_w \tag{7-5}$$

式中，V_s 为供水经济价值(元/a)；Y_w 为湖泊供水总量(m³/a)；P_w 为单位供水价值(元/m³)。

3. 内陆航运价值

湖泊航运对沟通不同城市及城乡间物资交流和促进生产发展发挥了重要作用。相比于陆路和空运，水运的费用相对较低，能够减少物资流动和人员流动的成本。中国东部平原地区的湖泊航运业发达，与此相比高原湖泊的航运发展相对落后，原因之一是因为高原地区河流稀少，湖泊不能与河流形成航运网。高原湖泊的航运距离较短，并且以运送货物为主的较少，如云南滇池的航运路线被限定在湖泊内，设立了 4 条主干道，总共 83 km，以旅游观光为主，由此产生经济价值。

湖泊的航运经济价值也是整体经济价值中不可忽略的部分，一般评价湖泊的航运价值的方法是市场价值法。湖泊的航运主要是客运和货运两方面，通过旅客和货物的周转量，以及它们各自的市场均价进行估算。一般内河货运按 0.06 元/(t·km)；客运按 0.24 元/(人·km)计算。计算公式为

$$V_h = T_c P_c + T_p P_p \tag{7-6}$$

式中，V_h 为航运价值(元/a)；T_c、T_p 分别为货物和旅客的年周转量；P_c、P_p 分别为货运和客运价格[元/(人·km)]。

4. 水力发电价值

湖泊水力发电通常是部分高原湖泊的特性，湖泊因其地形地貌的落差产生并储蓄了丰富的势能，或者是湖泊与其他河流形成的高低落差，引用湖水建成电站。特别是位于青藏高原的湖泊，该地区湖泊主要以咸水湖和盐湖为主，由于其特殊的地理位置，该地区高原湖泊的生态服务功能具有水力发电功能，并且是该区湖泊最主要的功能之一。由于青藏高原缺乏类似于石油、煤炭等能源，因此存在的丰富的水能资源也成为它可开发

的能源之一(李朝霞和蒋晓艳,2011)。

湖泊的水力发电经济价值也是采用市场价值法核算,主要是通过湖泊水力发电总量,以及当年市场供电均价估算。公式为

$$V_e = Q_e P_e \tag{7-7}$$

式中,V_e 为水力发电价值(元/a);Q_e 为水力发电量(kW·h/a);P_e 为供电均价[元/(kW·h)]。

7.2.2　典型高原湖泊经济价值评估分析

以云南省的滇池,青海省的青海湖、察尔汗盐湖,内蒙古自治区的呼伦湖,西藏的羊卓雍错湖为典型案例,进行高原湖泊经济价值评估的探索。

1. 经济产品价值评估

1)滇池经济产品价值评估

A. 滇池水生植物经济价值评估

滇池提供的水产品不仅包括水生动物,还有一些水生高等植物、浮游生物等也能产生经济价值。在渔业资源的研究中,水生植物通常被当作鱼类和其他动物的饵料来估算其经济价值。在进行计算时,以折算的方式将其生物量折算成相应的人工饲料量,然后按照饲料的市场价值核算(赵秋艳,2007)。滇池水生植物已从 20 世纪 50 年代的 41 种下降到现在的 22 种,其中水葫芦、大藻、粉绿狐尾藻、光观水菊、空心莲子草等都是外来入侵水生植物。滇池在 60 年代有 90%的区域覆盖水草,然而到了 90 年代滇池开始大面积恶化,滇池由草型湖泊转变为藻型湖泊。这种变化使得滇池水生植被量很少,湖中水生植物量最多的是浮游植物蓝藻。

有学者基于此,认为可以估算滇池中的蓝藻的价值来代替滇池湖泊湿地水生植物的整体经济价值。滇池浮游藻类以蓝藻和绿藻为优势种,蓝藻据估算约为 1×10^4 t(干物质现存量)。1 t 蓝藻干物质可以生产蓝色素 50 kg、藻多糖 10 kg、藻毒素 1 kg、藻饲料 40 kg,平均 1 t 蓝藻干物质加工利用产品的产值约为 6 万元人民币,得出滇池湖泊植被生物的价值为 6×10^8 元(吕磊和刘春学,2010)。

另外有学者在评估滇池湖滨水生植物的经济价值时,根据昆明市推行的滇池湖滨"四退三还一护"工程完成的湖滨生态建设湿地面积计算,认为"三还一护"工作成效显著,对消除滇池湖滨直接入户的污染源有重要作用。因此,参照湿地芦苇单位面积平均生产量计算,值为 17 400kg/hm²,滇池湖滨湿地总面积为 3 600 hm²,芦苇市场价格为 400 元/t (李俊梅,2013),公式为

水生植物的价值=单位面积平均生产量×湿地面积×单位价格
$$= 17\,400 \text{kg/hm}^2 \times 3\,600 \text{ hm}^2 \div 1\,000 \times 400 \text{ 元/t}$$
$$= 2\,505\,600 \text{ 元/a}(约为\,0.2506 \times 10^8 \text{ 元/a})$$

据此,滇池湖泊水生植物的经济价值为 6×10^8 元,湖滨水生植物的经济价值为 2506×

10^4 元，则滇池整体的水生植物经济价值为 $62\,506×10^4$ 元。

根据最新消息，2019 年滇池湖滨将新建王家堆、新河、草海 4 号地块、观音山南、观音山北、星海半岛二期、宝丰半岛 7 块共 $4\,700.85$ 亩（1 亩 $≈666.7\ m^2$）湿地。据此，滇池湖滨生态湿地面积将接近 6 万亩，因此滇池的水生植物也将会增加，产生的经济价值也将增长。

B. 滇池水生动物经济价值评估

根据监测，滇池中存在的渔业资源种类共有 23 种，渔业资源丰富。将鱼种大致分为三类：第一类是六大经济渔业资源，包括鲢、鳙鱼，鲤鱼，鲫鱼，红鳍原鲌，太湖新银鱼及秀丽白虾；第二类是常见鱼类（俗称小杂鱼），包括间下鱵鱼、麦穗鱼、鰕虎鱼、黄颡鱼、泥鳅和黄鳝等；此外，还有珍稀鱼类，如金线鲃、银白鱼等。同时，根据昆明市水产科学研究所提供的数据显示，2015 年的滇池渔业资源量排序中，最多的是鲢、鳙鱼，最少的是银鱼。然而在 2011 年之前，滇池主要经济鱼类的资源量最多的是秀丽白虾，最少的是鲢、鳙鱼。

经济鱼类占比发生显著变化的原因是昆明市"十二五"规划滇池治理的"以鱼控藻"项目，通过近几年对鲢、鳙鱼进行大量投放，再加上之前的 2 年开湖禁捕大型经济鱼类，因此形成了现在以大型鱼类为主的状况。滇池经济鱼类占比如表 7-1 所示。

表 7-1 滇池经济鱼类占比

经济鱼类	占比/%
鲢、鳙鱼（白鲢鱼）	51
鲤鱼	22
红鳍原鲌（鲫鱼）	19
秀丽白虾（滇池虾）	5
太湖新银鱼	3

滇池每年开湖的时间为 9～11 月，2016 年之前只允许捕捞银鱼、虾等小鱼种，2016 年开始将此期间开湖再分为两个阶段：第一阶段主要以鲢鱼、鳙鱼、鲤鱼、红鳍原鲌（鲫鱼）等大型鱼类为主；第二阶段是以捕捞银鱼和秀丽白虾为主。因此选取的滇池鱼类市场价格是根据它的阶段性时间获得，该数据相比于获得的全年的市场价格更具真实性。根据数据可获得性，对水产品的市场估价是以当时滇池捕鱼上岸后，进行实时交易的市场价格为标准的（表 7-2）。

表 7-2 滇池 2016～2017 年开湖捕捞量及市场估价

项目	鲢、鳙鱼	鲤鱼	鲫鱼	红鳍鲌、杂鱼	银鱼	秀丽白虾	总捕捞量
2016 年捕捞量/t	2 700	260	380	400	150	200	4 090
2017 年捕捞量/t	1 600	200	400	500	100	300	3 100
年均捕捞量/t	2 150	230	390	450	125	250	3 595
市场估价/（元/t）	16 000	10 000	14 000	10 000	30 000	30 000	—

资料来源：昆明年鉴

因此,本书以第一次开湖捕捞大型鱼的 2016～2017 年的捕捞产量数据估算滇池水产品的年均经济价值,表 7-2 是 2016～2017 年滇池捕捞的水产品的数量。因此,滇池水产品的年均经济价值约为 57 910 000 元,公式为

滇池水产品近三年年均经济价值=∑鱼类数量×市场均价

=2 150 t×16 000 元/t+230 t×10 000 元/t+390 t×14 000 元/t+450 t×10 000 元/t+125 t×30 000 元/t+250 t×30 000 元/t=57 910 000 元

2)青海湖经济产品价值评估

A. 青海湖水生植物经济价值评估

青海湖周围分布着湖滨湿地和河口湿地,湿地中生长的水生生物能够作为工农业生产原材料,由此产生了经济价值。青海湖 2010 年河口湿地面积是 7.56 km^2。湖滨湿地面积为 49.96 km^2,河口湿地平均生物量 283.4 g/m^2,湖滨湿地平均生物量为 319.2 g/m^2。湿地主要分布着三种群落,即华扁穗群落、华扁穗+高山嵩草群里、华扁穗+鹅绒委陵菜群落(曹生奎等,2013)。则河口湿地与湖滨湿地的总产草量为 1.81 万 t,青海省牧草市场销售价为 1.2 元/kg(江波等,2015),公式为

青海湖湿地原材料总经济价值=湿地总产草量×牧草市场价格

$$=1.81×10^4 t×1 000×1.2 元/kg$$

$$=0.22×10^8 元/a$$

据此,青海湖提供的经济产品的总价值为 2 200 万元。

B. 青海湖水产品经济价值评估

青海湖盛产全国五大名鱼的青海裸鲤,俗称湟鱼,另外还有硬刺条鳅、隆头条鳅。虽然青海湖湟鱼资源丰富,但是它生长极其缓慢,每十年才生长 0.5 kg。因此,青海湖从 20 世纪 80 年代开始封湖育鱼,2004 年湟鱼被列为濒危物种。2018 年是青海湖第五次封湖育鱼的第 8 年,截至 2018 年 11 月底青海湖裸鲤资源蕴藏量达到了 8.8 万 t,相比 2002 年的 2 592 t,增长了 34 倍,但依旧达不到可捕捞的状态,青海湖还将继续封湖育鱼。因此,青海湖水产品经济价值为 0。

3)呼伦湖经济产品价值评估

呼伦湖作为中国北方第一大湖,水产资源十分丰富,湖泊渔业发展历史悠久。湖中经济鱼类、虾类含有丰富的营养,是中国最大的有机渔业生产基地。每年水产品量多达 1 万 t,湖中主要的鱼产品包括鲤鱼、鲫鱼、蒙古红鲌、鲇鱼、秀丽白虾等。但是随着呼伦湖面源污染物的不断增加,湖泊水体质量逐年下降,再加上过度捕捞等原因,致使呼伦湖渔业资源持续下降。其中存在的具有地域性经济价值鱼类,如花鳕、犬首鲌等数量大幅下降。因此,呼伦湖夏天是禁止捕鱼的,一般进行冬捕。冬捕时间一般是每年 12 月中旬开始,在 2006 年以前还有明水捕鱼,时间是每年 8 月、9 月,主要是以网箱捕鱼和机船拉虾为主。2006 年之后,为保护渔业资源,呼伦湖不再安排明水捕鱼。

　　根据调查，呼伦湖东、西部湖区共采集到鱼类 34 种，两个湖区都是以鲤形目鱼类为主，都占到总数的 80% 以上。呼伦湖鱼类按栖息地环境和洄游方式可分为 3 种生态类型（表 7-3）。全湖的优势鱼类主要是贝氏鳘、红鳍原鲌、鲤、银鲫和瓦氏雅罗鱼五种。呼伦湖的渔业资源变化主要分为三个阶段，即波动阶段 1949～1972 年期间的捕捞量范围为 1 917～9 193 t，年均捕捞量 5 073 t；增长阶段 1973～2002 年，最高捕捞量达到了 15 908 t；下降阶段是 2003～2014 年，捕捞量下降迅速，2014 年的捕捞量是 2002 年的 25.5%。在整个渔业资源捕捞历史中，捕捞鲤、银鲫、鲌鱼等大型鱼类的比例在不断下降，从 1980 年捕捞大型鱼类占比的 31.9% 下降到 2000～2014 年的 4.5%，与此相对的是，捕捞的中小型浮游性鱼类产量在增加。此种状况表明了呼伦湖鱼类向"优势种单一化"和"小型化"方向转变（毛志刚等，2016）。

表 7-3　呼伦湖按栖息地环境和洄游方式分类

鱼类分类	冷水溪流性鱼类		江湖半洄游鱼类		湖泊定居性鱼类
具体分类	哲罗鲑	江鳕	鲢	鳙	共 17 种鱼类
鱼类占比/%	9.5		9.5		81

资料来源：毛志刚等，2016

　　由于是估算呼伦湖中水产品的经济价值，因此，根据数据可得性，选取呼伦湖 1970～2014 年的渔获物产量的年均值（表 7-4）来估算呼伦湖年均经济价值。表 7-5 是各类鱼的市场均价。估算经济价值的市场均价是根据呼伦湖渔业公司公布的冬网期渔货价格计算的均价，此类价格是该公司每年暂定的售卖价格。可知秀丽白虾年产量约 2 300 t。根据公式：

呼伦湖水产品年均经济价值=(∑鱼类捕捞量×该鱼市场均价)/5

计算得出呼伦湖水产品年均经济价值为 122 211 207 元/a（表 7-6）。

表 7-4　呼伦湖 1970～2014 年渔获物产量年均值　　　　　（单位：t）

项目	1970～1979 年	1980～1989 年	1990～1999 年	2000～2014 年	年均捕捞量
渔获物总产量	6 618.3	7 889.9	9 116.6	5 267.8	7 223.2
贝氏鳘	4 507.1	5 601.8	8 104.7	5 025.5	5 809.8
鲤	913.3	1 175.6	382.9	137.0	652.2
鲌类	741.2	781.1	346.4	84.3	488.3
银鲫	311.1	86.8	18.2	15.8	108.0
瓦氏雅罗鱼	0	23.7	45.6	5.3	18.6
鲇	145.6	220.9	218.8	0	146.3
秀丽白虾	—	—	—	—	2 300

资料来源：毛志刚等，2016

表 7-5 各类鱼冬网期渔货市场均价 （单位：元/t）

鱼种类	贝氏鳘	鲤	鲌类	银鲫	瓦氏雅罗鱼	鲇	秀丽白虾
市场均价	3 800	32 500	76 000	23 000	11 000	16 000	16 000

资料来源：呼伦湖渔业有限公司

表 7-6 呼伦湖水产品年均经济价值

鱼种类	年均经济价值/(元/a)
贝氏鳘	22 077 078.41
鲤	21 196 341.56
鲌类	37 108 240.70
银鲫	2 483 342.20
瓦氏雅罗鱼	204 931.375
鲇	2 341 272.80
秀丽白虾	36 800 000.00
总计	122 211 207.00

4）察尔汗盐湖盐矿产品价值评估

察尔汗盐湖位于柴达木盆地中东部，它是由霍布逊、察尔汗、达布逊和别勒滩 4 个连续的区段组成的，总面积为 5 856 km²。察尔汗盐湖是固液体并存的湖泊，同时含有硼、锂、镁、溴等有益元素的综合性矿床。固体矿分为钾镁盐矿和石盐矿。该盐湖具有巨大的工业经济价值。察尔汗盐湖的氯化钾资源主要分布在察尔汗区段、达布逊区段和别勒滩区段。

钾作为有经济价值的盐湖资源，在察尔汗盐湖，目前氯化钾的最大的生产能力是年开采 40 万 t 左右，青海盐湖工业集团拥有达布逊区段和别勒滩区段的采矿权，年开采量约 200 万 t。利用盐湖钾资源生产的初始产品是氯化钾。

盐湖中镁的开发也具有很大的工业价值。察尔汗盐湖的镁资源存量丰富，并且由于在钾盐生产过程中会产生大量被浪费的富镁老卤，以及盐湖区镁害严重，而且氯化镁作为重要的工业原料，盐湖中的氯化镁可制作各种镁盐、氢氧化镁、镁砂、点解镁，以及镁合金、镁稀土合金等下游高值化产品（程芳琴等，2011），其中氢氧化镁作为高效、低毒、低烟的无机阻燃剂，正在逐渐被人们认识到它的经济价值。察尔汗盐湖镁资源主要是以液体形式存在于晶间卤水中，该地区的青海盐湖集团等企业已经建立了镁资源开发的装置，并且在不断改进镁生产工艺，它的初始产品是氯化镁。目前各企业及政府对察尔汗盐湖的镁资源开发利用正处于初级阶段。但察尔汗盐湖镁资源开发也存在优势，他们利用盐湖生产钾肥后的废液老卤电解炼镁，这种独特的资源优势再加上先进的技术，能够使二氧化碳排放降低 85%，同时，格尔木地区作为中国目前最大的光伏产业试验基地，将金属镁产业与光伏产业对接，能够产生巨大的环保效应和可观的经济效益（王永昌和 Gao，2016）。

根据青海省矿产统计资料，截至 1999 年年底，青海省累计盐湖矿产总储量 3464.20×10^8 t，其中表内储量 3430.24×10^8 t，暂难利用的表外储量 33.96×10^8 t；累计保有储量 3429.39×10^8 t，潜在经济价值 167 433.83 $\times 10^8$ 元。主要以湖盐、芒硝、镁盐为主，其潜在经济价值占总的 95.69%(胡利人，2006)。经过勘察，察尔汗盐湖的盐类总储量为 444.42×10^8 t(李承宝和张秀春，2009)，占青海省盐湖矿产资源的 12.8%，其潜在经济价值为 21 480 $\times 10^8$ 元。

2. 供水价值评估

滇池主要为昆明主城下游和周边的农业灌溉提供用水，同时也为周边很多工业企业提供用水，工业产业包括钢铁、化工、水泥、发电等。滇池水价一直是低于全国平均水平。在 2009 年之前。每方滇池水的水费及水资源费分别是 6 分钱和 3 分钱，2009 年之后，每方滇池水费和水资源均涨到 0.2 元。根据相关部分的数据统计，自从水费提高后，滇池每年的取水量从 $7.0 \times 10^7 \sim 8.0 \times 10^7$ m³ 下降到现在的 $3.0 \times 10^7 \sim 4.0 \times 10^7$ m³，由于滇池位于昆明市内，主要为昆明提供用水。因此，本书将昆明市作为典型区域建立供水 C-D 生产函数，计算昆明市的单位供水价值，然后以此估算滇池为昆明供水的经济价值。根据昆明市 2011～2017 年统计数据得出滇池供水 C-D 生产函数，以固定资产投资、从业人员和总用水量作为自变量，以 GDP 产值作为因变量(表 7-7)，计算昆明市 2011～2017 年 GDP 单位供水价值。

表 7-7　2011～2017 年昆明市 GDP、固定资产投资、从业人员和总用水量数值

年份	GDP 产值/10^8 元	固定资产投资/10^8 元	从业人员/10^4 人	总用水量/10^8m³
2011	2 509.58	1 874.74	449.86	18.22
2012	3 011.14	2 345.91	446.61	18.43
2013	3 415.31	2 931.50	459.28	18.62
2014	3 712.99	3138.17	414.54	18.3
2015	3 968.01	3 497.88	457.07	18.67
2016	4 300.08	3 920.07	465.61	18.52
2017	4 857.64	4 217.94	461.22	24.17

资料来源：云南统计年鉴

根据表 7-7 的数据，将固定资产投资、从业人员和总用水量作为自变量，GDP 产值作为因变量，分别取对数后经过 Excel 回归分析，得出数据见表 7-8。

表 7-8　回归分析计算结果

回归系数	回归值	标准误差	下限 95%	上限 95%
$\ln A_0$	4.024	1.331	−1.702	9.75
$\ln(1+\lambda)$	0.016	0.015	−0.049	0.081

续表

回归系数	回归值	标准误差	下限 95%	上限 95%
α	0.617	0.104	0.169	1.066
β	-0.247	0.151	-0.897	0.404
γ	0.224	0.082	-0.129	0.578

根据表 7-8 得出昆明市水资源 GDP 的回归方程为

$$\ln Q = 4.024 + 0.016t + 0.617\ln K - 0.247\ln L + 0.224\ln W$$

因此，得出 2011～2017 年昆明市水资源 GDP 的生产函数如下：

$$Q = 55.92(1+0.016)^t K^{0.617}L^{-0.247}W^{0.224}$$

根据昆明市的 GDP 生产函数，可以得出昆明市 2011～2017 年的 GDP 单位供水价值（表 7-9）。从图 7-1 可以看出，昆明市 GDP 单位供水价值虽然在 2017 年有回落，但是总体从 2011 年是上升趋势。说明昆明市随着经济的发展，对水的依赖性也越来越强，该市水资源的价值也随之增加。公式为

$$B_{2017} = \frac{\partial Q}{\partial W} = \gamma \cdot \frac{Q}{W} = 0.224 \times \frac{4857.64}{24.17} = 45.019 \text{ （元/m³）}$$

表 7-9　昆明市 2011～2017 年的 GDP 单位供水价值　　　（单位：元/m³）

年份	2011	2012	2013	2014	2015	2016	2017
GDP 单位供水价值	30.853	36.600	41.086	45.449	47.608	52.100	45.019

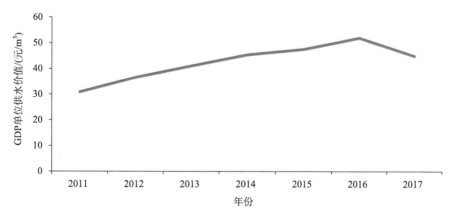

图 7-1　2011～2017 年昆明市 GDP 单位供水价值折线图

根据滇池的相关数据，滇池每年为周边农业和工业供水约为 $3\,500 \times 10^4 \text{m}^3$，因此滇池 2011～2017 年的经济价值见表 7-10，得出滇池年均供水经济价值为 1 493 111 454 元。

表 7-10　滇池 2011～2017 年供水经济价值

年份	供水经济价值/(10⁴ 元/a)
2011	107 986.3183
2012	128 091.9023
2013	143 802.5263
2014	159 070.1727
2015	166 626.6652
2016	182 033.6242
2017	157 566.8084
年均供水经济价值	149 311.1454

3. 航运经济价值

1)滇池航运价值评估

滇池航运发展历史悠久。在西汉时期,古滇人就开始从事水上航运。到了元代,滇池水上航运已经发展得十分繁荣。当时滇池水位较高,大小船只可以航行到云津桥。滇池沿岸的晋宁、呈贡、海口等地的船只满载滇南、滇西的土特产、粮食等货物,通过滇池运送到云津码头进行货物交易。这个时期滇池沿岸已经发展到了 10 个码头和渡口,形成了滇池水上运输网。明朝时期,昆明城引滇池水作为护城河。清朝时期滇池运输货物都是粮食、砖瓦、木石等,同时在康熙时期就确立了三条固定的船线。目前,滇池航运发展主要是以旅游观光、运送游客为主。

从 20 世纪 90 年代开始,由于滇池水质恶化,再加上 2006 年在滇池近岸水域发生泥船漏油事件,污染水面面积达 200 亩,因此,昆明市政府决定从 2007 年开始,全面禁止营运性燃油机动船舶在滇池水域航行和作业。滇池航运发展停滞,后期滇池水质得到改善,滇池航运开始逐渐恢复,在 2010 年昆明市政府发布的《昆明市综合交通运输总体规划(2011～2020 年)》中表明,滇池主要航道规划里程有 205.7 km。根据发布的相关数据,2015 年,昆明全市水路交通完成客运量约 138.16×10⁴ 人次,周转量 535.50×10⁴ 人·km,其中滇池完成 23.4×10⁴ 人次。相比于 2007 年的约 10×10⁴ 人次,滇池客运量增长了 2 倍多(滇池划定 4 条重点航线 83 km 主航道计划年底前投产)。则滇池航运旅客周转量为 90.7×10⁴ 人·km,按照内河客运 0.24 元/(人·km)计算,滇池航运产生的经济价值约为 21.768×10⁴ 元。

目前刚刚完工或正在投资建设的滇池航道,包括 2017 年规划的 83.7 km 和 2019 年规划建设的 85 km 主航道,可以看出,待这条规划建设完成并投入使用,未来滇池航运的年旅客量会产生更大规模的增长,由此产生的经济价值也会更加巨大。

2) 青海湖航运价值评估

青海湖的航运业是以当地的旅游业为依托发展的，主要以运送游湖旅客为主。青海湖水上现有码头 4 个，大小游船和巡查船 70 艘，在 2011 年接待游客 28×10^4 余人次，单日最高运输量达 7600 余人。而到了 2016 年，青海湖水上旅游接待 50 多万人次，景区有各类船舶 39 艘。2010 年，青海湖景区通航里程 190 余千米，航运量占整个青海省水上航运业务总量的 80% 以上。青海省 2011 年水路旅客周转量是 556×10^4 人·km，则青海湖水上客运周转量是 444.8×10^4 人·km，根据内河客运 0.24 元/(人·km) 计算。公式：

$$青海湖航运年均经济价值 = 年客运量 \times 内河客运系数$$
$$= 444.8 \times 10^4 人·km \times 0.24 元/(人·km)$$
$$= 106.752 \times 10^4 元/a$$

因此，青海湖水上航运经济价值为 106.752×10^4 元，此结果是根据 2011 年的数据估算得出，相比于 2011 年水上客运量为 28×10^4 余人次，2016 年已经增长到 50×10^4 余人次，增长近两倍。可见，青海湖水上航运的经济价值一直在持续增长，未来也会发挥更大的经济价值。

4. 水力发电价值评估

羊卓雍错抽水蓄能电站在 1996 年建成，是西藏最大的水力发电站，也是世界上海拔最高的抽水蓄能电站。电站是依托羊卓雍错与雅鲁藏布江之间的水面落差，引湖水至雅鲁藏布江边得额发电厂进行发电，该电站发电被要求用水量与抽水量需要达到平衡。电站为拉萨、山南和日喀则三个地区供应电能，年平均发电量占拉萨整个电网的 50% 左右。羊卓雍错电站总共安装了 4 台抽水机组，总装机容量 11.25×10^{4}kW，年发电量约 5.6×10^8 kW·h。在研究羊卓雍错发电站建成对湖泊及周边的影响时，有学者发现羊卓雍错电站运行未影响湖泊水位，主要造成的影响是电站建成后，周边约有 40% 的居民改生活用水为井水，增加的 16 口井所需费用为 8×10^4 元，另外湖泊引水后周边耕地粮食产量下降，干旱时节抽取湖水的泵站运行管理费和补偿粮食减产费 1.91×10^4 元，因此羊湖水电站建成造成损失价值约 9.91×10^4 元(李朝霞和蒋晓艳，2011)。由于该电站为拉萨提供了超过其 50% 的电力，因此，本书主要以拉萨市的居民用电电价估算。得出羊卓雍错水力发电年均经济价值为 3.024×10^8 元/a，公式为

羊卓雍错水力发电年均经济价值 = 年均发电量 × 拉萨居民用电价 = 5.6×10^8 kW·h × 0.54 元/kW·h = 3.024×10^8 元/a

7.3　高原湖泊生态价值评估

自然资源的生态价值是随着人们对生态环境的需求而变化的，随着工业化的深入和生态文明的推进，自然资源的生态价值越来越受到重视，生态价值评估方法与实践探索

也成为研究热点。高原湖泊由于其高海拔的地理特性，决定了高原湖泊的生态脆弱性，而高原湖泊又是高原上人类生产生活活动的重要依赖，保护难度大，其生态价值评估就显得更为重要。

7.3.1　高原湖泊生态价值评估方法

1. 涵养水源价值

湖泊生态系统通过其巨大水体容积对湖面降水、地表水入湖补给和地下水入湖补给进行充分蓄积。湖泊涵养水源的主要价值表现在调蓄洪水功能和地下水补给。

调蓄洪水功能是湖泊生态系统为人类提供的重要的生态服务功能之一，湖泊能够蓄积过量的水资源，从而起到调节径流、削减洪峰，其调蓄洪水的功能非常显著。湖泊通过拦蓄流域内上游来水，降低上游河段的洪峰流量，滞后洪峰发生的时间，缓解上游的洪水危机，与此同时，减轻下游洪水的压力，减少洪水对流域内各地区造成的经济损失。

地下水补给主要通过降水、灌溉、地下径流、渠道或河道渗漏等途径进行补充。湖泊湿地蓄积大量的淡水资源，当湖泊水资源渗入地下蓄水系统时，地下水得到补充，地下水可为周围供水，维持水位，所以湖泊是补给地下水的重要途径之一。湖泊作为天然蓄水库，起到了补充地下水水量的作用，在干旱季节供给城市人们生产、生活必要的用水，对维持局部水平衡、水生态系统的结构功能和生态过程具有至关重要的意义。

本部分应用影子价格法和影子工程法，构建了评价湖泊涵养水源评价指标的计算公式。影子价格法是利用替代市场技术，以市场上与其相同的产品价格作为"影子价格"来估算该"公共商品"的价值。影子工程法是恢复费用法的一种特殊形式。影子工程法是指某环境遭到破坏或污染的经济损失，可根据拟用人工建造另一个环境来替代遭到破坏或污染的环境的作用，而用这个人工环境所需的费用来估算其经济损失及替代环境度量的方法(董小林，2011)。

计算如式(7-8)所示：

$$V_r = Q_r \times P_r \tag{7-8}$$

式中，V_r 为涵养水源服务价值(元)；Q_r 为湖泊蓄水量(m^3)；P_r 为当地单位库容建造成本(元/m^3)。

2. 净化水体价值

湖泊提供了一个良好的污染物质物理化学代谢环境，提高了区域环境的自净能力，可以去除多种排入水体的污染物，其净化功能表现在一定程度上通过稀释、吸附、过滤、扩散、氧化分解等一系列物理、化学和生物作用，将人类向环境排放的废弃物吸收利用，使之得到降解和清除，水体的环境净化作用为人们提供了巨大的生态效益。湖内一些水生植物像芦苇、水湖莲能减缓水流的速度，并且有效地吸收有毒物质。可以说，湖泊生态系统是一个天然的污水处理池，益于人们的生活和生产。

评价净化水体价值主要采用生产成本法，计算公式如下：

$$V_{pw} = \sum_{j=1}^{m} Q_{pw,j} C_{pw,j} \tag{7-9}$$

式中，V_{pw} 为净化水体价值(元/a)；$Q_{pw,j}$ 为湖泊截留第 j 类污染物质的总量(t/a)；$C_{pw,j}$ 为第 j 类污染物质处理成本(元/t)；m 为污染物质的种类。

式(7-9)中湖泊生态系统截留污染物质的量，可用下式进行估算：

$$Q_{pw,j} = Q_{入湖,j} - Q_{出湖,j} - \Delta S \tag{7-10}$$

式中，$Q_{pw,j}$ 为湖泊截留第 j 类污染物质的量(t/a)；$Q_{入湖,j}$ 为当年入湖第 j 类污染物质的总量(t/a)；$Q_{出湖,j}$ 为当年出湖第 j 类污染物质的总量(t/a)；ΔS 为当年与前一年全湖第 j 类污染物质总量的变化量(t/a)。ΔS 可根据 $\Delta S = V_{湖水} \times \Delta C_{湖水}$ 计算得出，其中，$V_{湖水}$ 为湖水总体积；$\Delta C_{湖水}$ 为当年与前一年相比，湖水中污染物年均浓度的差值。污染物质处理成本按生活污水处理成本，处理磷平均运行成本可以取 2.5 元/kg，处理氮平均运行成本可以取 1.5 元/kg(王浩等，2004)。

3. 生物多样性价值

湖泊生态系统生态价值不仅具有调蓄洪水、补充水分、净化水体等功能，还以其高景观、异质性为各种水生生物的生存繁衍提供环境。生物多样性是使人类生存延续的必要前提，湿地本身就是独特的水生、湿生生境。不断运动变化的湖水水流提供了各种各样富有特点的栖息地。水流经湿地，其中所含的营养成分被湿地植被吸收，培育了水生、湿生植物，或者营养物质积累在湿地泥层中，养育了鱼类、湿生鸟类、两栖类动物等。湖泊生态系统为种类繁多的物种提供了栖息地，维持生物多样性。

湖泊生态系统拥有丰富的生物多样性和巨大的基因库，不仅为生物提供栖息地，还为生物进化、生物多样性提供了条件。本书用成果参照法计算生物多样性保护的价值。

此项指标公式为

$$V = I \times S \tag{7-11}$$

式中，V 为生物多样性保护价值(元)；I 为湿地生态系统生物多样性保护价值当量 （元/hm²）；S 为湿地公园面积(hm²)。参考陈仲新和张新时的研究结果，生物多样性保护的价值当量为 2212.2 元/(hm²/a)(陈仲新和张新时，2000)。

4. 调节局地气候

湖面水体蒸发和水的比热两个因素对湖泊周围的局部区气候产生影响。生活在较大湖区周围的人们，都会感觉这里的气候比其他干旱区域略温和湿润，昼夜温差不大。湖区水面和湖区内丰富的动植物带来了更强的蒸发和蒸腾作用，湖水蒸发为周围地区带去雨水，雨水又通过植物的蒸腾作用返回大气中，然后再次形成雨水影响湖泊周围地区的湿度。在气温方面，由于湖泊水面对太阳辐射的反射率小，水体比热大，蒸发耗热多，使湖面上气温变化与周围陆地相比较为缓和，冬暖夏凉，夜暖昼凉。

(1)调节大气价值指标。湖泊生态系统调节局地气候是靠湖面水体蒸发和水的比热将夏季的气温降低，并增加空气湿度。湖面水体蒸发过程将液态水变为汽态，水气分子悬浮在空中增加了大气湿度；同时水分汽化过程中消耗大量的热，取水在 100 ℃，1 个标准大气压下的汽化热 2 260 kJ/kg，大面积湖水蒸发明显降低湖面上空一定高度的空气温度，增加大气湿度。

由此，湖泊生态系统水体蒸发调节气候节约能源可用类似下式估算：

$$V_a = \frac{\mu S_w EV}{q} \tag{7-12}$$

式中，V_a 为水体蒸发调节气候价值(元)；S_w 为水面面积(km^2)；E 为蒸发量(mm)；μ 为换算系数，即每公顷水面面积蒸发 1 mm 的调温效果；q 为计算用的空调机的功率(kW)；V 为计算区域的电费(元/h)。

(2)调节大气组成价值指标。湖泊生态系统对全球二氧化碳浓度的升高具有巨大的缓冲作用。湖泊中的浮游植物及水生植物通过光合作用和呼吸作用，与大气交换二氧化碳和氧气，使得大气中的二氧化碳和氧气维持着动态平衡。固定二氧化碳及释放氧气可以通过光合作用公式结合水生生物生产力进行转化，并用碳税法或造林成本法估算其调节价值。碳税率法是一种许多国家制定的旨在削减温室气体排放的税收制度的方法，属于影子价格法。造林成本法是利用营造可以吸收同等数量的二氧化碳的林地的成本来代替吸收二氧化碳的价值，也属于影子工程法。

首先根据光合作用方程式：

$$CO_2(264\ g) + H_2O(108\ g) \rightarrow C_6H_{12}O_6(108\ g) + O_2(193\ g) \rightarrow 多糖(162\ g)$$

可以根据光合作用原理，得出湿地每生产 1g 植物干物质能固定 1.63 gCO_2 和释放 1.2 gO_2，计算得出湿地植物的生产量，再计算出吸收的 CO_2 的价值。释放 O_2 的价值采用氧气的工业制造成本作为影子价格计算。按单位实地芦荟的平均产量计算植物生物量，单位湿地芦荟的平均产量为 17 400 kg/hm^2，市场价格为 400 元/t(欧阳志云等，1996)。瑞典碳税率为 150 美元/(t·a)，目前的汇率为 6.875。工业制氧成本 400 元/t(崔丽娟，2004)。计算公式具体如下：

湖滨湿地芦苇总产量=湖滨湿地面积×单位湿地芦苇的平均产量

湖滨湿地吸收 CO_2 的量=植被产量×单位植被吸收 CO_2 的量

湖滨湿地吸收 CO_2 的价值=CO_2 的量×含碳率×瑞典碳税率

湖滨湿地释放 O_2 的价值=植被产量×单位植被释放 O_2 的量×工业制氧成本

调节气候功能的价值=吸收 CO_2 的价值+释放 O_2 的价值

5. 保持土壤价值

湖泊生态系统是地表径流泥沙的主要接纳场所，具有土壤的形成和保持的功能，有利于减少土壤肥力流失，防止泥沙滞留和淤积，防止土壤滑坡。土壤具有肥力的特征，土壤能够不断地供应和协调作物生长发育所必需的水分、养分、空气、热量和其他生活必须条件的能力。

本书中，湿地减少土壤养分流失中的养分指易溶解在水中或易在外力作用下与土壤分离的 N、P、K 等。计算式(邓立斌，2011)为

$$V = S \times h \times R_1 \times R_2 \times D \tag{7-13}$$

式中，V 为湿地减少土壤肥力流失的价值；S 为湿地面积；h 为无植被土壤中等程度的侵蚀深度；R_1 为土壤容重；R_2 为单位土壤养分的平均含量；D 为化肥的平均价格。

7.3.2　典型高原湖泊生态价值评估分析

以滇池、青海湖为例，对高原湖泊的生态价值评估进行探索。

1. 涵养水源水价值评价指标评估

1)滇池涵养水源价值评估

作为一个完整的体系，滇池生态系统在涵养水源方面的意义明显。滇池入湖水量主要来源于流域的自然降水和地表径流补给(何佳等，2015)。滇池可以缓解上游河流的洪水，包括北部的盘龙江、东白沙河、马料河，东部的洛龙河、捞鱼河、梁王河，东南部的大河、柴河和西南部的东大河等河流。滇池流域干湿季分明，降水主要集中在夏季，夏季降水量占全年降水量的 50%～60%；冬季自然降水最少，不到夏季的1/10(田永丽等，2017)。滇池在夏季暴雨期储蓄过量降水，在旱季满足人类对淡水的需求，抵抗干旱。

滇池是典型的宽浅型高原湖泊，拥有面积广阔的湖面，湖面海拔 1887.4 m，湖容 13.75×10^8 m³，平均水深 4.4 m。除此之外，还有许多散流、支流、沼泽等各种天然湿地与滇池一起形成一个天然的生态系统，当洪水来临时，滇池生态系统增加地表水资源，扩大渗面，蓄存洪水。滇池除了拥有优越的先天条件，后天人为修建的水库进一步增强了其蓄洪能力。早在 1262 年就在盘龙江上建松华坝，1268 年又开凿海口河，在海口建闸以后，滇池的水位基本在人为控制之下。1955 年以后先后修建十余座大中型水库，沿湖修建几十座电力排灌站，实现水量的相互调节，达到调节河流径流量、削减洪峰，均化洪水的效果。

根据昆明水利局公布的《昆明市水资源公报》中的数据可知，2017 年，滇池蓄水量为 13.75×10^8 m³，2016 年滇池年末蓄水量 15.75×10^8m³，2015 年滇池年末蓄水量 15.82×10^8m³，三年滇池平均蓄水量为 15.11×10^8m³。单位蓄水量库容成本以我国水库建设投资计算，水库建设单位库容投资 6.11 元 /t，2015～2017 年滇池涵养水源价值评估如表 7-11 所示。

表7-11　2015～2017年滇池涵养水源价值

项目	2015 年	2016 年	2017 年	均值
蓄水量/$10^8 m^3$	15.82	15.75	13.75	15.10
涵养水源/10^8 元	96.66	96.23	84.01	92.32

资料来源：昆明市水资源公报

2) 青海湖涵养水源价值评估

青海湖水补给来源是河水，其次是湖底的泉水和降水。流域内河网不规则分布，西北部河网发育，径流量大；东南部河网稀疏，径流量小。流入青海湖流域面积在 50 km^2 以上的河流有 33 条，主要有布哈河、甘子河、沙柳河、哈尔盖河、乌哈阿兰河、黑马河，其中发源于天峻县沙果林那穆吉水岭的布哈河是其最大的补给河流，全长约 300 km，集水面积 14 337 km^2。湖北岸、西北岸和西南岸河流多，流域面积大，支流多；湖东南岸和南岸河流少，流域面积少。布哈河、沙柳河、乌哈阿兰河和哈尔盖河，这 4 条大河的年径流量达 16.12×$10^8 m^3$，占入湖径流量的 86%，是鱼类洄游产卵和鸟类较集中地区。青海湖流域主要河流水文特征见表 7-12。

表 7-12　青海湖流域主要河流水文特征表

河流名称	控制站名称	集水面积/km^2	河长/km	天然径流/$10^8 m^3$
布哈河	布哈河口	14 337	272	8.03
	上唤仓	7 840	148	6.67
江河	下唤仓	3 048	109	2.88
依克乌兰河	刚察	1 442	85	2.65
哈尔盖河	哈尔盖	1 425	86	1.31
黑马河	黑马河	107	17	0.11
吉尔孟河	吉尔孟	926	75	0.48
乌哈阿兰河	沙陀寺	567	63	0.22

资料来源：河湖基本情况 青海湖容积测量 河湖开发治理保护普查成果，青海省第一次水利普查领导小组办公室编著

河流主要以降水和冰雪融水补给，其径流量年内分配及年际变化跟降水量密切相关，年内分配很不均匀，年际变化较大且明显。青海湖地处东亚季风区、西北部干旱区和青藏高原高寒区的交汇地带，其气候类型为半干旱的温带大陆性气候。湖区全年降水量偏少，大气降水是青海湖流域浅层地下水的主要补给来源，其水位变化受居民用水量的影响外，主要与降水量、地形密切相关。青海湖流域年降水量平均值在 291～579 mm，受地形和湖区影响，降水分布极不均匀，在青海湖北岸降水从北向南递减，而湖南岸则相反；湖滨四周向湖中心递减，湖东则由东部向西部递减，湖西在布哈河下游河谷地带则向东递减。湖区降水量季节变化大，降水多集中在 5～9 月，雨热同季，约占全年降水量 70%。流域内的现代冰川分布于布哈河上游的岗格尔肖合力，共有 22 条，分布面积为

13.29 km^2，储量为 5.9×10^8 m^3，年融水量 0.1×10^8 m^3。《2018 年青海省生态环境状况公报》显示，流域水资源总量 39.61×10^8 m^3。按照公式计算得出青海湖涵养水源价值为 242.02×10^8 元。

通过对青海湖和滇池涵养水源价值的对比，我们可以发现二者涵养水源价值相差 149.7×10^8 元，造成二者价值差异的主要原因是两个湖泊的面积差异，青海湖作为我国最大的湖泊，其面积约为滇池的 15 倍。但是，滇池位于北亚热带季风湿润气候，降水量大于位于温带大陆性气候的青海湖，这一原因又导致了二者水资源涵养价值差异较面积差异小。

2. 生物多样性价值评价指标评估

1）滇池生物多样性价值评估

湿地不仅是提供许多生物的栖息的场所，还为生物进化及生物多样性的产生与形成提供了条件。20 世纪滇池作为云南最大的高原淡水湖泊，其生物种类非常丰富，很多为云南高原湖泊所特有。滇池浮游生物就发现有 30 属 43 种。滇池 20 世纪 50 年代土著鱼有 22 种，隶属 8 科 18 属，其中的金线鱼曾闻名于世，但现仅存土著鱼类 9 种，隶属 7 科 12 属。无脊椎动物有节肢动物虾类和软体动物螺、蚌、蚬等。滇池节肢动物丰富，主要是虾类，有白虾和黑虾两种。软体动物主要是螺蚌、蚬等，属底栖动物。此外，还有无脊椎动物 50 多种。每年冬天都有许多鸟类前往滇池过冬，滇池鸟类已达到 130 余种，如白头鸭、紫水鸡、反嘴鹬鹭鸳等，其中以红嘴鸥的数量最多（张虹，2014）。近几年来红嘴鸥每年 10 月到次年 3 月在滇池越冬，同时也为滇池镀上了一层新景色，吸引大批游客的到来。近四年来滇池生物多样性价值见表 7-13。

表 7-13　滇池生物多样性价值估计

年份	2015	2016	2017	2018	均值
面积/km^2	298.91	300.11	300.4	300.53	299.99
生物多样性价值/元	661 248.70	663 903.34	664 544.88	664 832.47	663 632.35

资料来源：地理国情统计

从数据中可以发现，随着滇池面积逐年扩大，滇池中养育的生物种类数量也逐渐增加，生物多样性的价值也随之增加。

2）青海湖生物多样性价值评估

1992 年经联合国教科文组织批准青海湖加入《关于特别是作为水禽栖息地的国际重要湿地公约》，被列入国际重要湿地名录。在原自然保护区基础上，1997 年建立了青海湖国家级自然保护区。据青海湖国家级自然保护区官网介绍，青海湖保护区拥有丰富的鸟类、兽类、湿地、鱼类、植物等资源。青海湖是水禽栖息地和国际重要湿地，野生水鸟资源丰富，资源地位突出，青海湖位于中亚、东亚两条候鸟迁徙路径的交汇点，是候鸟迁徙途中的重要停歇地和中转站。青海湖保护区及周边地区有鸟类 189 种，分属 14 目 37 科，青海湖地区鸟类种类相对周边其他区域丰富，鸟类种数占青海省鸟类总数的 55%，其中候鸟种数占 63.6%。每年在青海湖迁徙停留的候鸟有数十万只，青海湖又是中国境内夏候鸟繁殖数量最多种群最为集中的繁殖地，青海湖还是水禽的重要越冬地，每年有近 4 500 只的大天鹅在此越冬。青海湖兽类共计有 42 种分属 5 目 17 科，湖区的兽类种类几乎占全省的 1/3，以啮齿、食肉目、偶蹄目种类为多，其中国家 I 级保护动物有 6 种，II 级保护物种有 11 种。青海湖是世界上唯一分布世界级濒危野生动物之一的普氏原羚的地区，且目前仅剩 600 余只。青海湖的湿地资源为 53 600 hm^2。湿地主要由鸟岛、鸬鹚岛、沙岛、海心山、三块石等岛屿和水域及环湖沿岸的水域、湖岸、泥滩、沼泽草地，以及河口等组成。青海湖保护区有鱼类 8 种，鱼类资源主要为青海湖裸鲤，青海湖裸鲤(俗称湟鱼)是青海湖中唯一的水生经济动物，处于青海湖整个生态系统的核心地位。青海省政府为了保护青海湖鱼资源的多样性，多次采取实施封湖育鱼政策。青海湖区内的自然植被有五大类型(灌丛、草原、荒漠、草甸、沼泽和水生植被)，以温性草原、温性荒漠草原和紧邻湖岸的高寒沼泽化草甸为主，主要优势种群为西北针茅、短花针茅、华扁穗草。该区植物区系成分复杂，植物种类较多，其组成包括种子植物、蕨类植物、苔藓、菌类、藻类和地衣等植物种类。种子植物共有 52 科、174 属、445 种，其中裸子植物仅有 3 属共 6 种，被子植物占绝对优势。按照最新地理国情数据统计，近 4 年青海湖生物多样性价值见表 7-14。

表 7-14　青海湖生物多样性价值估计

年份	2015	2016	2017	2018	均值
面积/km^2	4 537.4	4 537.4	4 541.59	4 549.13	4 541.38
生物多样性价值/元	10 037 636.28	10 037 636.28	10 046 905.4	10 063 585.39	10 046 440.84

资料来源：地理国情统计

　　由表 7-14 统计结果可以发现，青海湖提供生物栖息地功能价值巨大，同时随着面积的不断增加和青海湖自然保护区的人为影响，青海湖生物多样性价值逐年增加。

3. 调节局地气候价值评估

1)滇池调节局地气候价值评估

　　滇池是云南省第一大湖泊，也是昆明市的"母亲湖"，享有"高原湖泊"的美誉。昆明地区"冬无严寒、夏无酷暑、四季如春"的宜人气候，有很大的原因是因为滇池的调节作用和滇池湿地生态系统在昆明地区水文循环中所起的重要作用。滇池流域拥有众多的湿地，但近年来随着流域内社会经济迅速发展、人口增加、城市化程度提升，湿地生态结构功能弱化，对生态系统造成很大破坏。

滇池湿地是珍贵的自然资源，昆明市委、市政府高度重视滇池生态建设工作，在着力推进滇池治理"六大工程"的同时，2008 年起启动了滇池"四退三还"生态建设，在环湖区域规划并实施湿地建设工程，截至目前，已建成环湖湿地 5×10^4 余亩，在滇池的演化历史进程中首次实现了"湖进人退"。滇池湿地建设对修复滇池生态系统、改善滇池水质产生了积极的效果。

根据评估调节气候价值计算公式需明确，区域的电费为各年度云南电网销售居民阶梯电价的第一档电量的电价，计算用空调功率采用参考曹生奎的算法，空调效能比取3.4（曹生奎等，2013），滇池的面积依照地理国情数据统计结果进行计算。据统计，滇池流域近 50 年滇池流域四季的蒸发量中春季最大，为 734.0 mm，秋季最小，为 316.8 mm，夏、冬季分别为 418.6 mm、402.5 mm，综上滇池流域年平均蒸发量 1 871.2 mm，即1.871 2 m。2015～2018 年滇池调节局地气候价值如表 7-15 所示。

表 7-15　滇池调节局地气候价值评估结果

年份	2015	2016	2017	2018	均值
面积/km²	298.91	300.11	300.4	300.53	299.99
电价/[元/(kW·h)]	0.45	0.45	0.45	0.42	—
调节气候价值/10⁸ 元	464.73	466.60	467.05	436.10	458.62

资料来源：地理国情监测数据；云南电网有限责任公司官网

由此可以看出，2015～2017 年滇池调节气候价值随着面积的不断增加，调节气候价值也随之不断上升。但是 2018 年相对特殊，主要原因是 2018 年昆明市发改委下调居民用电电价，导致了滇池调节气候价值下降。

2）青海湖调节局地气候价值评估

青海湖是我国面积最大的湖泊，特殊的地热学性质使得青海湖水体通过水面蒸发不断地与大气之间进行热量和水分交换，成为青藏高原的天然"加湿器"。青海湖流域处于我国西北干旱区，属于高原大陆性气候，由于青海湖水体的气候调节作用，流域内具有地方小气候特点，即日照强烈、寒冷期长、温暖期短、干旱少雨、气温日差较大。根据青海省基础地理信息中心 2018 年 12 月公布的《青海湖流域综合生态环境监测报告》显示，青海湖流域属半干旱地区，常年蒸发量较大，达 1 300～2 000 mm。青海湖流域水面蒸发量的变化趋势是：由山区向平原递增，由北向南递减；水土流失严重、植被稀疏、干旱高温地区蒸发量大于植被良好、湿度较大的地区。由于流域气候干燥、多风，蒸发量大，多年平均蒸发能力在 850～1 050 mm。蒸发的年际变化不大，年内分配与降水量基本一致，但季节变化比较均匀，5～9 月蒸发量占全年蒸发量的一半。

根据《2018 年青海省生态环境状况公报》公布，青海湖蒸发总量取常年蒸发量 1 300～2 000 mm 的平均值，即 1 650 mm。青海省电网销售居民阶梯电价第一档电量的电价为0.3771 元/(kW·h)，其他数据与滇池相同。表 7-16 显示了青海湖调节气候价值评估结果。

表 7-16　青海湖调节气候价值评估

年份	2015	2016	2017	2018	均值
面积/km²	4 537.4	4 537.4	4 541.59	4 549.13	4 541.38
电价/[元/(kW·h)]	0.37	0.37	0.37	0.37	—
调节气候价值/10⁸元	20 881 347.54	20 881 347.54	20 900 630.14	20 935 329.6	20 899 663.71

资料来源：地理国情监测数据；青海省发展和改革委员会网站

通过对青海湖调节气候价值的评估，我们可以发现青海湖调节气候价值在四年之内逐年稳定增加，且价值相对较高，这说明青海湖对湖泊附近区域的小气候调节作用明显。

4. 调节大气组成价值评估

1）滇池调节大气组成价值评估

滇池湖滨湿地植物种类丰富，生物量较多，而湖泊湿地由于水体被污染，水生植被的生物量大量减少，对近期的调查进行估算，水生植物分布面积仅占全湖面积的 6.8%。此部分只对湖滨湿地的价值计算，按单位湿地芦苇的平均产量计算植被生物量。经计算滇池调节大气组成功能的价值评估如表 7-17 所示。

表 7-17　滇池调节大气组成价值评估

年份	2015	2016	2017	2018	均值
面积/km²	298.91	300.11	300.4	300.53	299.99
吸收 CO_2 的价值/10⁸元	2.38	2.39	2.40	2.40	2.39
释放 O_2 的价值/10⁸元	2.50	2.51	2.51	2.51	2.51
调节大气价值/10⁸元	4.88	4.90	4.91	4.91	4.90

资料来源：地理国情监测数据

从表 7-17 评估结果来看，滇池通过湖泊中的动植物吸收二氧化碳同时释放氧气对流域内的大气组成进行调节。昆明市政府也不断重视滇池湿地的生态作用，随着新规划湿地的建成，滇池调节大气组成的价值也会越来越显著。

2）青海湖调节大气组成价值评估

青海湖湿地作为世界七大湿地之一，于 1992 年被列入国际重要湿地。作为高海拔湿地资源已成为世界湿地保护组织关注的重点。青海湖湿地仙女湾景区具有丰富的生物多样性和作为秋冬季大天鹅的栖息地，其观光与旅游价值是其他湿地无法与之相比的。同时，湿地生态系统、多样的动植物群落、濒危物种等，在教育和科研中都有重要地位。青海湖湿地仙女湾景区是大天鹅的故乡，秋冬季节约有 1 500 只在此栖息，大天鹅是鸟类中的贵族，水禽中的尊者，只可远观而不可近赏。另外还有赤麻鸭、棕头鸥等。也时还能看到黑劲鹤、白鹭等。湿地有海心山湿地度假村，是野游的好去处。按照公式计算出青海湖调节大气组成功能的价值见表 7-18 。

表 7-18 青海湖调节大气组成功能价值评估

年份	2015	2016	2017	2018	均值
面积/km^2	4537.4	4537.4	4541.59	4549.13	4541.38
吸收 CO_2 的价值/10^8 元	25.66	25.65	25.69	25.73	25.69
释放 O_2 的价值/10^8 元	37.90	37.87	37.93	37.99	37.93
调节大气价值/10^8 元	63.56	63.51	63.62	63.73	63.62

资料来源：地理国情监测数据

从表 7-18 可以看出，青海湖湿地作为世界七大湿地之一其生态作用得到很好的彰显，调节大气的价值也随着青海湖面积的增加而不断上升。

5. 净化水质价值评估

滇池生态系统和其湿地生态过程在入湖水质的自然净化过程中也具有非同一般的作用。人类活动引起有机质、营养元素或有毒物质通过入滇河道进入滇池湿地系统，只要不过量，湿地水质仍然会处于常态或保持在一定标准之内。同时，湿地系统中复杂的各个生态系统，运行着复杂的生物学和生态学过程，使水质得以净化。据研究，湿地中的许多水生植物能够在其组织中以高于 $10×10^4$ 倍的浓度富集水体中重金属，有的还参与金属解毒过程。一些超富集植物对重金属离子的吸收功能是普通植物的 20 万～30 万倍。这就使得通过收获水生植物带走入滇池污水中重金属污染物变得更为方便，如果再注意对收获物加强用途或去向管制，不使已经转移出去的重金属离子再次进入水体或生物链，治理就会真正有效。湿地植物更擅长去除水中的磷、氮等营养物质。

由于滇池中的总氮和总磷数量获取困难，所以将采用成果参照法进行替代。根据学者李俊梅的研究，净化水体的价值=湖泊面积×净化水体单位面积服务价值的总量，且处理单位面积服务价值取 16 086.6 元/(hm^2 · a)(陈仲新和张新时，2000)。2015～2018 年滇池净化水体价值评估见表 7-19。

表 7-19 2015～2018 年滇池净化水体价值评估

年份	2015	2016	2017	2018	均值
面积/km^2	298.91	300.11	300.4	300.53	299.99
净化水体价值/10^8 元	4.808	4.828	4.832	4.835	4.826

资料来源：地理国情监测数据

6. 土壤保持价值评估

滇池作为汇水湖泊和流域的侵蚀基准面,汇集了通过水流等搬运的来自流域的泥沙,受滇池流域地形、湖盆形态、水动力(如河流入湖射流、风驱湖浪和出湖排流)及物源供给条件等因素的影响，滇池沉积物单位时间内单位面积上沉积量的平面分布存在区域差异。滇池沉积物以陆源碎屑为主，沉积相大致呈环状分布。

根据中国土壤侵蚀的研究结果表明，无植被的土壤中等程度的侵蚀深度为 15～35 mm。估算湿地减少土壤侵蚀的总量，用草地中等程度侵蚀深度的平均值代替，即为 25 mm/a（鄢帮有，2004）。土壤容重取自文献（毛云玲等，2011）为 1.46 g/cm^3，单位土壤 N、P、K 的平均含量为 1.96%，化肥平均价格（磷酸二铵化肥和氯化钾化肥）按 2 300 元/t 计算，计算得 2018 年滇池土壤保持价值为 495 271 420 元，即 4.95×10^8 元。

7.4　高原湖泊社会价值评估

人与自然的关系决定了高原湖泊具有社会价值。目前已有不少学者探索了自然资源的社会价值的评估方法，可借鉴用于高原湖泊的社会价值评估。

7.4.1　社会价值评估方法

1. 休闲旅游价值

自然资源的休闲旅游价值是当前环境价值研究中的重要和热门研究方向（张茵和蔡运龙，2010），在旅游资源的供应方面，生态旅游、休闲渔业等活动都是人们亲近大自然的机会，同时也是自然环境管理部门获得经费的好方法（Sven，2000）。对于高原地区来说，高原湖泊是一种重要的旅游资源，具有休闲娱乐的服务价值。休闲娱乐服务价值是指高原湖泊作为旅游资源所具有的休闲娱乐功能，其景观、美学价值高，伴随着高原湖泊在不影响生态功能的基础上进行的旅游景观的开发，其旅游活动和休闲娱乐功能也在增加，如游泳、划船、垂钓、漂流等，这些休闲娱乐活动不仅可以作为户外活动锻炼身体，又可以作为景观赏析放松心情，高原湖泊独特的自然景观和其具有的美学价值能够为旅客提供观赏娱乐的场所，带来精神享受，是人们日常休闲娱乐的重要组成部分。

从定量角度来说，高原湖泊的休闲旅游价值就是旅客对于享有高原湖泊旅游景区的自然资源的支付意愿，包括湖泊景色、优美环境、新鲜空气，以及湖泊景区提供给旅游客的休闲娱乐活动的价值。针对高原湖泊旅游价值的研究可以在未来自然资源的可持续旅游开放进程中起到指导作用。

对旅游资源的总体休闲娱乐价值评估，学者们经过不断探索，基于不同的统计数据采用不同的方法对各生态系统进行旅游价值评估，如直接用围绕湖泊水体的旅游景区的旅游收入对湖泊休闲旅游价值进行评估，利用市场价格法进行评估，除此之外，旅行费用法（travel cost method，TCM）和条件估值法（contingent valuation method，CVM）也成为国内外认可的两种评估方法而被广泛运用于生态系统的休闲旅游价值评估（梁萍等，2016）。

（1）旅游收入法。高原湖泊是难得的自然资源，为人们休闲旅游提供活动场地，自然景观加上历史文化因素，使得高原湖泊的旅游开发潜力巨大，当地政府也在积极推进旅游业的发展，对高原湖泊生态区进行可持续性开发利用，围绕湖泊流域建成度假区等旅游景区，并逐步开发多个休闲娱乐功能。旅游业的繁荣带动景区服务业的发展，旅游观光人数增加，景区旅游收入也在增加，景区对于游客的吸引力可以反映出当地对于高原湖泊旅游资源的开发水平、旅游景区的规划水平、休闲娱乐设施的供应水平，旅游收入可以反映出旅游景区所具有的休闲娱乐价值，因此有些学者直接将旅游收入水平作为评价景区休闲旅游价值的评价指标(徐婷等，2015)。

(2)市场价格法。休闲旅游价值评估使用的市场价格法也叫门票费用法(张婕，2018)，随着人们生活水平的提高和生活压力的增长，人们对于休闲活动的消费也在逐年提升，有学者根据旅游景区的旅游人次和景区的门票价格来估算景区的旅游价值，计算公式为：门票价格×旅游人数。

(3)旅行费用法。当所研究的对象本身没有市场价格来直接衡量时，可以寻找替代物的市场价格来衡量，这类方法被称为替代市场价值法(surrogate market approach)(张帆和夏凡，2015)。例如，说高原湖泊生态系统具有的观赏价值和休闲娱乐功能并没有直接的市场价格衡量，这时需要找到某种有市场价格的替代物来间接衡量没有市场价格的高原湖泊自然景观的社会价值。旅行费用法属于替代市场价值法，它是指自然生态系统的某项生态服务功能的经济价值评估可以利用该项生态服务功能的消费者消费的费用来评估，其常用于评估自然生态系统的休闲旅游价值，湖泊、海洋、森林等很多自然生态系统都有休闲旅游价值。简单来说，旅行费用法就是用旅行费用作为替代物来衡量人们对旅游景观的评价。通常，旅游景点是免费的或者门票价格很低，游客从旅游中得到的效益往往高于门票价格。为了估算游客的支付意愿(需求曲线)，使用旅行费用作为替代物来估计旅游景点的价值。旅行费用通常高于门票价格，旅行费用法通常使用问卷调查的方法搜集数据，使用计量经济学模型估算需求函数，然后计算消费者剩余来衡量旅游景点的效益。旅行费用法的思路由 Harold Hotelling 于 1947 年首先提出的，从 20 世纪 50 年代末开始发展起来的，用于衡量美国免费国家公园的价值(张帆和夏凡，2015)。

旅行费用法可以通过交通费、门票费和花费的时间成本等旅行费用来确定旅游者对环境物品或服务的支付意愿，并以此来估算环境物品或服务价值。计算公式为：休闲旅游价值=旅游费用+旅游时间价值+消费者剩余。其中，旅游费用包括门票费、住宿餐饮费和交通费等，本书用旅游景区的总收入进行粗略估算。时间成本无法用实际货币量来度量，需要用时间机会成本来代替，时间机会成本是指在旅游期间所放弃的其他生产活动能带来的最大收入，为了对时间机会成本进行量化，通常采用工资收入来估算。计算公式为旅客单位时间的机会工资×旅行时间。消费者的支付意愿是消费者心理上对于商品的评价，体现为各消费者愿意为每单位商品支付的最高价格，支付意愿与产品实际价格不一定吻合，消费者剩余就是得到消费者的需求曲线后，消费者愿意支付的费用与实际支付费用之差。

（4）条件估值法。在连替代市场都难以找到的情况下，只能人为创造假想的市场来衡量环境质量和变动的价值，我们把这种方法称为假想市场法或者市场创建法，假想市场法的主要代表是条件估值法，即直接通过询问来得到人们对环境的评价（梁萍等，2016），以调查问卷的形式来评价对缺乏市场的服务或物品具有的价值。它不是基于可观察到的市场而是基于被调查者的回答，被调查者回答他们将采取什么行动、作出什么选择。条件价值法可以分为两类：一是直接询问支付的意愿；二是询问商品的需求量，并从结果推断支付意愿。调查者通过设计调查问卷中的问题向被调查者提问，了解被调查者——消费者对某种非市场性物品或服务的支付意愿，从而确定此非市场性物品或服务的经济价值。由于不存在直接的市场交易，作为旅游资源的湖泊价值无法用市场价格等方法计量。条件估值法通常随机选择部分个人作样本，以问卷调查形式询问一系列假设问题，通过模拟市场揭示消费者对环境资源等公共物品和服务的偏好，从而引出其对一项环境改善效益的支付意愿（willingness to pay，WTP），或对环境质量损失的接受赔偿意愿（willingness to accept compensation，WTA）（王凤珍，2010）。

不过，条件估值法存在的问题是被调查者所表达的支付意愿是否真正反映了人们在现实市场上的行为。CVM 的核心原理是通过构建合适的假想市场，以揭示旅客对于环境质量改善的最大支付意愿或对环境恶化希望获得的最小补偿意愿，以此推出资源环境的价值。在调查过程中可能存在信息偏差，调查者可能向被调查者提供太少或者错误的信息，理论上，被调查者应该提供清楚、完全、准确的信息，但实际上不一定能做到。构建合适的假想市场是 CVM 成功实施的关键，CVM 的核心假想问题即在实地面访调查时准确界定物品，选取人们熟悉的公共物品作为评估对象，从而使受访者的行为尽量接近于真实的市场行为，尽量缩小真实 WTP 与假想 WTP 之间的差距。在 CVM 构建的假想市场中，通过支付媒介来衡量 CVM。目前研究中所用到的支付媒介一般为与收入直接相关的货币类媒介，如景区门票、基金、会员费等，在评价旅游资源的休闲旅游价值时通常会采用景区门票价格。

2. 文化科研价值

文化科研价值主要包括非商业用途方面价值，如美学价值、艺术、教育、精神和科学价值，随着全球水资源的短缺，越来越多的学者进行水资源研究领域，水资源成为重要的科学研究对象，可以给人们以宣传教育作用，所以各种类型的湖泊、河流等成为人们实施教育，特别是环境教育的基地（吕翠美，2009）。湖泊等自然景观除了其美丽的景色外，还有其深厚的文化气息，多少文人墨客在山水之间抒发感情，寄情于江河大川，构成了生态系统的文化艺术服务功能。不同的地域产生不同的地理特色和独特的生物种类，为人们提供不同的视觉感受和精神体验。复杂的高原湖泊生态系统和丰富的物种在自然科学教育中具有重要的作用，有些高原湖泊作为珍贵的历史遗迹成为历史文化研究的重要对象。高原湖泊作为一种水资源，其科研价值为进行高原湖泊生态研究的学者提供了科研对象，该价值能够丰富高原湖泊生态学理论，加深人们对高原湖泊的了解和认识，提升人们对高原湖泊的保护意识，使得高原湖泊生态系统能够维持生态稳定和可持续发展。

对文化科研价值的估算往往是利用科研投资来估算，或者用科研者的实际花费，然而要准确估算科研价值是比较困难的，因为科学研究的经济价值不明显，短期难以见效，尤其是基础研究对人类的作用难以估计(胡金杰，2009)。对文化科研价值的评估本书运用简单的估算方法，使用我国单位面积湿地生态系统的平均科研价值 382 元/hm^2 作为高原湖泊生态系统的单位面积科研价值(陈仲新和张新时，2000)，其计算公式为：文化科研价值=湖泊生态系统的面积×我国单位面积湿地生态系统的平均科研价值(382 元/hm^2)。

7.4.2　典型高原湖泊社会价值评估分析

以云南省的滇池、青海省的青海湖、贵州省的草海为例，对高原湖泊的社会价值评估进行探索。

1. 休闲旅游价值

针对典型高原湖泊生态系统，本书直接采用景区的旅游收入来反映滇池旅游度假区和青海湖国家景区的休闲旅游价值，草海因为其目前旅游开发程度较低，缺乏完整的旅游统计数据，故用市场价格法粗略估算其休闲旅游价值。

1) 环滇池旅游区旅游资源价值评估

昆明地处低纬高原地区，四季气候如春，其气候具有良好的观光旅游优势，适宜开展户外休闲娱乐活动，为开展旅游业提供极好的气候资源条件。滇池是云南省最大的湖泊，水域面积达 300.53 km^2，抛开滇池周边其他生态景观，位于高原之上的大型湖泊本身就是一个极具吸引力的旅游资源。同时，滇池周边旅游资源丰富，气候宜人，自然景色秀丽，东有金马山，西有碧鸡山，北有蛇山，南有白鹤山。滇池东面是滇池湖前盆地，地势平坦，工农业发达，有斗南花市等具有旅游开发价值的旅游资源，形成农业观光旅游区；西面有西山森林公园、龙门寺、太华寺等；南面是古滇国遗址的核心区，有一大批反映古滇国辉煌历史的文化景点，位于滇池东南岸的石寨山出土了古滇国的大批青铜制品；北面在湖面北区有大观楼和云南民族村等，国际级滇池旅游度假区也位于滇池北部地区。昆明滇池国家旅游度假区成立于 1992 年，是国家批准的全国第 12 个国家级旅游度假区。表 7-20 反映了滇池国家旅游度假区历年旅游情况。

表 7-20　滇池国家旅游度假区历年旅游情况

年份	旅游总收入/10^8 元	旅游人数/10^4 人次	人均花费/元
2013	11.45	1049.3	109.16
2014	12.30	1054.0	116.70

年份	旅游总收入/10⁸ 元	旅游人数/10⁴ 人次	人均花费/元
2015	13.10	1149.8	113.93
2016	*	1285.0	*
2017	26.38	1582.0	166.75

资料来源：昆明年鉴、昆明统计年鉴；表中*为缺失数据

从数据可以看出，滇池历年旅游总收入和旅游人数都呈现上涨趋势，2017 年的旅游收入和人均花费较之前几年呈现明显的增长趋势。

2）青海湖旅游景区价值评估

青海湖属于国家 5A 级景区，地处青海高原的东北部，西宁市的西北部，是我国第一大内陆湖泊，也是我国最大的咸水湖，青海湖面积达 4 455 km²，环湖周长 360 km。青海湖的北岸有仙女湾景区，景区内动植物品种繁多，湿地景观独具特色，是数十种鸟类钟爱的迁徙栖息之地。东南岸有二郎剑景区，二郎剑为一狭长的陆地堤岸，宽约百步，长约 25 km。鸟岛又名小西山或蛋岛，因鸟蛋遍地取其名，位于布哈河口以北 4 km 处，岛的东头大，西头窄长，形似蝌蚪，全长 1 500 m。沙岛位于青海湖东北部，是青海湖的重要组成部分，属于湿地型自然风景旅游区，目前鸟岛和沙岛处于不开放状态。青海湖景区具有多种休闲娱乐活动，如青海湖水上自行车、水上摩托艇及藏民族艺术表演等。表 7-21 中反映了青海湖历年旅游情况。

表 7-21　青海湖历年旅游情况

年份	旅游总收入/10⁸ 元	旅游人数/10⁴ 人次	人均花费/元
2013	1.7	119.4	140.8
2014	1.9	132.7	140.2
2015	2.2	165.2	135.0
2016	2.5	189.8	130.1
2017	3.3	330.5	99.3

资料来源：青海省统计年鉴

从统计数据来看，青海湖的旅游总收入和旅游人数均在逐年上升，2013～2016年人均花费虽有所下降，但变化不大，基本处于持平状态，2017 年人均花费下降幅度明显。

3）草海国家自然保护区旅游价值评估

贵州毕节威宁草海，贵州最大的高原天然淡水湖泊、中国Ⅰ级重要湿地、国家 AAAA级旅游景区，是一个完整、典型的高原湿地生态系统，是黑颈鹤等 228 种鸟类的重要越冬地和迁徙中转站，被誉为"鸟类学研究的重要基地""全球十大最佳湖泊观鸟区之

一"，草海自然保护区总面积 96 km²，其中核心区面积 21.62 km²，缓冲区面积为 5.40 km²，实验区面积 68.98 km²。根据贵州草海国家级自然保护区生态旅游总体规划，实验区内可开展生态旅游活动的区域面积为 24.71 km²。在保护区的实验区进行生态旅游规划分区，生态旅游规划的主要对象就是围绕草海的环湖区域。草海自然保护区的生态旅游区域划分为游览区、景观生态保育区和服务区三个功能区。其中：服务区为管理服务机构、服务接待设施集中分布的区域，面积为 2.68 km²。景观生态保育区为以涵养水源、保持水土、维护旅游区生态环境为主要功能的区域。面积为 11.02 km²。游览区为适合各种野外观景、游憩活动开展的区域，面积 11.01 km²。

由于目前草海自然保护区旅游开发水平低，因此其实际的休闲旅游价值较小，但其潜在的休闲娱乐价值的评估可以根据草海游湖租船人均船票 10 元和草海自然保护区游览区年环境容量为 36.7×10⁴ 人估算出，结果为 367×10⁴ 元（徐跃，2014）。

对比滇池、青海湖和草海的休闲旅游价值发现，虽然青海湖在三者之中面积最大，但其休闲旅游价值却远远低于滇池，而草海因其目前的旅游开发程度较低，所以休闲旅游价值最低。滇池是云南九大高原湖泊面积最大的一个，环滇池旅游资源较为丰富，自然景观引人入胜，还有古滇国遗址等人文景观。滇池地处昆明，气候宜人，四季如春，交通便利，是人们休闲避暑的圣地，吸引了大批的游客，在三个典型湖泊中具有最高的休闲旅游价值。对于草海来说，目前并没有进行大量的旅游开发活动，主要以湿地生态保护为主，而且其保护区内各村庄仍以传统农业为生，种植业的比例较高，产业结构比较单一，所以其经济发展也相对落后，服务业收入及旅游收入比较低。

2. 文化科研价值

文化科研价值与高原湖泊面积成正比，由表 7-22 可以看出，由于青海湖具有较大湖泊面积，故其文化科研价值在这个典型湖泊中最高。

表 7-22　典型高原湖泊文化科研价值

项目	滇池	青海湖	草海
湖泊面积/km²	300.53	4 549.13	27.65
文化科研价值/元	11 480 246	173 776 766	10 562

资料来源：地理国情监测数据

参 考 文 献

曹生奎，曹广超，陈克龙，等. 2013. 青海湖湖泊水生态系统服务功能的使用价值评估. 生态经济，271(09)：163-167，180.

陈奕蓉. 2011. 滇池人工湿地水生植物组合探讨. 环境科学导刊，30(05)：51-54.

陈仲新，张新时. 2000. 中国生态系统效益的价值. 科学通报，(01)：17-22，113.

程芳琴，成怀刚，崔香梅. 2011. 中国盐湖资源的开发历程及现状. 无机盐工业，43(07)：1-4，12.

崔丽娟. 2004. 番仔阳湖湿地生态系统服务功能价值评估. 生态, 23(4): 47-51.

邓立斌. 2011. 南四湖湿地生态系统服务功能价值初步研究. 西北林业学院学报, 26(03): 214-219.

董小林. 2011. 环境经济学. 北京: 人民交通出版社.

何佳, 徐晓梅, 杨艳, 等. 2015. 滇池水环境综合治理成效与存在问题. 湖泊科学, 27(2): 195-199.

胡金杰. 2009. 太湖生态系统服务价值评估. 扬州大学.

胡利人, 王石军. 2006. 浅议青海盐湖资源的可持续开发. 化工矿物与加工, (04): 1-4, 27.

江波, 张路, 欧阳志云. 2015. 青海湖湿地生态系统服务价值评估. 应用生态学报, 26(10): 3137-3144.

李朝霞, 蒋晓艳. 2011. 高原湖泊生态系统服务功能及其对水电开发的影响. 水利水电科技进展, 31(01): 20-24.

李承宝, 张秀春. 2009. 青海察尔汗盐湖钾资源开发现状. 现代矿业, 25(02): 16-19.

李俊梅. 2013. 滇池湖滨湿地生态系统服务价值评估. 中国环境科学学会. 2013 中国环境科学学会学术年会论文集(第六卷). 中国环境科学学会: 中国环境科学学会.

梁萍, 张茵, 王龙娟, 等. 2016. ZTCM 和 CVM 在自然资源游憩价值评估中的结合应用——以青海湖景区为例. 资源开发与市场, 32(03): 263-266.

柳易林. 2005. 洞庭湖湿地生态系统生态服务功能价值评估与生态功能区划. 湖南师范大学.

吕翠美. 2009. 区域水资源生态经济价值的能值研究. 郑州大学.

吕磊, 刘春学. 2010. 滇池湿地生态系统服务功能价值评估. 环境科学导刊, 29(01): 76-80.

毛云玲, 王鹏云, 曾艳, 等. 2011. 昆明市土壤水分常数特征分析. 西部林业科学, 40(2): 64-68.

毛志刚, 谷孝鸿, 曾庆飞. 2016. 呼伦湖鱼类群落结构及其渔业资源变化. 湖泊科学, 28(02): 387-394.

欧阳志云, 王如松, 杨建新, 等. 1996. 中国生物多样性间接价值评估初步研究. 见: 王如松, 方精云, 等. 现代生态学的热点问题研究(上册). 北京: 中国科学技术出版社, 409-421.

田永丽, 彭艳秋, 戴敏, 等. 2017. 滇池流域的气候变化特征、预估及其影响. 环境科学导刊, 36(02): 70-76.

王凤珍. 2010. 城市湖泊湿地生态服务功能价值评估. 华中农业大学.

王浩, 陈敏建, 唐克旺. 2004. 水生态环境价值和保护对策. 北京: 清华大学出版社, 北京交通大学出版社.

王永昌, Gao Q. 2016. 中国镁工业的未来——察尔汗盐湖. 科技与企业, (01): 111-112, 114.

威宁彝族回族苗族自治县人民政府. 2014. 贵州草海国家级自然保护区生态旅游总体规划环境影响评价第一次公告.

谢高地, 甄霖, 鲁春霞, 等. 2008. 一个基于专家知识的生态系统服务价值化方法. 自然资源学报, 23(5): 911-919.

徐海, 刘晓燕, 安芷生, 等. 2010. 青海湖现代沉积速率空间分布及沉积通量初步研究. 科学通报, 55(Z1): 384-390.

徐婷, 徐跃, 江波, 等. 2015. 贵州草海湿地生态系统服务价值评估. 生态学报, 35(13): 4295-4303.

徐跃. 2014. 草海、洪河湿地生态系统服务功能价值评估及对比分析. 首都师范大学.

鄢帮有. 2004. 鄱阳湖湿地生态系统服务功能价值评估. 资源科学, 26(3): 61-68.

张帆, 夏凡. 2015. 环境和自然资源经济学. 上海: 格致出版社.

张虹. 2014. 浅议滇池湿地的作用. 环境科学导刊, 33(S1): 19-23.

张婕. 2018. 东居延海湿地生态系统健康评价及服务功能评估. 兰州大学.

张燕, 彭补拙, 陈捷, 等. 2005. 借助137Cs 估算滇池沉积量. 地理学报, (01): 71-78.

张茵, 蔡运龙. 2010. 用条件估值法评估九寨沟的游憩价值——CVM 方法的校正与比较. 经济地理,

　　30(07): 1205-1211.

赵光洲, 贺彬, 等. 2011. 云南高原湖泊流域可持续发展条件与对策研究. 北京: 科学出版社.

赵秋艳. 2007. 东昌湖生态系统服务功能价值评估研究. 山东大学.

Sven W. 2000. Ecotourism and economic incentives—an empirical approach. Ecological Economics, 32(3).

作者简介

董春　女，现任中国测绘科学研究院政府地理信息系统研究中心副主任、研究员、经济学博士、博士生导师；中国区域科学协会空间经济学工作委员会副主任委员、中国地理学会地理模型与地理信息分析专业委员会委员。长期从事地理信息科学与资源环境经济学交叉研究工作，是国务院第一次全国地理国情普查和常态化地理国情监测统计分析技术负责人，组织开展地理国情普查(监测)公报、数据汇编、蓝皮书、专报等系列成果的编制工作，在测绘地理信息数据、地理国情监测成果、自然资源统计分析服务于政府决策、部门管理、科学研究、公众了解等应用方面开展了多方面探索和实践；主持完成国家与省部级项目20余项，获省部级以上科技进步奖14项，出版专著10部，发表论文90余篇，完成国家标准、部门标准各1部，获国家专利3项，培养硕、博士研究生30余名。

赵荣　男，现任中国测绘科学研究院政府地理信息系统研究中心研究员、硕士生导师。长期从事地理空间数据集成与分析、地形地貌应用分析、地理信息可视化表达与服务等研究。承担国家863课题2项、省部级科研项目10余项，参加国家863项目1项、国家科技支撑计划3项、国家科研院所公益专项3项、省部级项目10多项以及国家西部测图工程、927工程、地理国情普查等重大工程项目3项。荣获省部级科技进步特等奖2项、一等奖5项、二等奖6项。发表论文60余篇。作为作者之一合作出版3部专著，获国家发明专利4项。

梁双陆　男，云南大学经济学院研究员，经济学博士，博士生导师，博士后合作导师，云南省中青年学术与技术带头人，云南省宣传文化系统"四个一批"人才，云南省人大第十二届财经委咨询专家，云南高校新型智库"沿边开放与经济发展"智库负责人，云南文化名家。全国经济地理研究会副会长，云南经济学会副会长，中国区域科学协会空间经济学专业委员会副主任委员兼秘书长。主持完成国家与省部级项目10余项，在公开刊物发表学术论文70余篇，出版学术专著12部，获中国发展研究奖一等奖1项，云南省哲学社会科学优秀成果奖一等奖3项，二等奖1项，三等奖5项，给各级党委政府提交决策咨询报告60余份。

周峻松　男，云南省基础地理信息中心主任，正高级工程师，硕士生导师，云南省第一次全国地理国情普查数据库建设和统计分析负责人。主要从事遥感影像处理、地理信息系统开发应用和地理空间数据分析等方面的研究和应用工作，主持并参与过多项国家、省级和地方性等地理空间信息化建设项目，组织和参与编纂出版《云南地理国情监测与研究》等书籍 4 部，承担了云南省 2018 年科技人才和平台计划——"云南省地理国情监测公共科技服务平台"，所带领的团队获得国家自然科学基金项目多项，发表论文十余篇，获得各类行业科技奖、工程奖多项。

王苑　男，青海省地理空间和自然资源大数据中心主任，青海省地理空间信息技术与应用重点实验室主任，正高级工程师，青海省第一次全国地理国情普查技术负责人。主要从事遥感监测、地理信息系统开发应用、数据库建设及地图制图等方面的研究和应用工作，主持并参与"数字青海""三江源生态保护和建设二期工程基础地理信息系统建设项目"等多项国家、省级重大建设项目，组织并参与编纂出版《青海省基本统计报告》等系列图书 40 余本，编制地方标准 2 项，承担"三江源黑土滩退化遥感监测"等省级科研项目多项，获得各类行业科技奖、工程奖以及软件著作权多项。